최신 기계도면해독

Mechanical Drawing & Decoding

김범준 · 이창호 지음

청문각

머 리 말

도면은 제품제조에 있어서 산업현장에서 없어서는 안 될 설계자와 제작자 간에 필수적인 의사소통 수단이다. 산업현장에서 만들고자 하는 제품은 도면을 통해 모든 제작공정이 이루어지며, 이러한 모든 공정은 도면을 중심으로 감독하여 관리를 하게 된다.

따라서 도면을 제도(Drawing)하고 해독(Decoding)할 줄 아는 것은 기술인의 기본이고 상식이다. 도면을 작성하는 목적은 제작하고자 하는 제품을 도면으로 작성하여 제조할 제품에 대한 크기, 형상, 자세, 위치 등 필요한 제작정보를 나타내어 설계자의 의도를 정확하게 파악·분석하여 현장의 제작자에게 전달하는 데에 있다. 이러한 이유로 도면은 국내뿐만 아니라 국제적으로 제품제조를 위해서 설계자와 제작자가 국적을 불문하고, 설계도면 또는 제작도면만으로도 국제적으로 정해진 약속에 따라 상호 이해할 수 있어야 한다.

이를 위하여 설계자 및 제작자는 국제적인 제도통칙 및 규약을 사전에 충분히 숙지·이해하고 있어야 하므로 설계자는 국제적인 도면작성(Drawing) 방법에 대하여 학습하고 관련지식을 습득하여 도면을 작성할 줄 알아야 한다. 그리고 제작자는 작성된 조립도면과 각각의 부품도면을 보고 설계자의 의도를 정확하게 파악하여 제품제작에 반영할 줄 알아야 한다.

그 이유는, 모든 제품은 산업현장에서 도면에 의해 가공·제작되고 가공 후의 치수는 또 다시 도면을 기준으로 검사와 측정이 이루어지기 때문이다.

이에 이 책은 도면작성 및 도면에 기술된 기호 등의 관련지식을 처음 접하는 초보자도 쉽게 알 수 있도록 관련내용에 대한 많은 예제 그림을 수록하였으며, 이를 통해 현장실무에 쉽게 적응할 수 있는 능력을 기르도록 하였다. 이를 위해 저자는 다음과 같은 몇 가지 기술적인 내용에 중점을 두어 도면해독의 실무능력을 배양할 수 있도록 하였다.

첫째, 도면을 보고 초보자도 쉽게 이해할 수 있도록 많은 그림을 예로 들어 현장실무를 위주로 기계제도 및 도면해독에 대한 이론을 KS(한국산업규격) 기준으로 이해하기 쉽게 해설하였다.

둘째, 각 장의 마지막에 해당 관련지식을 다시 점검하고 평가할 수 있도록 요점정리 및 연습문제를 수록하여 이론과 실무를 통한 현장실무에 쉽게 적용할 수 있는 능력을 기르도록 하였다.

셋째, 기계재료 및 기계요소를 이 책에 개별적인 장으로 다루어 도면해독 시 참고자료로 활용할 수 있게 하였다.

재차 강조를 하지만, 도면해독이란 설계된 도면을 보고 설계자의 의도와 생각을 읽을 수 있게 규격화되어 있는 표시방법들을 설계자나 제작자가 읽는 방법으로서 도면해독에 대한 엔지니어링 능력이 기본적으로 갖추어져 있지 않다면 도면을 잘 작성하여도 설계를 할 수 없으며, 제품제작이 불가능해진다. 따라서 도면을 해독할 수 있고 도면을 작성할 수 있는 능력은 엔지니어로서의 자격요건이며 상식이다.

아무쪼록 이 책이 기계공학 입문자를 비롯하여 현장의 실무자에게도 도면해독법과 도면작성법에 있어서 미력이나마 도움이 되기를 바라며, 우리나라 공업발전에 기여할 수 있기를 바란다.

끝으로 이 책이 나오기까지 많은 심혈을 기울여 준 청문각 출판 관계자 여러분께 심심한 감사를 드린다.

저자 김범준

CONTENTS

CONTENTS

7장 치수공차와 끼워맞춤

8장 표면거칠기와 다듬질기호

1장

1장

제도의 개요

① 제 도

물체의 형상을 지면을 통하여 알 수 있도록 선, 문자, 기호 등을 사용하여 도면을 작성하는 작업을 제도(Drawing)라고 한다. 도면에는 물체의 형상, 크기, 재료, 가공법, 구조 등을 일정한 법칙과 규약에 따라 정확하고, 간결하며, 명확하게 표현되어야 한다.

제도는 전공분야에 따라 기계제도, 전기제도, 건축제도, 토목제도, 선박제도, 화공제도 등 여러 방식이 있으나 기본 도시방식은 같으며, 그 분야의 특성에 따라 일부가 다르게 표기되고 있다. 기계제도는 기계의 제작, 설치, 취급, 견적, 판매 및 공정관리 등 여러 가지 목적으로 사용되고 있다.

② 설계와 제도

도면작성 자체가 설계는 아니지만 설계에서는 반드시 도면이 작성되어야 한다. 새로운 기계를 제작할 때 또는 이미 제작된 기계를 개량하거나 모방하여 제작할 때는 이들 기계의 도면을 작성해야 한다.

이들 기계에 요구되는 목적에 맞추어 계획하고 계산하며 또 이것을 기초로 하여 도면을 작성하는 과정을 기계설계(Mechanical Design)라 하고, 직접 도면을 작성하는 과정을 기계제도(Mechanical Drawing)라고 한다.

제도를 위한 하나의 규약이 필요하며, 이 규약은 합리적이며, 보편적인 것이 요구된다. 따라서 도면의 내용은 설계자의 창의에 따라 서로 다를 수 있으나 도면의 작성법이 달라서는 안 된다. 여기서 규약은 물체의 투영법, 치수기입법, 재료 및 가공법의 표시법, 각종 기계요소들의 표기법 등에 관한 사항이 된다.

또한 도면의 작성에 있어서는 기계요소, 역학, 기구학, 재료 등의 기계전반에 관한 기본지식과 기계제작에 관한 개념 및 공작법, 표준화, 단순화, 경제성 등 각 분야에 대한 지식과 경험이 있고 이들을 완전히 소화하고 체계화함으로써 형식이나 내용면에서 우수한 도면을 작성할 수 있게 될 것이다.

③ 제도규격

용도가 같은 제품은 그 크기, 모양, 품질 등을 일정한 규격으로 표준화하면 제품 상호 간 호환성이 있어서 사용하기 편리할 뿐만 아니라, 제품을 능률적으로 생산할 수 있고 품질을 향상시킬 수 있다. 대부분의 국가에서는 국가 표준규격(Standards)을 제정하고 품질개선, 생산성향상 및 소비자보호 등에 힘쓰고 있다.

따라서 제도규격에 따라 그려야 하며 여러 가지 공업제품의 형상, 치수, 재료, 정밀도, 시험검사법 등에 있어서 일정한 기준, 즉 표준규격을 정해 두면 생산능률의 촉진, 품질의 향상, 생산비의 절감 등에 도움이 되며 사용자에게도 편리하다. 그러므로 각국마다 산업분야별로 표준규격을 제정하여 활용하고 있다.

세계 공통적으로 적용되는 ISO(International Standardization Organization) 규격이 있으며, 한국산업규격(Korean Industrial Standards)은 산업표준화법에 의해 제정되는 우리나라의 국가표준으로서 국내산업 전 분야의 제품 및 시험·제작방법 등에 대해 규정하고 있다. 한국산업규격(KS)은 국내산업 전 분야의 제품 및 시험·제작방법 등에 대하여 규정하는 국가표준으로서, 생산현장, 건설현장 및 시험·연구분야 등 산업전반에 걸쳐 광범위하게 활용되고 있으며, 각 분야 전문위원회의 심의를 거쳐 제·개정되며, 이는 기술표준원장이 관보를 통하여 고시하고 있다.

KS 규격은 그 구성에 있어 전 내용이 16개 부문(기본, 기계, 전기 등), 1만여 종, 15만여 쪽에 이르는 방대한 양이며, 내용은 생산현장, 건설현장 및 시험·연구분야 등 산업전반에 걸쳐서 광범위하게 활용되고 있다. KS 규격은 품질의 안정성 향상, 원가절감 및 작업능률의 향상을 통한 생산성제고, 제품 상호 간의 호환성 등의 보장과 신제품·신기술개발에 중요한 지침서로 활용되고 있어, 기업의 경쟁력 향상에 큰 역할을 하고 있다.

표 1.1 KS의 부문과 부문기호

부 문	부문기호	부 문	부문기호
기 본	KS A	일용품	KS G
기 계	KS B	식료품	KS H
전 기	KS C	섬 유	KS K
금 속	KS D	요 업	KS L
광 산	KS E	화 학	KS M
토 목	KS F		

표 1.2 KS 기계부문의 분류

KS 규격번호	분 류	KS 규격번호	분 류
KB B0001−0903	기계기본	KB B5201−5603	측정계산용 기계기구
KB B1001−2809	기계요소	KB B6001−6405	기계요소
KB B3001−3991	공구	KB B7001−7791	공구
KB B4001−4904	공작기계	KB B8001−9703	공작기계

표 1.3 각국의 공업규격

국가	표준화 기구	표준규격 약호
한국	KATS(Korean Agency for Technology and Standards)	KS
미국	ANSI(American National Standards Institute)	ANSI
일본	JISC(Japanese Industrial Standards Committee)	JIS
영국	BSI(British Standards Institution)	BS
프랑스	AFNOR(Association Francaise de Normalisation)	NF
독일	DIN(Deutsches Institute fur Normung)	DIN
중국	CSBTS(China State Bureau of Quality and Technical Supervision)	GB
국제	ISO(International Standardization Organization)	ISO

④ 도면의 종류

① **조립도**(Assembly Drawing) : 기구나 기계전체의 조립상태를 나타내는 도면
② **부분조립도**(Partial Drawing) : 기구나 기계일부의 조립상태를 나타내는 도면
③ **부품도**(Part Drawing) : 기구나 기계를 구성하고 있는 부품에 대하여 아주 상세하게 그린 도면으로, 이 도면에 의해 부품이 실제로 가공된다. 따라서 부품도에는 형상과 치수 외에도 재질, 다듬질 정도 등 기타 필요한 주의사항 등 모든 것을 빠짐없이 기입한다.
④ **상세도**(Detail Drawing) : 도면의 일부분을 확대하여 형상, 치수 등을 알아보기 쉽게 그린 도면으로, 전체도면에서는 형상을 뚜렷하게 알아볼 수 없거나 치수기입이 어려운 부분을 상세도로 그린다. 건축, 선박, 교량 등의 도면에서 많이 사용되고 있다.
⑤ **전개도**(Development Drawing) : 입체의 표면을 평면 위에 펼쳐 그린 도면이다. 주로 판재를 자르고 구부려서 만들거나 면으로 구성되는 제품의 전개된 모양을 나타낼 때 사용한다.

⑤ 도면의 크기 및 양식

(1) 도면의 크기 및 윤곽

도면의 크기는 A열과 B열이 있는데 제도에서는 A열을 사용하며 제도 전반에 적용되는 KS A0004에는 A0~A6의 7가지 종류의 크기가 규정되어 있고, 기계제도에서 적용하는 KS B0106에는 A0~A4의 5가지 종류의 크기가 규정되어 있다.

도면에는 테두리를 그려서 도면이 파손되거나 더럽혀져서 문자 또는 도면을 보기가 어렵게 되는 일이나 복사전달할 때 도면일부가 파손되는 것을 방지한다.

표 1.4 도면 크기의 종류 및 윤곽치수(단위 : mm)

구분	호칭방법	치수 $a \times b$	c(최소)	d(최소)	
				칠하지 않을 때	칠할 때
A열 크기	A0	841×1,189	20	20	25
	A1	594×841			
	A2	420×594	10	10	
	A3	297×420			
	A4	210×297			
연장 크기	A0×2	1,189×1,682	20	20	25
	A1×2	841×1,783			
	A2×2	594×1,261			
	A2×2	594×1,682			
	A3×2	420×892	10	10	
	A3×2	420×1,189			
	A4×2	297×630			
	A4×2	297×841			
	A4×2	297×1,051			

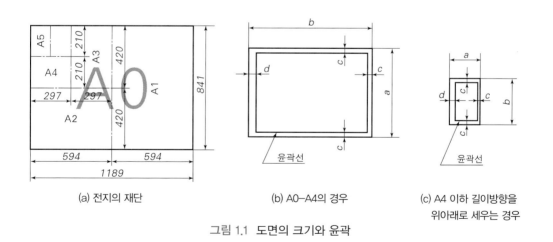

(a) 전지의 재단　　　　(b) A0~A4의 경우　　　　(c) A4 이하 길이방향을
　　　　　　　　　　　　　　　　　　　　　　　　　위아래로 세우는 경우

그림 1.1　도면의 크기와 윤곽

(2) 표제란

모든 도면에는 표제란이 있어야 한다. 표제란에 기입되는 내용은 도면명칭, 도면번호, 척도,

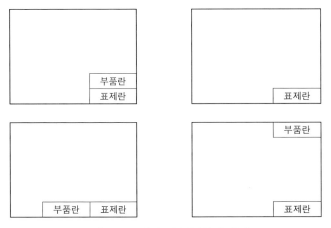

그림 1.2 **표제란 및 부품란의 위치**

투영법, 도면작성하는 회사명칭, 도면작성자, 도면작성 년 월 일, 책임자의 서명란 등을 기입하는데, 표제란의 크기나 양식에는 규정이 없고 각 회사마다 독자적인 양식을 사용하고 있다.

(3) 부품란

① **품번** : 도면상에 그려진 부품의 번호를 기입한다. 번호 나열순서는 부품란이 표제란 위에 위치할 때에는 아래에서 위로, 도면 위쪽에 위치할 때에는 위에서부터 아래로 나열한다.

② **품명** : 부품의 명칭을 기입한다.

③ **재질** : 부품의 재료명을 재료표시기호로 기입한다.

④ **수량** : 하나의 구성체에 필요한 총 개수를 기입한다.

⑤ **중량** : 부품 1개의 무게를 기입한다.

⑥ **공정** : 부품의 가공공정을 기호로 기입한다.

⑦ **비고** : 표준부품의 규격번호, 호칭방법은 비고란에 기입한다.

6 척도

물체를 도면에 그릴 때 실제 크기로만 그리지 않고 지면형편이나, 물체의 이해를 쉽게 할 수 있도록 실물보다 적게 또는 크게 그리는 경우가 있는데, 실물 크기와 도면상에 그려진 크기의 비율을 척도라고 한다. 실물치수와 도면치수를 동일하게 그릴 때는 현척, 실물치수보다 도면치수를 적게 그릴 때는 축척, 실물치수보다 도면치수를 크게 그릴 때는 배척이라고 한다.

(1) 척도의 종류

① **현척** : 도형의 크기를 실물 크기와 같게 그리는 척도로, 치수를 보지 않아도 실물의 크기를 바로

알 수 있으며 치수나 형상의 오차가 적다. 일반적으로 사용하는 척도로, 실척이라고도 한다.

② **축척** : 실물 크기보다 도형을 작게 그리는 척도로, 대형물체로 도면에 그릴 수 없거나 용지 절약의 목적으로 사용하며, 비율선택은 물체의 형상, 치수, 구조에 따라 도형이나 치수가 명시될 수 있는 축척을 사용한다.

③ **배척** : 실물 크기보다 도형을 크게 그리는 척도로, 소형물체로 형상이 복잡하거나 물체의 일부분 또는 소형물체 전체의 형상이 복잡하여 형상이해 및 치수기입이 어려운 물체를 그릴 때 적용한다.

도면은 될 수 있는 대로 현척으로 그리고, 축척이나 배척은 꼭 필요할 때만 사용한다.

표 1.5 **척도의 종류**

척도의 종류	난	값
축척	1	1 : 2 1 : 5 1 : 10 1 : 20 1 : 50 1 : 100 1 : 200 1 : 500
	2	1 : $\sqrt{2}$ 1 : 2.5 1 : 2$\sqrt{2}$ 1 : 3 1 : 4 1 : 5$\sqrt{2}$ 1 : 25 1 : 250
현척		1 : 1
배척	1	2 : 1 5 : 1 10 : 1 20 : 1 50 : 1 100 : 1 200 : 1 500 : 1
	2	$\sqrt{2}$: 1 2.5 : $\sqrt{2}$: 1 100 : 1

(2) 척도의 표시방법

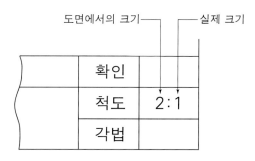

그림 1.3 **척도의 표시**

A : B (2 : 1)

A(도면에서의 크기) : B(물체의 실제 크기)

(3) 도면상에 척도의 표시

도면은 어떤 척도로 그린 것인가를 분명히 알 수 있도록 하는데, 도면에는 다음과 같이 기입한다.

① 도면 전체적으로 적용되는 척도는 표제란에 기입한다.

② 동일도면에서 일부를 다른 척도로 그릴 때에는 필요에 따라 해당도면에 척도를 기입한다.

③ 도형이 치수에 비례하지 않을 때에는 적당한 곳에 "비례척이 아님" 또는 "NS" 라고 기입하든가 치수 밑에 굵은선을 그어 표시한다.

④ 사진에 의해 도면이 축소·확대되는 경우에는 근원이 되는 도면의 필요에 따라 사용된 척도의 눈금을 사용한다.

 선

선은 물체의 형상을 나타내거나 치수 기타 필요한 사항을 기입하기 위하여 사용하고 있다. 선은 용도에 따라 굵기나 형태를 달리 하여 도면을 이해하는 데 편리하도록 사용하고 있다.

(1) 굵기에 따른 선의 종류

선은 굵기에 따라 굵은선, 중간 굵은선, 가는선으로 구분한다. 굵은선은 0.4~0.8 mm, 중간 굵은선은 동일도면에서 사용되는 굵은선과 가는선의 중간 굵기의 선이며, 가는선은 0.3 mm 이하의 선을 말한다.

동일도면에서 같은 종류의 선의 굵기는 같이 해야 한다. 선의 굵기를 잘 선택하여 사용하면 도면의 선명도를 높일 수 있다.

KS B0001에서는 선의 굵기를 0.18 mm, 0.25 mm, 0.35 mm, 0.5 mm, 0.7 mm 및 1 mm로 규정하고 있다.

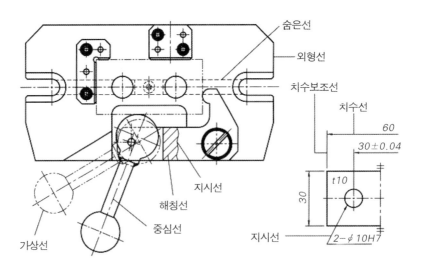

그림 1.4 선의 종류표시

(2) 형태에 따른 선의 종류

선은 형태에 따라 실선, 파선, 쇄선으로 구분하고, 이들을 용도에 따라 달리 사용하고 있다.

① **실선**(Continuous Line) : 끊어짐 없이 연속되는 선실선(끈기지 않고 연속되는 선)

② **파선**(Dashed Line) : 3~5 mm의 짧은 선이 일정하게 반복되는 선. 선과 선 사이의 간격은 0.5 mm에서 1 mm 정도이다.

③ **일점쇄선**(Chain Line) : 긴 선과 짧은 선이 반복되는 선으로 긴 선의 길이는 10~30 mm, 짧은 선의 길이는 1~3 mm, 선 사이의 간격은 0.5~1 mm 정도이다.

④ **일점쇄선**(Chain Double-Dashed Line) : 긴 선, 짧은 선, 짧은 선이 반복되는 선. 선의 길이와 선 사이의 간격은 일점쇄선과 같다.

표 1.6 선의 종류

종 류	난		값
실선	————————	굵은실선	외형선
	————————	가는실선	치수선, 해칭선
	∿∿∿∿∿∿	자유실선	부분생략 또는 부분단면의 경계
파선	------------------	파선	보이지 않는 외형선
쇄선	—·—·—·—·—	가는 1점쇄선	중심선, 물체 또는 도형의 대칭선
	—··—··—··—	가는 2점쇄선	가상외형선 인접한 외형선 가동물체의 회전위치선
	—·—▬—·—	절단부쇄선(양끝이 굵은선에 중간이 가는 쇄선)	회전단면 외형선 절단평면 위치
	━━━━━━	굵은쇄선	표면처리 부분

(3) 용도에 따른 선의 종류

용도에 따른 선의 종류는 표 1.7 같이 분류한다. 도면에 이 표에 의하지 않은 선을 사용할 때에는 그 선의 용도를 도면에 주기한다.

도면에서 2종류 이상의 선이 겹치는 경우는 다음과 같은 우선순위에 따라 도면상에 나타나는 선을 긋는다.

① **외형선**(Visible Line) : 물체의 보이는 부분을 나타낸다. 굵은실선으로 그린다.

② **숨은선**(Hidden Line) : 물체의 보이지 않는 부분을 나타낸다. 굵은파선 또는 가는파선으로 그린다.

③ **중심선**(Center Line) : 주로 도형의 중심을 표시할 때 사용한다. 가는 일점쇄선으로 그린다.

④ **치수선**(Dimension Line) : 치수를 기입할 때 쓰인다. 가는실선으로 그린다.

⑤ **치수보조선**(Extension Line) : 치수를 기입할 때 쓰인다. 가는실선으로 그린다.

⑥ **가상선**(Phantom Line) : 부품의 동작상태나 가상의 물체를 나타낼 때 사용한다. 가는 이점쇄선으로 그린다.

⑦ **파단선**(Break Line) : 물체의 일부를 잘라낸 경계선으로 사용된다. 가는실선(프리핸드)으로 그린다.

⑧ **해칭선**(Section Line) : 물체의 단면을 표시할 때 사용한다. 가는실선으로 그린다.

⑨ **지시선**(Leader Line) : 개별 주(Specific Note), 치수, 참조 등을 기입할 때 사용한다. 가는실선으로 그린다.

표 1.7 선의 종류에 따른 용도

용도에 의한 명칭	선의 종류		선의 용도	그림 조합번호
외형선	굵은실선	———————	대상물의 보이는 부분의 모양을 표시하는 데 쓰인다.	1.1
치수선	가는실선	———————	치수를 기입하기 위하여 쓰인다.	2.1
치수보조선			치수를 기입하기 위하여 도형으로부터 끌어내는 데 쓰인다.	2.2
지시선			기술·기호 등을 표시하기 위하여 끌어내는 데 쓰인다.	2.3
회전단면선			도형 내에 그 부분의 끊은 곳을 90° 회전하여 표시하는 데 쓰인다.	2.4
중심선			도형의 중심선(4.1)을 간략하게 표시하는 데 쓰인다.	2.5
수준면선[1]			수면, 유면 등의 위치를 표시하는 데 쓰인다.	2.6
은선	가는파선 또는 굵은파선	- - - - - - - - - - -	대상물의 보이지 않는 부분의 모양을 표시하는 데 쓰인다.	3.1

(계속)

용도에 의한 명칭	선의 종류		선의 용도	그림 조합번호
중심선	가는 1점쇄선	—————·———·———	(1) 도형의 중심을 표시하는 데 쓰인다.	4.1
			(2) 중심이 이동한 중심궤적을 표시하는 데 쓰인다.	4.2
기준선			특히 위치결정의 근거가 된다는 것을 명시할 때 쓰인다.	4.3
피치선			되풀이하는 도형의 피치를 취하는 기준을 표시하는 데 쓰인다.	4.4
특수지정선	굵은 1점쇄선	—————·———·———	특수가공을 하는 부분 등 특별한 요구사항을 적용할 수 있는 범위를 표시하는 데 쓰인다.	5.1
가상선(2)	가는 2점쇄선	—————··———··———	(1) 인접부분을 참고로 표시하는 데 사용한다.	6.1
			(2) 공구, 지그 등의 위치를 참고로 나타내는 데 사용한다.	6.2
			(3) 가동부분을 이동 중의 특정한 위치 또는 이동한계의 위치로 표시하는 데 사용한다.	6.3
			(4) 가공 전 또는 가공 후의 모양을 표시하는 데 사용한다.	6.4
			(5) 되풀이하는 것을 나타내는 데 사용한다.	6.5
			(6) 도시된 단면의 앞쪽에 있는 부분을 표시하는 데 사용한다.	6.6
	무게중심선		단면의 무게중심을 연결한 선을 표시하는 데 사용한다.	6.7
파단선	불규칙한 파형의 가는실선 또는 지그재그선	〰〰〰 ∿⋏⋎⋏∿	대상물의 일부를 파단한 경계 또는 일부를 떼어낸 경계를 표시하는 데 사용한다.	7.1

(계속)

용도에 의한 명칭	선의 종류	선의 용도	그림 조합번호
절단선	가는 1점 쇄선으로 끝부분 및 방향이 변하는 부분을 굵게 한 것[3]	단면도를 그리는 경우, 그 절단위치를 대응하는 그림에 표시하는 데 사용한다.	8.1
해칭	가는실선으로 규칙적으로 줄을 늘어놓은 것	도형의 한정된 특정부분을 다른 부분과 구별하는 데 사용한다. 보기를 들면 단면도의 절단된 부분을 나타낸다.	9.1
특수한 용도의 선	가는실선	(1) 외형선 및 숨은선의 연장을 표시하는 데 사용한다.	10.1
		(2) 평면이란 것을 나타내는 데 사용한다.	10.2
		(3) 위치를 명시하는 데 사용한다.	10.3
	아주 굵은실선	얇은 부분의 단선도시를 명시하는 데 사용한다.	11.1

(1) ISO 128(Technical drawings–General principals of presentation)에는 규정되어 있지 않다.
(2) 가상선은 투상법상에서는 도형에 나타나지 않으나, 편의상 필요한 모양을 나타내는 데 사용한다. 또, 기능상, 공작상의 이해를 돕기 위하여 도형을 보조적으로 나타내기 위해서도 사용한다.
(3) 다른 용도와 혼용할 염려가 없을 때는 끝부분 및 방향이 변하는 부분을 굵게 할 필요는 없다.
＊가는선, 굵은선 및 극히 굵은선의 굵기의 비율은 1 : 2 : 4로 한다.

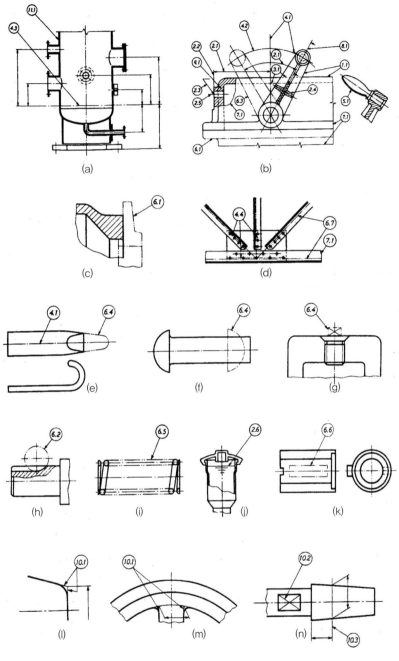

그림 1.5 선 사용 예

(4) 선의 비율과 간격

선의 굵기 및 파선, 또는 쇄선의 띠워지는 간격은 도면의 크기와 도면에 그려지는 부품의 크기 여백 등을 고려 선명한 도면이 되도록 해야 한다. 또한 동일도면에서는 동일비율로 한다.

표 1.8 선의 표준비례

선의 종류	1호(큰 도면)		2호(보통도면)		3호(작은 도면)	
	굵기	길이	굵기	길이	굵기	길이
외형선	0.8	———	0.6	———	0.4	———
파선	0.5	(5, 1)	0.4	(4, 1)	0.3	(3, 1)
중심선	0.3	(25, 1, 1)	0.2	(20, 1, 1)	0.1	(15, 1, 1)
치수선 치수보조선	0.3	(4)	0.2	(3.2)	0.1	(2.5)
절단선 가상선	0.3	(20, 1, 1)	0.2	(15, 1, 1)	0.1	(10, 1, 1)

⑧ 문자

　도면에는 도형 외에 치수, 가공법, 부품명, 정밀도 등 많은 사항을 기입해야 한다. 이들은 주로 문자 또는 숫자로 기입한다.

　도면에는 문자로는 주로 한글, 로마자, 아라비아 숫자가 쓰이고 있다. 이들 문자는 잘못 읽지 않도록 명확하고 깨끗하게 써야 한다.

크기 9mm **1234567890**

크기 4.5mm *1234567890*

크기 6.3mm *A B C D E F G H I J K L M N*

O P Q R S T U V W X Y Z

a b c d e f g h i j k l m

그림 1.6 J형 사체의 아라비아 숫자 및 영자

KS B0001에서는 도면에 사용하는 글자 및 문장은 다음을 따르도록 하고 있다.

① 글자는 명백히 쓰고 글자체는 고딕으로 하여 수직 또는 15° 경사로 씀을 원칙으로 한다.

② 한글과 아라비아 숫자의 크기는 2.24 mm, 3.15 mm, 4.5 mm, 6.3 mm, 및 9 mm의 5종류로 한다(KS A0107에서는 0.24, 3.15, 4.5, 6.3, 9, 12.5, 18 mm의 7종으로 규정되어 있다). 다만, 필요한 경우에는 다른 치수를 사용해도 좋다.

③ 문장은 왼쪽부터 가로쓰기를 원칙으로 한다.

④ 서체는 J형 사체 또는 B형 사체 중 어느 것을 사용해도 좋으나 혼용해서는 안 된다.

크기 9mm **1234567890**

크기 4.5mm 1234567890

크기 6.3mm ABCDEFGHIJKLMNOPQR
STUVWXYZ   abcdefg
hijklmnopqrstuvwxyz

그림 1.7 B형 사체의 아라비아 숫자 및 영자

⑤ 문자의 크기는 사용장소나 도면의 크기에 따라 선정한다.

⑥ 손으로 직접 쓸 때에는 그림 3.8, 3.9, 3.10과 같이 안내선을 긋고 쓰며, 나비(B)는 높이(H)의 70~50%로 하고 문자의 굵기는 높이의 약 1/10로 한다.

그림 1.8 로마자 쓰는 법

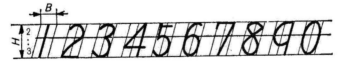

그림 1.9 아라비아 숫자 쓰는 법

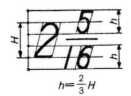

$h = \frac{2}{3} H$

그림 1.10 분수 쓰는 법

평면도법은 도형을 평면 위에 정확하게 나타내는 방법으로 제도를 하는 데 사용되는 필요한 방법이다.

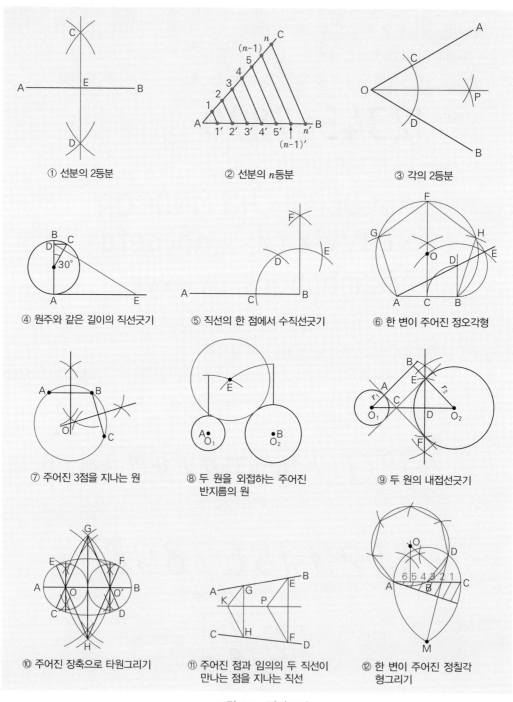

① 선분의 2등분 ② 선분의 n등분 ③ 각의 2등분

④ 원주와 같은 길이의 직선긋기 ⑤ 직선의 한 점에서 수직선긋기 ⑥ 한 변이 주어진 정오각형

⑦ 주어진 3점을 지나는 원 ⑧ 두 원을 외접하는 주어진 반지름의 원 ⑨ 두 원의 내접선긋기

⑩ 주어진 장축으로 타원그리기 ⑪ 주어진 점과 임의의 두 직선이 만나는 점을 지나는 직선 ⑫ 한 변이 주어진 정칠각형그리기

그림 1.11 평면도법

요점정리

선의 종류와 용도

No.	용도에 따른 명칭	선의 종류	굵기	그림의 실례
1	외형선	실선	0.8~0.4	
2	은선	파선	중간 굵기	
3	중심선	1점쇄선 (실선)	0.3 이하	
4	1. 치수선 2. 치수보조선	실선	0.3 이하	
5	지시선	실선	0.3 이하	
6	절단선	1점쇄선	0.3 이하	
7	파단선	프리핸드의 실선	0.3 이하	
8	가상선	2점쇄선	0.3 이하	
9	피치선	1점쇄선	0.3 이하	
10	해칭선	실선	0.3 이하	
11	1. 평면선 2. 작도선	실선	0.3 이하	
12	특수가공선	1점쇄선	0.8~0.4	

1 선의 용도별 종류에 따른 용도 및 선의 굵기에 대하여 쓰시오.

2 외형선의 굵기의 범위를 쓰시오.

3 다음은 국가 또는 단체의 공업규격 기호이다. 해당되는 국가 및 단체명을 설명하시오.
① ISO   ② KS   ③ JIS   ④ ANSI   ⑤ BS   ⑥ DIN

4 도면의 종류를 분류하시오.

5 도면에 척도를 나타내는 방법을 쓰시오.

6 몸체, 부시 4개, M6육각너트(KS B1012 M6) 2개, $\phi 5 \times 12$ 평행핀(KS B1320 B급 $\phi 5 \times 12$) 2개로 구성된 드릴지그를 하나의 도면에 이들의 부품도를 그렸다. 이도면의 표제란과 부품란을 완성하시오. 단, 각 부품의 번호와 재질은 아래와 같다.

부품명칭	부품번호	사용재료기호
몸체	1	SC49
부시	2	SK3
육각너트	3	SM45C
평행핀	4	SM45C

7 선의 용도별 종류를 들고, 용도 및 선의 굵기에 대하여 쓰시오.

8 도면의 크기에 따라 표준으로 사용하는 외형선의 굵기를 쓰시오.
① 큰 도면   ② 보통도면   ③ 작은 도면

9 보통 크기의 도면에 사용되는 다음 선의 굵기를 쓰시오.
① 외형선   ② 치수선   ③ 파선   ④ 중심선   ⑤ 가상선

10 다음 도면에 있는 선을 그리시오.

| 그리는 방법 | 각 방향선의 외형선 · 은선 · 중심선을 바른 비율로 그린다. 각 선의 간격은 5mm |

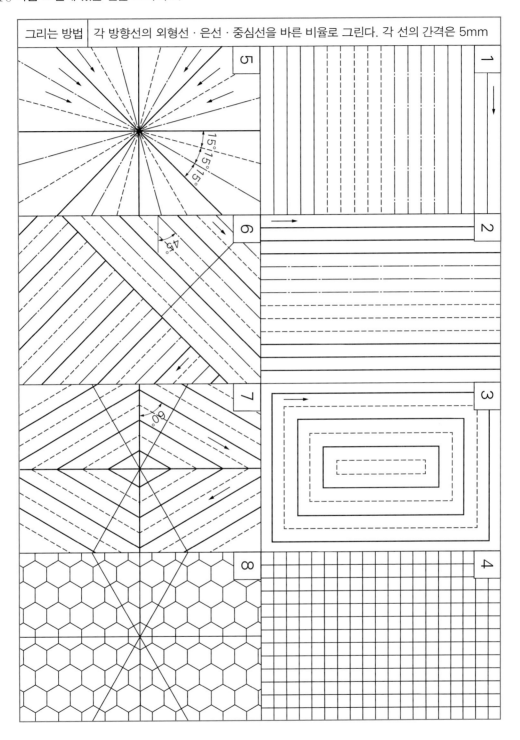

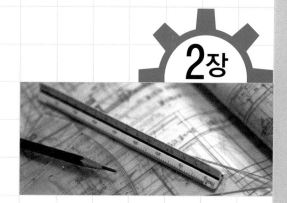

2장

투상도법

① 물체의 도시법

공작물을 제작할 때에는 평면상에 그려진 도형을 보고 입체인 물체로 만들어야 한다. 그러므로 모든 기술자들은 물체와 도형과의 관계를 확실히 알아야 한다.

물체의 형상을 평면 위에 도형으로 나타내는 방법에는 투시도법, 사투상도법, 정투상도법 등이 있다. 투시도법과 사투상도법은 입체감이 있게 그려지고 정투상도법은 각 부위의 면이 따로 그려져 입체감은 없으나 가공에 필요한 크기, 형상 등을 비교적 명확하게 나타낼 수 있어 제도에서는 주로 정투상법이 사용되고 있다.

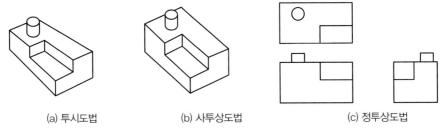

(a) 투시도법   (b) 사투상도법   (c) 정투상도법

그림 2.1 투시도법의 종류

(1) 투시도법

투시도법(Perspective Projection)이란 눈으로 본 그대로의 형태를 원근감을 갖도록 표시한 도법으로, 투상선이 한 점에 집중하도록 그리는 방법을 말한다. 사진이나 사생도 등은 이 방법에 속하고, 특히 토목, 건축도면 등에 많이 쓰인다.

(2) 사투상도법

투상면에 경사진 평행광선에 의해 투신한 그림을 사투상도(Oblique Projection)라고 한다. 사투사도에는 등각투상도, 부등각투상도, 사향도 등이 있다.

사투상도는 보통 물체의 외관을 입체적으로 잘 표시할 수 있으나 내부구조를 나타내는 데는 매우 곤란하다. 이것은 배관도 등의 복잡한 배치도를 그릴 때 쓰인다.

① **등각투상도** : 3개의 면 및 3개의 주축이 투상면에 대해 같은 각도로 경사져 있다. [그림 2.2]
② **부등각투상도** : 3개의 면 및 3개의 주축이 투상면에 대해 다른 각도로 경사져 있는 그림으로, 1각만이 다른 것과 3각 전부 다른 것이 있다.   [그림 2.3]
③ **사향도** : 정면도는 정투상으로 그리고, 이것에 어느 각도만큼 경사시켜 측면도를 나타내는 것이다.   [그림 2.4]

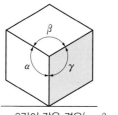

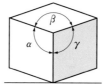

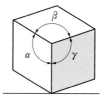

β
α
γ
3각이 같은 경우(α=β=γ)
그림 2.2 등각투상도

β
α
γ
2각이 다른 경우(α≠β)
β
α
γ
3각이 전부 다른 경우(α≠β≠γ)
그림 2.3 부등각투상도

30°
45°
60°
그림 2.4 사향도

(3) 정투상도법

물체의 각 면을 하나하나 분해해서 도형으로 배치하여 지면에 그리는 것을 정투상도법(Orthographic Projection)이라고 한다.

2 정투상도의 명칭

물체의 투상도는 시선의 방향에 따라 정면도, 평면도, 우측면도, 좌측면도, 배면도, 하면도 등 6종이 있다. 정면도라 함은 물체를 정면에서 본 그림이라는 뜻이 아니라, 그 물체의 형상기능을 가장 명백하게 나타낸 도면을 말한다.

e
d
c
a
b
f
그림 2.5 시선의 방향

표 2.1 투상면의 명칭

기호	시선의 방향	투상도의 명칭
a	앞 쪽	정면도
e	위 쪽	평면도
b	우 측	우측면도
d	좌 측	좌측면도
c	뒤 쪽	배면도
f	아래쪽	하면도

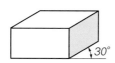

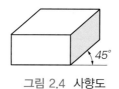

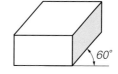

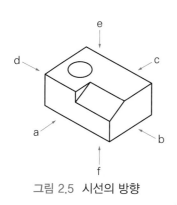

① 합리적으로 물체의 형상을 도형으로 간단히 나타내려면 물체를 정면, 평면, 측면 등 몇 가지의 면으로 구분하고, 도형의 단순화를 모색해야 한다. 이렇게 함으로써 복잡한 형상을 가지는 물체도 간단히 표시되며, 제도를 쉽게 할 수 있다.

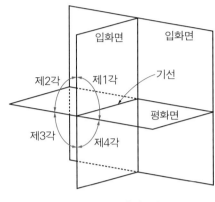

그림 2.6 공간의 구분

② 정투상법에서는 직교하는 두 평면을 투상면으로 하고 이 투상면이 이루는 공간에 물체를 놓아 그 물체의 투상을 구하는 것이 기본원칙이다.

이때 수직으로 놓은 투상면을 직립투상면(Vertical Plane of Projection) 또는 입화면이라 하고, 수평으로 놓은 투상면을 수평투상면(Horizontal Plane of Projection) 또는 평화면이라 하며, 이 두면이 만나는 직선을 기선(Ground Line)이라고 한다.

③ 이 두 면은 공간이 그림 2.6과 같이 4개로 나누어지는데 이들 공간의 우측 상단부터 반시계 방향으로 제1상한, 제2상한, 제3상한, 제4상한이라고 한다.

④ 제1상한에 물체를 놓고 투상한 것을 제1각법(1st-Angle Projection)이라 하고, 제3상한에 물체를 두고 투상한 것을 제3각법(3rd-Angle Projection)이라고 한다.

⑤ 기계제도에서는 주로 제3각법을 사용하고 제1각법은 거의 쓰지 않는다. 제1각법은 건물, 선박 등의 전체도면이나 꼭 필요한 때에는 쓰기도 한다. 제2각법과, 제4각법은 제도에서는 사용하지 않는다.

(1) 제3각법

① 제3상한의 공간에 물체를 놓고 투상하는 방식으로 같은 물체를 같은 방향에서 보면 개개의 투상도는 제1각법이나 제3각법에 의한 경우가 모두 같다. 그러나 제3각법의 경우는 제1각법으로 그린 각 투상도의 배치가 서로 반대가 되는 것이 다르다. 이것은 제3상한에 놓여 있는 물체가 투상면에 싸여 있게 되어 있다.

② 이 투상면이 유리나 셀룰로이드 같은 투명한 것으로 되어 있다면 이 면을 통하여 본 정면 평면의 형상은 그대로 실제의 형상이 된다. 이러한 투상면을 평면으로 전개하면 배치는 정면도를 기준으로 위쪽에 평면도, 오른쪽에 우측면도가 위치한다.

③ 제3각법에서는 「눈 → 투상면 → 물체」의 관계가 성립된다. 그러므로 제1각법과 제3각법으로 그린 도면은 정면도를 기준으로 평면도와 측면도의 위치가 서로 반대되는 위치에 위치하고 있다.

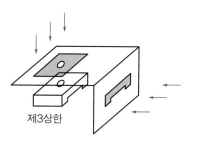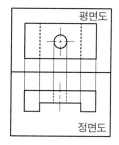

그림 2.7 제3각법

(2) 제1각법

① 물체를 제1상한의 공간에 놓고 투상하는 방식으로, 물체의 정면에 대하여 직각방향으로 평행광선을 비추면 물체의 정면형상이 그 배후의 평면에 나타난다. 이것을 투상도라 하며, 정면에 대한 투상도를 정면도라고 한다.

위와 같은 방법으로 물체의 위에서 평행광선을 비추면 이때의 투상도가 평면에 나타난다. 이것을 평면도라고 한다.

② 이들 투상도를 1개 평면으로 표시하려면 두 평면의 교선을 중심으로 펼치면 되고, 배치는 정면도를 기준으로 아래쪽에 평면도, 왼쪽에 우측면도가 위치한다.

③ 제1각법에서는 「눈 → 물체 → 투상면」의 관계가 성립한다.

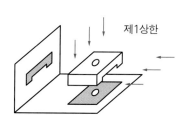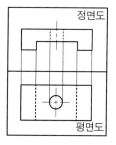

그림 2.8 제1각법

(3) 제3각법의 장점

제3각법은 제1각법에 비하여 다음과 같은 장점이 있다.

① **실체의 이해가 용이하다** : 정면도를 기준으로 하여 표현하고자 하는 면의 투상도(측면도, 평면도 등)가 항시 접근되어 있어 실형의 이해가 용이하다.

② **치수기입이 합리적이다** : 치수기입이 두 투상도 사이에 접근하여 있으므로 치수를 대조하는데 편리하고, 또한 형상을 이해하기 쉬우므로 능률적인 가공을 할 수 있다.

③ **보조투상이 용이하다** : 제1각법에서는 보조투상이 불가능하나 제3각법에서는 복잡한 형태에 대해서는 보조투상도를 간단히 표현할 수 있어 정확한 물체 이해를 쉽게 할 수 있다.

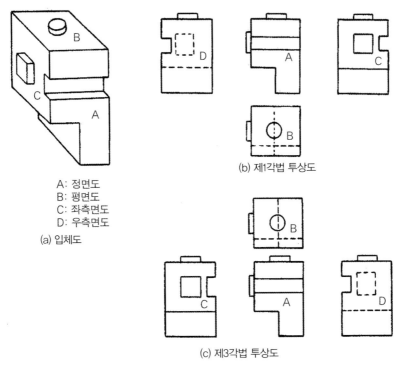

A: 정면도
B: 평면도
C: 좌측면도
D: 우측면도

(a) 입체도

(b) 제1각법 투상도

(c) 제3각법 투상도

그림 2.9 제1각법과 제3각법

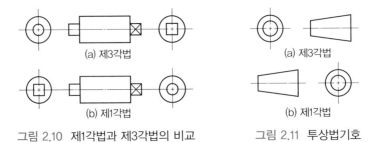

(a) 제3각법

(b) 제1각법

그림 2.10 제1각법과 제3각법의 비교

(a) 제3각법

(b) 제1각법

그림 2.11 투상법기호

대부분의 물체는 육방향에서 투시함으로써 입체의 형태를 평면의 도면상에서 충분히 이해할 수 있어 제도에서는 투시방향에 따라 정면도, 우측면도, 좌측면도, 평면도, 배면도, 저면도 등으로 구분하고 이들을 제1각법, 제3각법에 따라 정면도를 기준으로 배치가 다르게 한다.

(1) 제3각법

① 6개의 투상면은 육면체를 형성한다. 물체가 육면체 안에 놓여 있다고 할 때 제3각법에서는 「눈 → 화면 → 물체」의 관계가 되어 이들 면을 정면도와 동일한 면에 전개하면 그림과 같이 된다. 이것을 제3각법의 표준배열이라고 한다.

② 정면도를 중심으로 위쪽에 평면도, 오른쪽에 우측면도, 왼쪽에 좌측면도, 아래쪽에 저면도 가 배치된다.

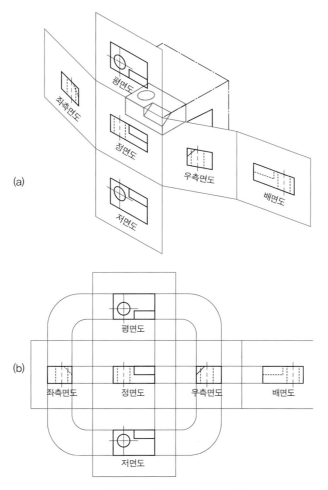

그림 2.12 제3각법의 표준배열

(2) 제1각법

① 제1각법은「눈 → 물체 → 화면」의 관계로 투상되므로 정면도와 동일한 면에 전개하면 그림과 같이 된다. 이것을 제1각법의 표준배열이라고 한다.

② 정면도를 중심으로 아래쪽에 평면도, 왼쪽에 우측면도, 오른쪽에 좌측면도, 위쪽에 저면도가 배치된다.

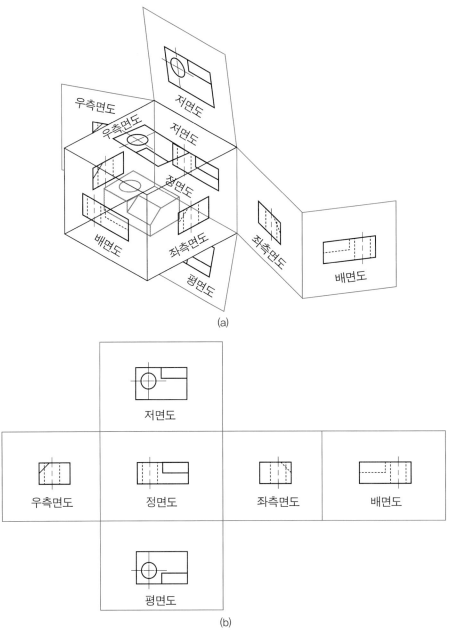

(a)

(b)

그림 2.13 제1각법의 표준배열

⑤ 투상도의 표시법

물체는 면과 면이 교차되는 가장자리가 외형선을 형성한다. 투상도로 물체의 형태를 나타내는 데는 외형선, 은선 및 중심선의 3선을 사용한다.

(1) 외형선

물체의 외부에서 보이는 선을 말하며, 면의 끝 (a), 두 면의교선 (b), 곡면의 한 끝 (c) 등을 외형선으로 나타난다.

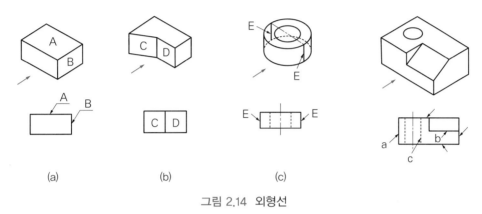

그림 2.14 외형선

(2) 은선

물체의 바깥에서 보이지 않는 부분의 형상을 표시하는 선이다. 은선은 정확히 그리지 않으면 오독하기 쉽다. 은선을 그릴 경우에는 다음과 같은 점에 주의해야 한다(그림에서 ○는 바르게 그려진 것이며, ×는 잘못 그려진 것을 나타낸다).

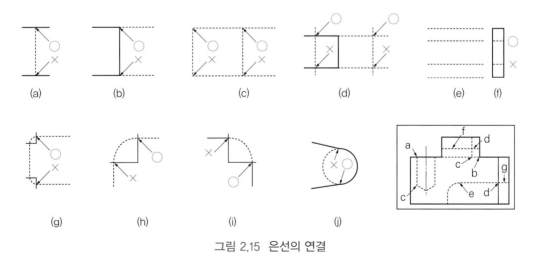

그림 2.15 은선의 연결

① 은선이 외형선에서 끝날 때에는 간격을 두지 않는다. (a)

② 은선이 외형선에 접속할 때에는 간격을 둔다. (b)

③ 다른 은선과의 교점에서는 간격을 두지 않는다. (c), (d)

④ 은선과 외형선의 교점은 간격을 둔다. (d)

⑤ 은선의 호와 직선 또는 호가 접속할 때에는 접점에 간격을 둔다. (i), (j)

⑥ 근접하는 평행은선은 간격의 위치를 서로 엇갈리게 한다. (f)

⑦ 두 선 사이의 거리가 가까운 곳에서는 은선의 비율을 바꾼다.

(3) 중심선

중심선은 원, 원호, 구의 중심 및 원통, 원뿔 등의 대칭축을 표시한다.

① 대칭축을 가진 물체의 도면에서는 반드시 중심선을 기입한다.

② 원과 구는 직교하는 두 중심선의 교점을 중심으로 하여 그린다.

③ 중심선은 외형선으로 부터 약간(3 mm 정도) 그림 밖으로 나오게 그린다.

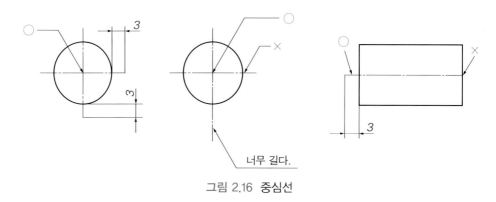

그림 2.16 중심선

6 선의 우선순위

투상도를 그리는 경우는 외형선, 은선, 중심선 중 2선 또는 3선이 서로 겹칠 경우가 있다. 이 때에는 다음 순위에 따라 한 선만 그린다.

① **제1위** : 외형선 1(d, b), 2(a, d)

② **제2위** : 은선 3(c, o)

③ **제3위** : 중심선

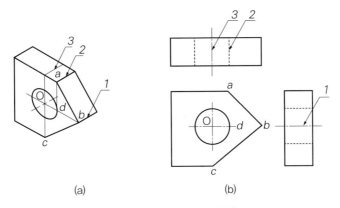

(a)　　　　　　　　　　　　(b)

그림 2.17 선의 우선순위

절단선, 파단선, 치수선, 치수보조선 등이 앞의 세 도형선에 겹치는 경우, 도형선을 먼저 그리는 것을 원칙으로 한다.

⑦ 선과 면의 분석

투상도를 보고 물체의 형상을 올바르게 판단하려면 도면 중에서 어느 선이 실제길이인지와 어느 면이 실제형을 나타내고 있는지를 알아야 한다. 이 경우 선과 면에 대해서는 다음의 투상법칙에 따른다.

(1) 직선
① 투상면에 평행한 직선은 실제길이를 나타낸다.
② 투상면에 수직한 직선은 점이 된다.
③ 투상면에 경사된 직선은 실제길이보다 짧게 표시한다.

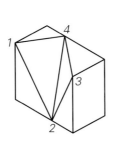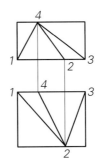

그림 2.18 선의 분석

(2) 평면

① 투상면에 나란한 평면은 실제형태를 나타낸다.

② 투상면에 수직한 평면은 직선이 된다.

③ 투상면에 경사된 평면은 단축되어 나타난다.

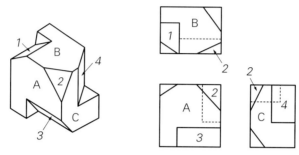

그림 2.19 면의 분석

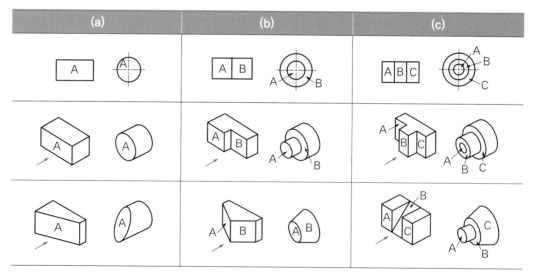

8 모양의 판단

투상도가 주어진 경우 물품의 모양을 추리하려면 도형의 구분된 수에 의해 몇 개의 면으로 구성되어 있는가를 판단한다. 예를 들면 (a)는 A의 한 면, (b)는 A, B의 두 면, (c)는 A, B, C의 세 면으로 되어 있음을 보여주고 있다.

그림 중에서 선(외형선, 은선)이 있음은 물체의 고저 또는 경사가 있음을 나타낸다.

(a)	(b)	(c)

그림 2.20 모양의 판단

정면도, 평면도, 우측면도의 3도 중 2도를 알고, 나머지 1도를 그리려면 다음과 같은 점에 주의해야 한다.

① 작도의 위치는 정면도를 주축으로 하여 평면도는 수직선 상의 위쪽에, 우측면도는 수평선 상의 오른쪽에 있다.
② 정면도와 평면도는 세로(L), 정면도와 우측면도는 높이(H), 평면도와 우측면도는 가로(W)의 크기가 같다.

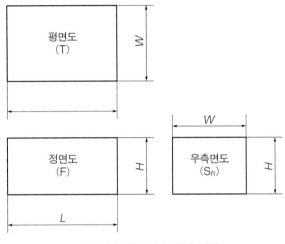

그림 2.21 각도의 크기와 위치

③ 3면도를 그리는 경우 틀리기 쉬운 점은 평면도로부터 측면도로 또는 측면도로부터 평면도로 치수를 옮길 때인데, 그림 2.22는 평면도에서 측면도로 치수를 옮기는 방법을 나타내고 있다.

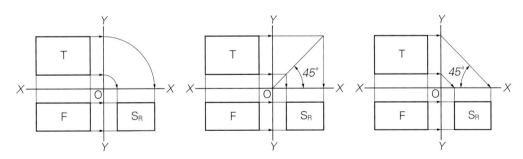

그림 2.22 평면도에서 측면도로 치수를 옮기는 방법

④ 그림 2.23은 2면도를 알고 나머지 1도를 그리는 방법을 나타내고 있다.

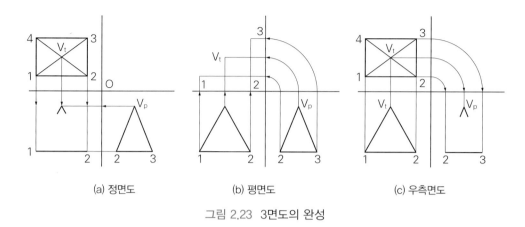

(a) 정면도   (b) 평면도   (c) 우측면도

그림 2.23 3면도의 완성

⑩ 투상도 그리는 방법

(1) 프리핸드로 그리는 방법

설계할 때 머리에서 구상한 것을 도면에 나타내거나, 물체를 스케치할 때 또는 설명을 하고자 할 때 프리핸드로 투상도를 그리는 경우가 많다.

프리핸드로 투상도를 그리는 경우 그림 2.24와 같은 순서로 그린다.

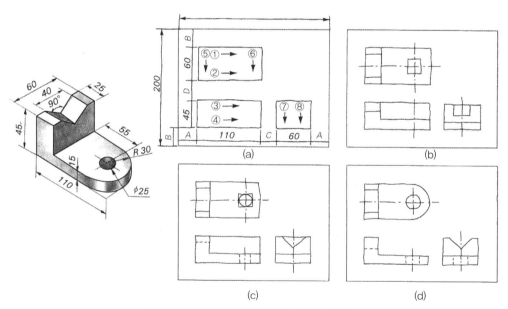

그림 2.24 프리핸드 투상도 그리는 순서

① 정면도, 평면도, 측면도의 범위를 나타내는 직사각형을 다음 순서로 그린다. 먼저 평면도의 폭과 정면도의 높이, 간격, 크기로 수평선 ①, ②, ③, ④를 긋는다. 이때 평면도와 정면도 사이의 간격 D는 도면에 따라 적절하게 두어야 한다. 다음에 정면도 및 평면도의 길이와 측면도의 폭이 되게 수직선 ⑤, ⑥, ⑦, ⑧을 긋는다. 정면도와 측면도의 간격 C는 정면도와 평면도의 간격 D와 같을 필요는 없으나 비슷하게 둔다. (a)

② 중심선을 긋고, 대략의 윤곽을 희미하게 그린다. (b)

③ 원호와 원호부분을 그린다. (c)

④ 필요 없는 선을 지우고 도형이 확실하게 선을 진하게 그려 도면을 완성한다. (d)

(2) 제도용구로 그리는 방법

제도용구를 사용하여 투상도를 그릴 때에는 그림 2.25와 같은 순서로 그린다.

① 정면도 아래 측면과 좌측면을 기준으로 하는 가로선과 세로선을 긋고, 정면도, 평면도, 측면도의 높이, 길이, 폭과 이들 사이의 간격을 고려하여 (a)와 같이 정면도, 평면도, 측면도의 위치를 잡는다. (a)

② 중심선을 긋고 원호, 원 등을 먼저 그린다. (b)

③ 도형의 외형선을 수평선, 수직선의 순으로 그린다. 이때 하나의 도형을 집중적으로 그리지 말고 각 도형에 있어서 서로 관련되는 선을 동시에 그린다. (c)

④ 세부의 외형선, 은선 등을 그리고 불필요한 선을 지우고 도형을 확실하게 나타낼 수 있도록 전체의 외형선을 진하게 다듬질하여 완성한다. (d)

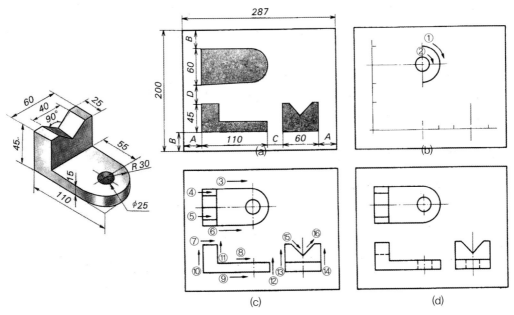

그림 2.25 제도용구를 사용하여 투상도 그리는 순서

물체의 형상을 이해하기 쉽게 하기 위해 입체적으로 도시하는 때가 자주 있다. 예를 들면, 카탈로그의 설명도, 정비지침서의 부품의 조립관계를 나타내는 도면 등은 입체도면으로 나타낸다.

(1) 등각도

① 도시하고자 하는 물체를 그림 2.26 (a)와 같이 경사시켜 보면 물체의 폭, 높이, 길이 모두가 나타나 입체의 형상을 알 수 있다.

② (b)는 물체의 높이 AB를 수평선에 수직으로 하고 AB, AC, AD를 각각 120° 되게 경사시켜서 투영하여 그린 것으로 이를 등각도(Isometric Drawing)라고 한다.

　이 그림에서 AB, AC, AD의 3개의 직선은 등각도를 그릴 때 기준이 되는 것으로 등각축이라 하고 축 상에 물체의 실제길이를 잡고 축에 평행한 선을 그어 (b)와 같은 순서로 등각도를 그린다.

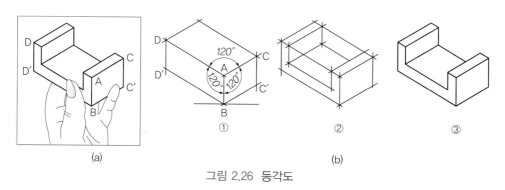

그림 2.26 등각도

(2) 등각도 그리는 방법

1) 등각도의 제도순서

① 등각도를 그릴 때에는 먼저 등각축을 결정해야 한다. 등각축의 위치는 그림 2.27과 같이 세 가지 형태가 있는데, 어느 것이나 축 간의 각도는 120°로 한다.

② (a)는 경사 위쪽에서, (b)는 경사 아래쪽에서, (c)는 길이방향을 주축으로 한 형태를 나타내는 등각축의 위치이다. 등각도는 물체의 형태를 가장 잘 나타내는 위치를 선정하는 것이 좋으나 (a)가 보통 사용되고 있는 형태이다.

③ 그림 2.28은 투상도를 등각도로 그리는 순서를 나타낸 것이다.

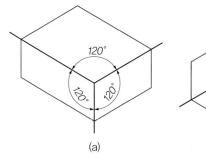 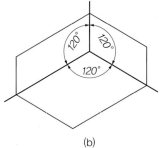 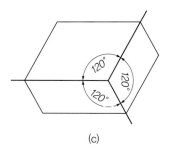

(a)   (b)   (c)

그림 2.27 등각축의 선택

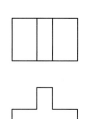 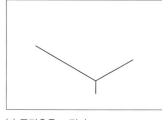

(a) 등각축을 그린다.

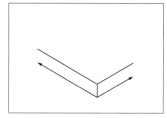

(b) 밑판의 두께 위치에서 좌우 30°로 사선을 그린다.

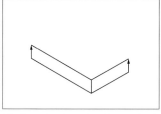

(c) 가로, 세로치수 위치에서 수직선을 긋는다.

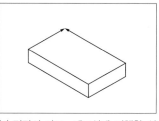

(d) 밑판의 가로·세로선에 평행한 선을 그어 나머지를 완성한다.

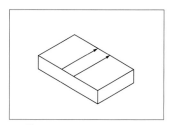

(e) ⊓부의 위치를 결정한다.

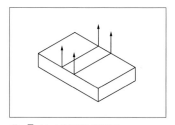

(f) ⊓부 수직선을 올린다.

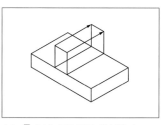

(g) ⊓부 높이수치로 완성한다.

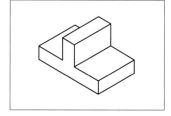

(h) 불필요한 부분을 지우고 등각도를 완성한다.

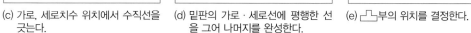

그림 2.28 등각도 그리는 순서

2) 경사면이 있는 물체의 등각도

① 그림 2.29의 왼쪽 투영도와 같이 경사면이 있는 물체의 등각도를 그릴 때는 먼저 경사면이 없는 직육면체로 생각하여 (a)와 같이 그린다.

② 경사면 부분은 등각축과 평행하지 않고 경사면의 길이와 각도도 실제의 길이 및 각도와 같지 않다. (a)와 같이 점 O′로부터 22 mm 되는 점 A′를 구하고 다음에 등각축 상에 O′에서 B 되는 점 B′를 구하여 A′와 B′를 연결하여 경사면의 1면을 구하고, A′B′//A″B″ 되게 선을 긋고 (c)와 같이 완성한다.

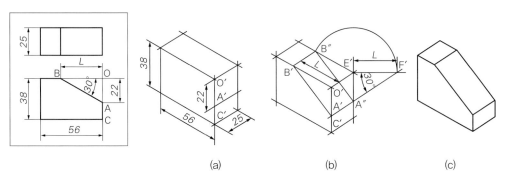

(a)　　　　　　(b)　　　　　　(c)

그림 2.29　경사면이 있는 물체의 등각도

3) 곡면이 있는 물체의 등각도

① 그림 2.30의 왼쪽 투영도와 같이 곡면으로 되어 있는 등각도는 주어진 평면도의 곡선 상에 몇 개의 점 A, B, C, …를 정한다. 이들 점에서 그림과 같이 격자선을 그어 a, b, c, …와 같은 치수를 얻을 수 있도록 한다. (a)와 같이 a, b의 치수를 등각축에 잡아 점 A′의 위치를 정한다.

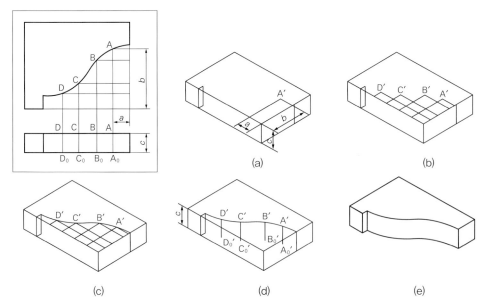

그림 2.30　곡면이 있는 물체의 등각도

② 점 B, C, D, …도 같은 방법으로 (b)와 같이 B′, C′, D′, …에서 수선을 긋고 그 길이를 물체의 높이와 같은 점 $A_0′$, $B_0′$, $C_0′$, …를 잡는다. 이들 점을 운형자로 매끄럽게 연결하고 (e)와 같이 필요 없는 선을 지우고 진한 선으로 등각도를 완성한다.

4) 원기둥의 등각도

원형부분이 있는 물체의 등각도는 그림 2.30과 같이 그릴 수 있으나, 복잡하므로 근사원을 사용하는 경우가 많다.

그림 2.31은 근사원을 그리는 순서를 나타낸 것이다.

① 원에 외접하는 정사각형을 (a)와 같이 등각도로 그린다. 이것은 이 원의 지름과 같은 변을 가진 마름모꼴이 된다.

② (b)와 같이 각 변의 수직이등분선을 그어 이들의 교점을 구한다. 이 교점이 원호의 중심선이 된다.

③ (c)와 같이 마름모꼴의 상하, 꼭짓점을 중심으로 반지름 R인 원호를 상하에 그린다.

④ (d)와 같이 마름모꼴 각 변의 2등분 수직선의 교점을 중심으로 반지름 r의 원호를 그려 원의 등각도를 완성한다.

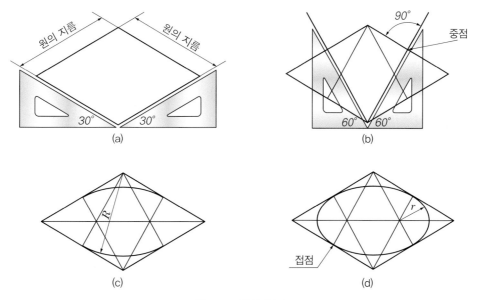

그림 2.31 원의 등각도

원기둥의 등각도 그리는 순서

① 원기둥의 등각도의 경우 투상도에서는 대, 소원의 중심이 동일한 동심원이라도, 등각도에서

는 큰 타원의 원호중심과 작은 타원의 원호중심은 동일하지 않다는 점에 주의해야 한다.

② 그림 2.32 (b)와 같이 각 타원은 각각 별개의 마름모꼴에 내접하므로 각각 별개의 타원 원호중심을 갖는다. 밑면의 타원은 원통높이 C만큼 아래로 이동하여 그리면 된다.

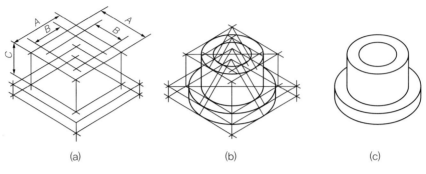

그림 2.32 원기둥의 등각도

(3) 사투상도

① 물체의 주요면을 투상면에 평행하게 놓고 투상면에 대하여 수직보다 약간 경사진 방향에서 보면 물체를 입체적으로 그린 것을 사투상도(Oblique Drawing)라고 한다.

② 등각도에서 물체 대부분의 면은 투상면에 대하여 기울어져 있다. 그러므로 원형부분이 타원으로 나타나며 따라서 도면작성에 시간이 많이 걸리는데, 사투상도에서 정면도형은 정투상도의 정면도와 같게 되며 물체의 주표면의 실형을 그대로 투영하여 그릴 수 있다. 따라서 원으로 된 부분을 정면에 위치시키면 컴퍼스로 간단히 그릴 수 있다.

③ 사투상도에서는 물체를 입체적으로 나타내기 위하여 수평면 상에서 일정한 각도로 경사시켜 측면을 나타내는 외형선을 긋는다. 이 경사각은 30°, 45°, 60° 등 삼각자를 사용하여 그리기 쉬운 경사각으로 한다. 이 경사각의 크기에 따라 물체의 윗면과 측면이 잘 나타난다.

④ 그림 2.33 (a)에서는 큰 각도 60°를 선택하여 위쪽에 있는 구멍을 잘 나타내고 있고, (c)는 작은 각도 30°로 측면에 있는 구멍을 보다 선명하게 나타낼 수 있다. 또한 물체의 측면을 나타

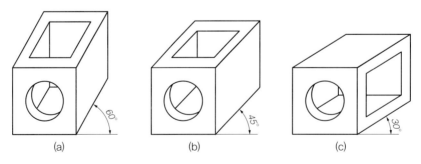

그림 2.33 사투상도의 측면기울기각

내는 선의 길이는 등각도와 같이 실제길이로 하면 사투상도에서는 정면도에 비해 길게 보이므로 실감이 나지 않는다.

⑤ 그림 2.34와 같이 실제길이의 3/4, 1/2 등으로 하는 경우가 많다.

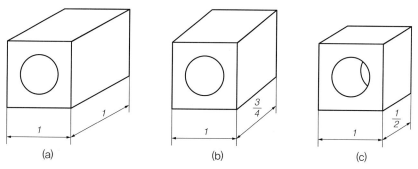

그림 2.34 사투상도의 측면길이의 비교

⑥ 그림 2.35는 정투상도, 사투상도, 등각도를 비교한 것이다.

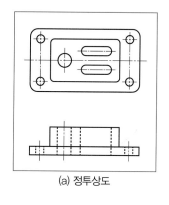

(a) 정투상도

(b) 사투상도

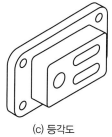

(c) 등각도

그림 2.35 사투상도와 등각도 비교

(1) 제3각법

F=정면도 S_R=우측면도
T=평면도 S_L=좌측면도
B=저면도 R=배면도

(2) 정면도를 그린다.

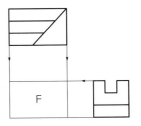

① F의 외곽을 그린다.

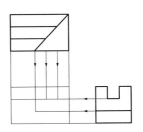

② 세부의 투영선을 긋는다.

③ 선을 마무리한다.

(3) 평면도를 그린다.

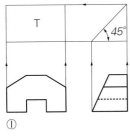

①

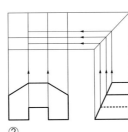

②

③

(4) 우측면도를 그린다.

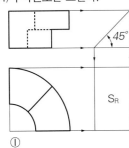

①

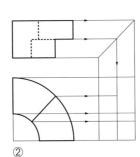

②

③

연습문제

1 주어진 점, 선, 면의 투상을 (a)와 같이 (b), (c)에도 표시하시오.

F = 정면도, T = 평면도, S = 측면도

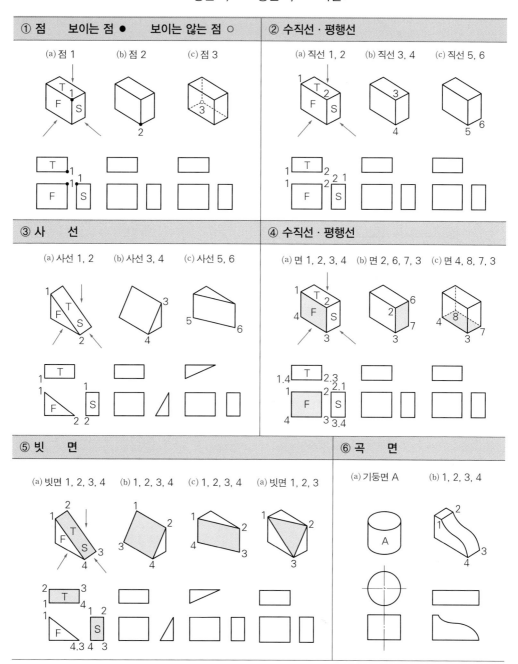

2 평면도, 정면도, 측면도 중에서 미완된 부분을 완성하시오.

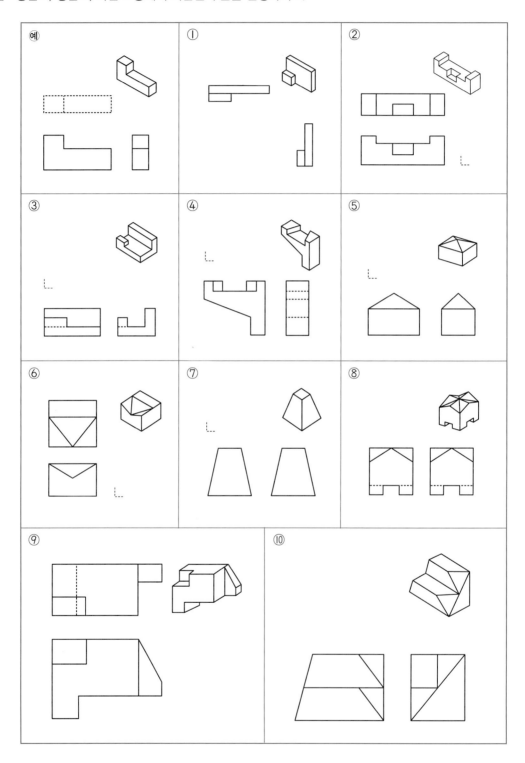

3 평면도, 정면도, 측면도 중에서 미완된 부분을 완성하시오.

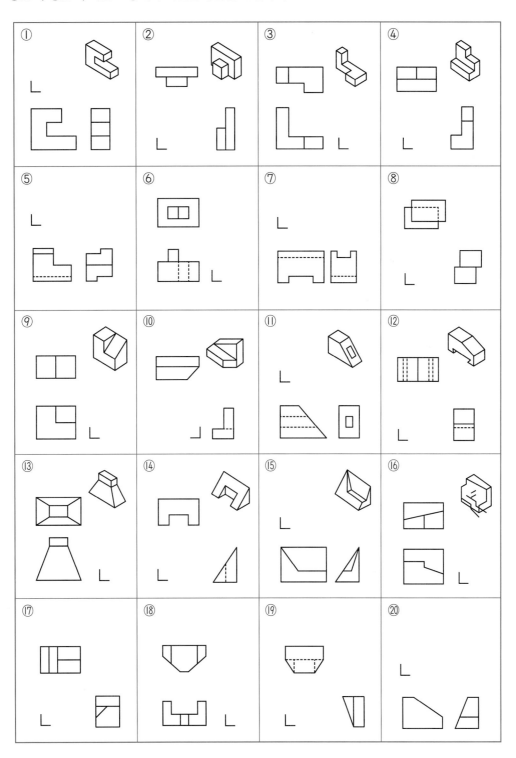

4 3면을 검토하여 누락된 부분을 완전한 투상도로 완성하시오.

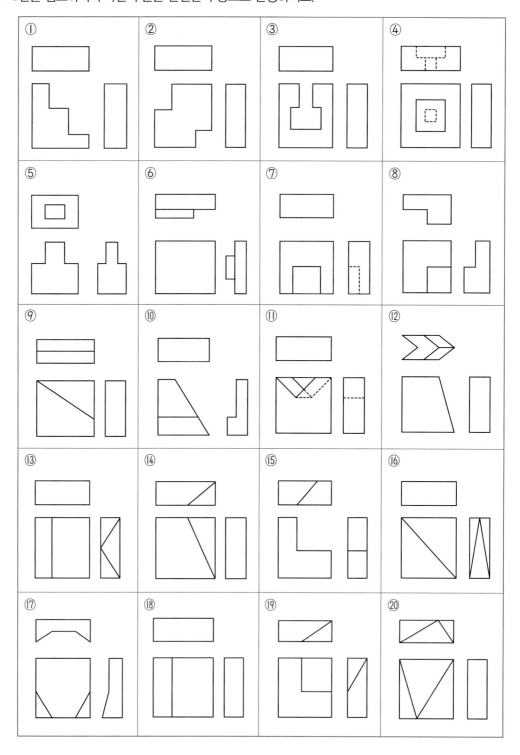

5 평면도, 정면도 측면도 중 부족한 부분을 완성하시오.

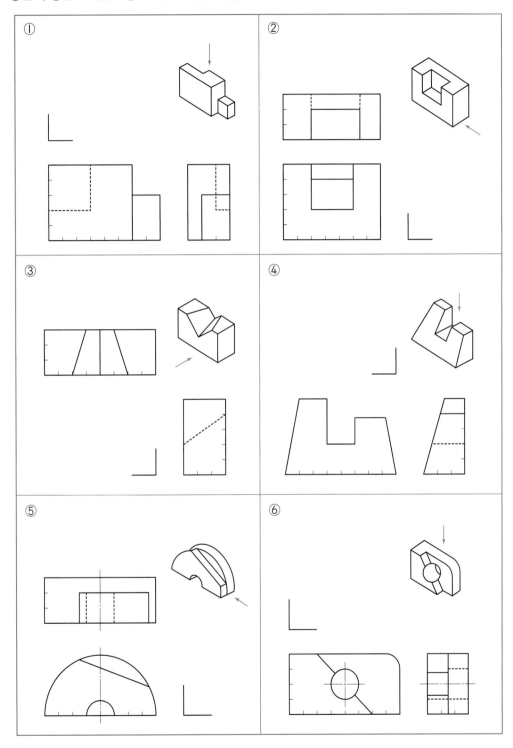

6 다음 물체의 등각도를 그리시오.

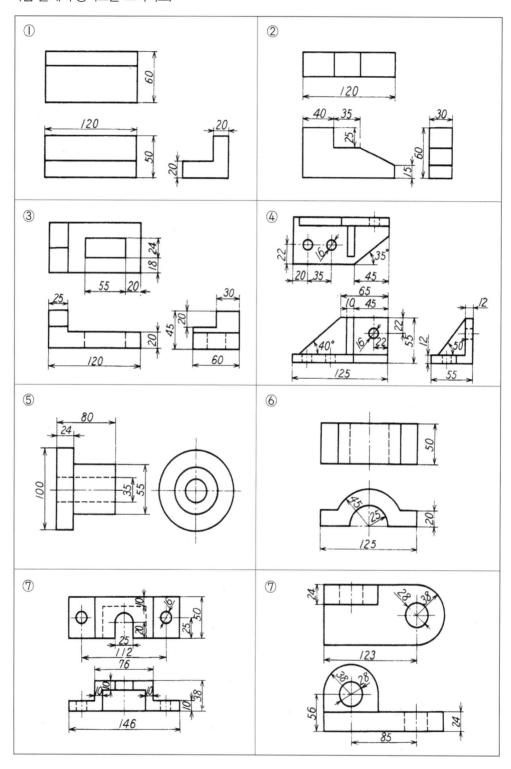

3장

도형의 표시방법

① 도형의 표시방법

　도형의 표시는 해독자가 알아보기 쉽고, 특히 제작도면에 있어서는 작업이 용이해야 하며, 제도자는 간단히 그려야 한다.
　도형의 표시는 다음 사항을 원칙으로 하여 도시한다.

① 물체를 될 수 있는 대로 자연적이고 사용하는 상태로 표시한다.
② 물체의 주요 면은 될 수 있는 대로 투상면에 나란하거나 수직으로 표시한다.
③ 물체의 형상이나 기능, 특징 등을 가장 명료하게 나타내는 면을 정면도로 하여 평면도 및 측면도 등을 보충한다.　　　　　　　　　　　　　　　　　　　　[그림 3.1]
④ 연관되는 도면의 배열은 가능한 한 은선을 사용하지 않도록 한다.　　　　　[그림 3.2]
⑤ 도형은 그 물체의 가공량이 가장 많은 공정을 기준으로 하여 이것을 가공할 때 놓이는 상태와 같은 방향으로 그린다.　　　　　　　　　　　　　　　　　　　　[그림 3.3]
　㉠ 선반작업의 물체는 중심선을 수평으로 하고, 작업중점이 오른쪽에 있게 한다. (a)
　㉡ 평삭물체는 긴 방향을 수평으로 하고, 가공면이 그림의 표면이 되게 한다. (b)
⑥ 동일도면에서 제3각법과 제1각법의 혼용사용을 피한다.　　　　　　　　　[그림 3.4]
⑦ 그러나 특별히 필요한 경우에는 국부적으로 혼용할 수 있다. 이런 경우에는 그 부분에 투상방향을 기입한다.　　　　　　　　　　　　　　　　　　　　　　　[그림 3.5]

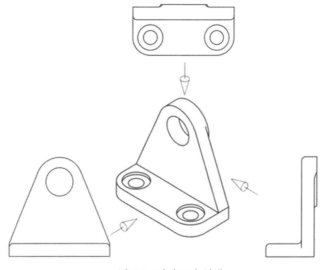

그림 3.1 정면도의 선택

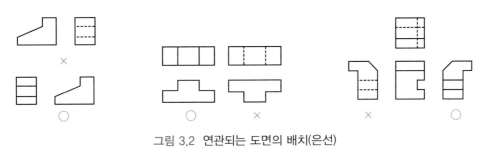

그림 3.2 연관되는 도면의 배치(은선)

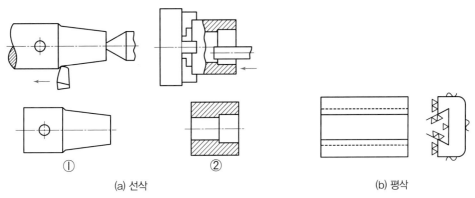

(a) 선삭

(b) 평삭

그림 3.3 공정기준에 의한 배열

(a) 투영도

① 제1각법   ② 제3각법

(b) 입체도

그림 3.4 각법 혼용에 의한 오독

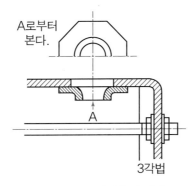

A로부터
본다.

A

3각법

그림 3.5 투상방향의 기입

물체의 투상도는 모두 6개의 도면으로 나타낸다. 그림을 자세히 보면 평면도와 저면도는 같은 면을 서로 반대방향에서 본 것이며, 일부의 선이 외형선이거나 은선으로 그려진 차이뿐이며, 형상과 치수는 동일한 것을 나타내고 있다.

정면도와 배면도, 우측면도와 좌측면도에 대해서도 똑같다고 할 수 있다. 이 사실로 보아 물체를 도시하는 데 6개의 도면전부가 반드시 필요한 것이 아니고, 일부도면은 생략해도 도면을 이해하는 데 지장이 없다. 그러나 무리하게 생략하는 경우 경사면 등이 왜곡되어 단순한 직각 절단면으로 간주될 수 있으므로 충분한 검토를 거쳐 생략을 해야 된다.

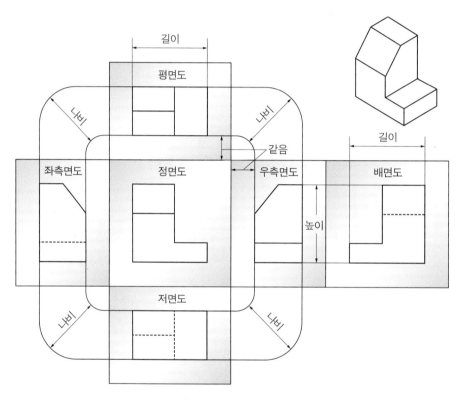

그림 3.6 6개 도면의 관계

물체를 완전히 표시하는 데는 필요하고도 충분한 도면을 선택해야 한다.

① 물체의 특징이 가장 잘 나타날 수 있도록 정면도를 택한다.
② 물체의 형상을 판단하기 쉬운 도면을 정면도로 한다.
③ 은선이 적은 도면을 선택한다.   [그림 3.7]

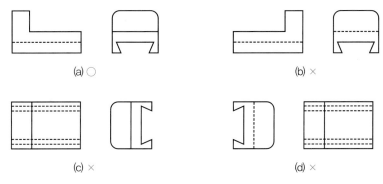

그림 3.7 은선이 적은 도면

④ 2면도로 충분한 도면의 경우 정면도와 평면도, 또는 정면도와 측면도 어느 쪽이라도 좋을 때
에는 형상을 이해하기 쉽거나[그림 3.8], 배치(도면의 균형, 겉보기, 공간)가 좋은 도면[그림
3.9]이 되도록 택한다.

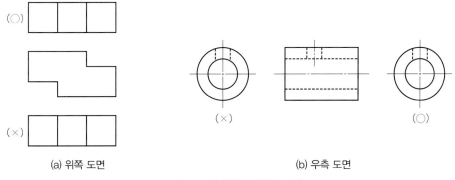

(a) 위쪽 도면   (b) 우측 도면

그림 3.8 이해하기 쉬운 도면

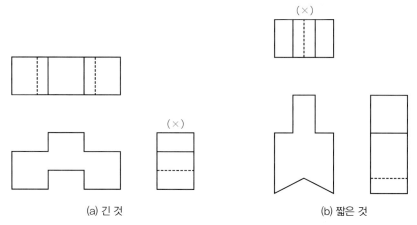

(a) 긴 것   (b) 짧은 것

그림 3.9 배치에 따른 선택

⑤ 벨트풀리, 구름베어링, 기어 등과 같은 원형물체는 원형도(축 방향에서 본 도면)는 특수한
경우 이외는 될 수 있는 한 정면도로 선택하지 않는다.   [그림 3.10]

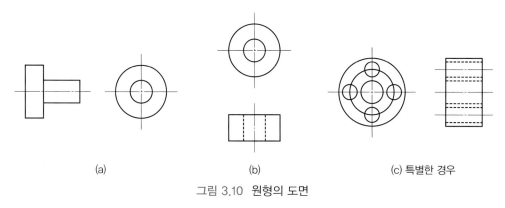

(a)   (b)   (c) 특별한 경우

그림 3.10 원형의 도면

④ 필요 투상도

물체를 완전하게 표시하는 데 필요하고도 충분한 도면 수는 물체의 형상에 따라서 다르다.
일반적으로 3면도 이하로 충분한 경우가 대부분이고, 정면도 외의 도면은 될 수 있는 대로 적게
한다.

(1) 3면도
일반적으로 정면도, 평면도, 우측면도 선택도면에 필요한 투상도로 완전하게 나타낼 수 있는
것을 3면도라고 한다.

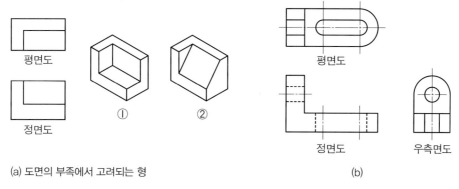

(a) 도면의 부족에서 고려되는 형

(b)

그림 3.11 3면도

(2) 2면도

평면형 또는 원통형의 간단한 물체는 일반적으로 정면도와 평면도(저면도), 또는 정면도와 우측면도(좌측면도)의 2개의 도면으로 표시되는 것이 많다.

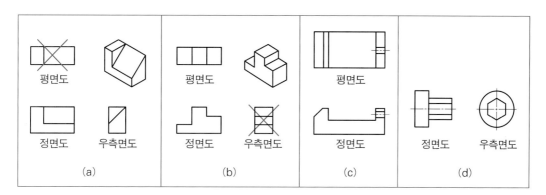

그림 3.12 2면도

(3) 1면도

정면도 1면으로 충분히 나타낼 수 있을 때에는 1면도만으로 나타내고, 보충도는 필요로 하지 않는다.

그림 3.13 1면도

원통, 각기둥, 평판 등과 같이 단면형이 동일하고 간단한 물품은 치수, 기호 등을 부기함으로써 1면도로 표시할 수 있다. 볼트, 너트, 와셔, 스프링 등 규격품, 간단한 조립도, 설명도, 배관도, 배선도 등은 정면도만 표시하는 경우가 많다.

⑤ 배치 바꿈에 의한 도면표시

특수한 형태의 투상도는 표준배치에 따르지 않는 것이 명확하고, 알기 쉬운 경우가 있는데 이때 편리한 배열을 선택하는 경우가 있다.

(1) 평면도와 측면도로 배열되는 경우
평면도를 중심으로 하고 이것과 동일면 위에 정면도와 좌우측면도를 전개하면 투상도의 배치는 그림 3.14와 같이 된다. 이때에는 평면도를 중심으로 좌우에 측면도, 아래쪽에 정면도가 배치될 뿐 도면 자체에는 아무런 변화가 없다.

이러한 배치는 측면도의 나비가 넓고 평평한 물체에 적용하면 알기 쉽고 지면도 절약할 수 있는 이점이 있다.

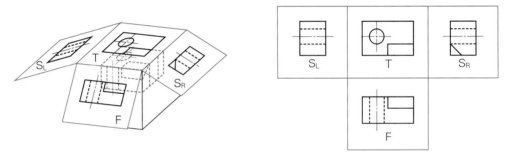

그림 3.14 평면도와 측면도

(2) 평면도와 정면도, 배면도로 배열되는 경우
평면도와 동일면 위에 정면도와 배면도를 전개할 경우 도면은 평면도를 중심으로 위쪽에 배면도, 아래쪽에 정면도가 배치된다. 정면도와 배면도 등이 각각 특수형태인 경우에는 도면이 알기 쉽게 된다.

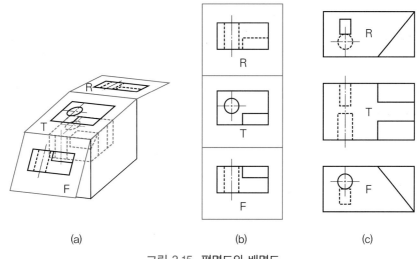

(a)   (b)   (c)

그림 3.15 평면도와 배면도

(3) 정면도와 평면도, 저면도로 배열되는 경우

① 저면이 특수한 형을 하고 있을 때 사용하면 이해하기 쉽다. (a)

② 좌우 측면이 특이한 형상일 경우 사용된다. (b)

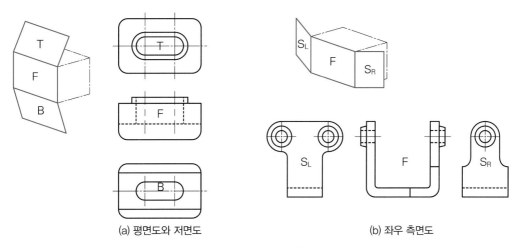

(a) 평면도와 저면도   (b) 좌우 측면도

그림 3.16 이해하기 쉬운 도면

(4) 정면도와 우측면도, 좌측면도로 배열되는 경우

다음 그림 3.17은 측면도의 여러 가지 배열을 나타내며, (a)의 경우는 은선이 가장 적으며, (b)는 대체로 양호, (c)는 지면을 많이 차지하며 불량, (d)는 가장 좋지 않은 상태이다.

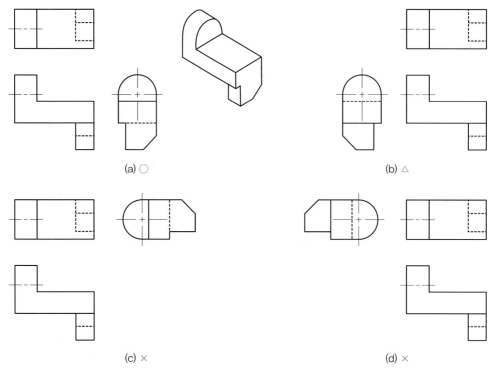

(a) ○   (b) △

(c) ×   (d) ×

그림 3.17 측면도의 여러 가지 배치

1 다음 그림을 모눈종이 안에 3면도를 그리고 생략할 수 있는 것은 ×표 하시오.

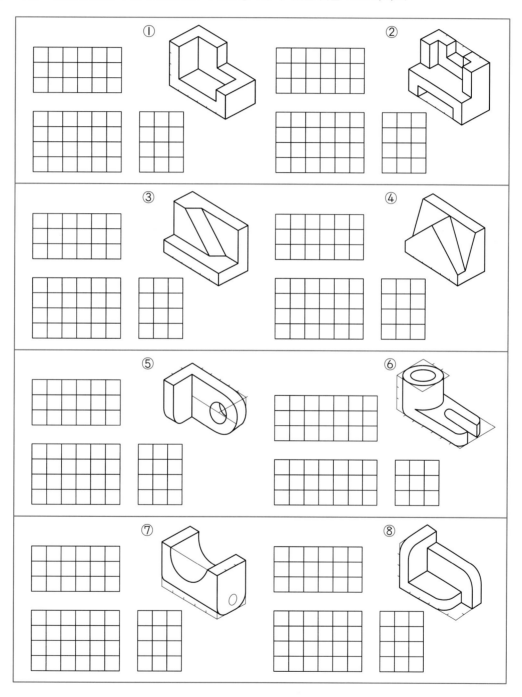

2 정면도와 우측면도로 생각할 수 있는 입체도형을 작성하시오.

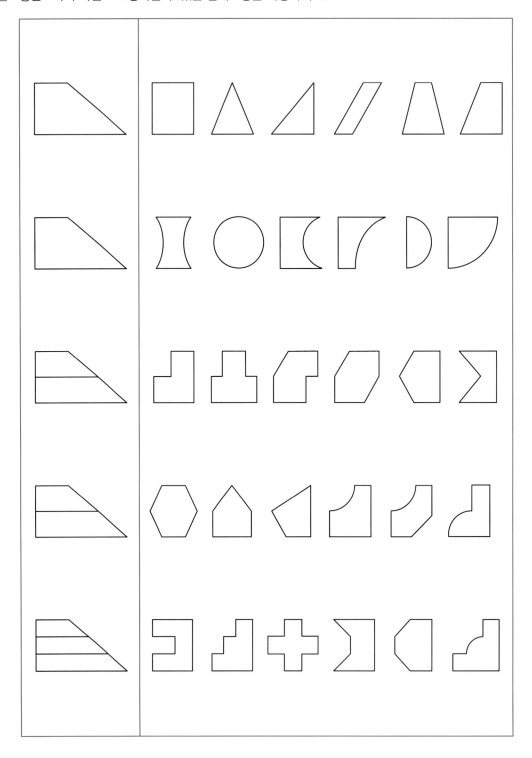

3　원통의 투상도를 지시하는 바와 같이 그리고 3면도를 완성하시오.

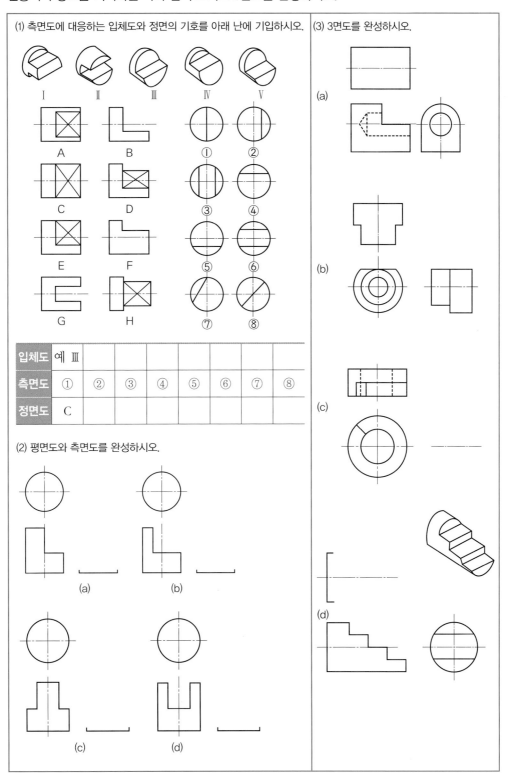

(1) 측면도에 대응하는 입체도와 정면의 기호를 아래 난에 기입하시오.

입체도	예 Ⅲ							
측면도	①	②	③	④	⑤	⑥	⑦	⑧
정면도	C							

(2) 평면도와 측면도를 완성하시오.

(a) (b) (c) (d)

(3) 3면도를 완성하시오.

(a) (b) (c) (d)

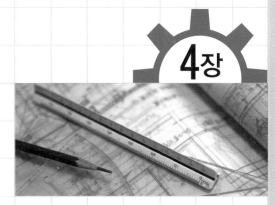

4장

단면의 도시법

물체내부의 형상 또는 구조가 복잡한 경우에 이것을 일반투상법으로 표시하면 수많은 은선이 사용되어 도면이 명백하지 않아 해독이 어렵다. 이러한 경우에는 물체의 내부를 자세히 나타낼 필요가 있는 부분을 절단하였다고 가상하여, 절단된 부분의 내면이 보이는 것으로 생각하고 투상하여 나타내는 것을 단면도시법이라 하고 이때 그려진 도면을 단면도라고 한다.

① 단면법칙

① 단면은 원칙적으로 기본중심선(물체의 대칭 또는 기본이 되는 선)으로 절단한 면을 나타낸다. 이 경우 절단선은 기입하지 않는다.
② 필요한 경우 단면은 기본중심선이 아닌 곳에서 절단하여 그려도 된다. 이때에는 절단선을 관련도에 넣어 절단의 위치를 나타낸다.   [그림 4.1]
③ 단면임을 명시할 필요가 있을 경우 해칭(Hatching)이나 색칠(Smudging)한다.
④ 단면이 취해진 방향을 표시하는 화살표는 관찰하는 방향으로 나타낸다.   [그림 4.2]
⑤ 은선은 이해하는 데 필요하지 않으면 생략한다.
⑥ 절단면에 나타나지 않은 형상이 뒤에 있더라도 그 외형이 보일 때에는 나타내야 한다.
                                [그림 4.1, 4.2, 4.3, 4.4]에서 작은 구멍과 큰 구멍의 경계선
⑦ 반단면의 경우 단면부는 중심선에 대하여 위쪽이나 오른쪽에 그린다.   [그림 4.3]
⑧ 부분단면의 단면선은 단면의 한계를 표시하는 불규칙한 프리핸드의 실선으로 그린다. 이 선을 파단선이라고 한다.   [그림 4.4, 4.5]
⑨ 절단선의 위치는 그 부호를 순서대로 표시한다.   [그림 4.6]

② 단면도 그리는 법

물체내부의 보이지 않는 부분을 나타내기 위하여 물체를 절단하여 절단한 전면은 제거했다고 가상하고 다음 순서로 그린다.

① 절단면 위에 나타난 외형선, 중심선을 그린다.
② 필요한 경우 보이지 않는 부분의 은선을 그린다.
③ 단면에 해칭을 한다.
④ 관계도에 절단선을 나타내고, 시선의 방향을 화살표로 표시한다.

(1) 전단면(Full Section)

물체전부를 둘로 절단하여 단면으로 그린 것을 전단면도라고 한다. 절단면은 투상면에 나란하고 기본중심선을 관통함을 원칙으로 하나 필요에 따라 기본중심선이 아닌 곳에서 절단할 수도 있다.

기본중심선으로 절단할 때에는 절단선을 기입하지 않으나 기본중심선 이외의 단면일 경우에는 절단선을 기입한다.

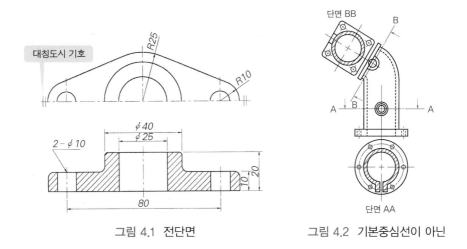

그림 4.1 전단면   그림 4.2 기본중심선이 아닌

(2) 반단면(Half Section)

반단면도는 아래위 또는 좌우가 대칭인 물체에서 외형과 단면을 동시에 나타내고자 할 때 쓰이는 것으로 물체의 1/4을 제거하여 단면을 나타낸다. 대칭축을 기준으로 위쪽이나 오른쪽을 단면으로 표시하며, 절단선은 기입하지 않는다.

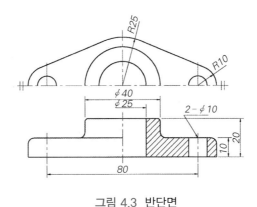

그림 4.3 반단면

(3) 부분단면(Partial Section)

필요한 장소의 일부만을 파단하여 단면으로 나타내는 것을 부분단면도라 하고, 절단부는 불규칙한 실선의 파단선으로 나타내며, 파단선 굵기는 외형선의 약 1/2 굵기로 그린다.

부분단면은 다음과 같은 경우에 적용된다.

① 전면을 단면할 필요가 없이 특정하게 생긴 일부만을 나타낼 때　　　　　　　　[그림 4.4]
② 원칙적으로 키, 나사 등과 같이 긴 방향으로 절단하지 않는 부품의 단면을 나타낼 때
③ 단면의 경계가 애매하게 될 우려가 있을 경우[그림 4.5 (e), (f)]. 이때 부분단면은 다음과 같이 된다.
　㉠ 파단선이 외형선과 겹칠 경우에는 외형선이 우선이며, 파단선은 그리지 않으면 경계가 애매하게 된다. [그림 4.5 (e)의 ②]의 경우는 파단선이 외형선과 겹치지 않도록 한다.
　㉡ 다른 단면과 병용하는 경우가 있다.　　　　　　　　　　　　　　　　　[그림 4.5 (f)]

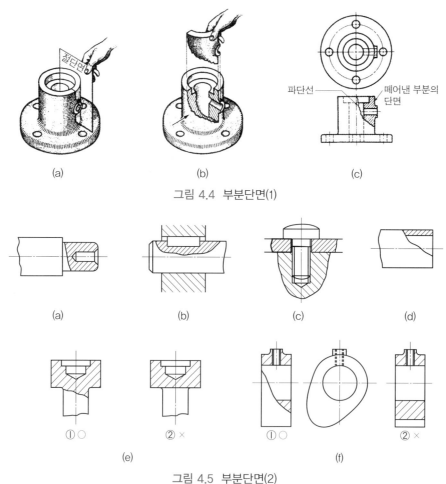

그림 4.4 부분단면(1)

그림 4.5 부분단면(2)

(4) 계단단면(Offset Section)

단면도에 표시하고자 하는 부분이 일직선 위에 있지 않을 때 투영면과 평행한 두 평면 이상의 물체를 계단모양으로 절단하여 나타내는 도면을 계단단면도라고 한다.

① 수직절단면의 선은 나타내지 않는다.
② 해칭은 하나의 절단면으로 절단했을 때와 같이 전단면에 실시한다.
③ 절단의 위치는 절단선으로 표시하고 처음과 끝 및 골곡부에 기호를 붙이고 단면도 밑에 단면 'ABCD'와 같이 기입한다. 그러나 제작도에서는 중간에 기입한 B, C 등을 생략하고 A, D와 같이 처음과 마지막 부호만을 기록하는 것이 보통이다.

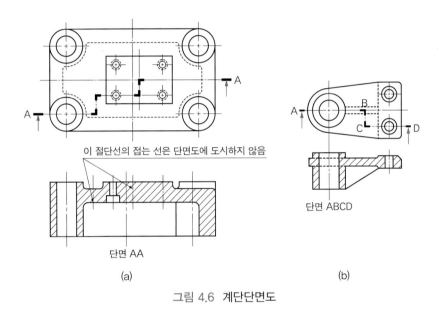

그림 4.6 계단단면도

(5) 예각단면(Acute-Angled Section)

① 원형이고 대칭인 물체에서 많이 사용되는 방법으로, 중심선을 경계로 한쪽의 반을 투상면에 평행으로 절단하고 다른 한쪽을 투상면과의 각도를 가지고 절단하여 나타낸 도면을 예각단면도라고 한다.
② 예각단면법에서는 투상면과 각을 이루고 있는 부분은 중심 O를 중심으로 투영면과 평행한 위치까지 회전하여 단면을 표시한다.　　　　　　　　　　　　　　　　[그림 4.7]

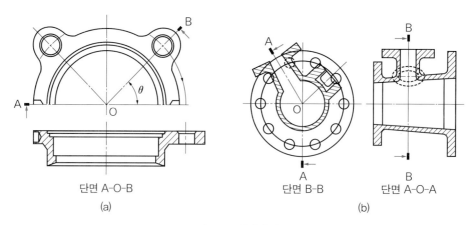

단면 A-O-B

(a)

단면 B-B

단면 A-O-A

(b)

그림 4.7 예각단면도

(6) 회전단면(Revolved Section)

핸들이나 기어, 벨트풀리 등의 암(Arm), 리브(Rib), 훅(Hook), 축 등의 부분적인 단면을 나타낼 때 물체를 축에 수직한 단면으로 절단하고 이 단면형상 그림을 90° 회전하여 그린 단면을 회전단면도라고 한다.

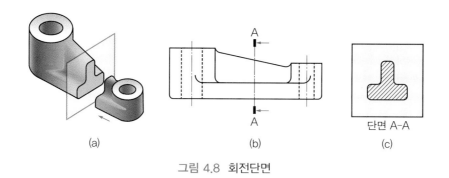

(a)

(b)

단면 A-A

(c)

그림 4.8 회전단면

이 단면도는 그림 4.9와 같이 그린다.

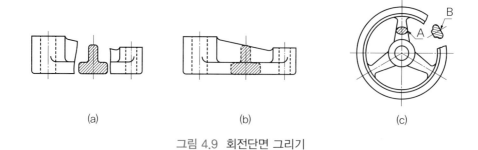

(a)

(b)

(c)

그림 4.9 회전단면 그리기

① 물체를 파단면으로 절단하고 절단장소에 단면형상을 그린다. (a)

② 물체를 절단하지 않고 단면형상을 도형 내에 직접 표시한다. 이때 단면형상은 가상선으로 그리고 해칭한다. (b)

③ 절단선 위에 단면도를 그려 넣으면 단면이 보기 어려울 경우에는 그림 4.10과 같이 절단선의 연장선 또는 임의의 위치에 단면형상을 집어내어 그린다. 이 경우 단면 A–A 등 문자나 기호를 넣는다.

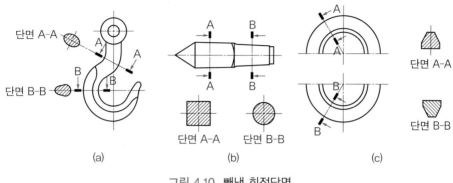

그림 4.10 빼낸 회전단면

(7) 곡면단면(Curve Sectin)

곡면단면은 특별한 경우로서 중심선이 만곡한 물체에 대해서는 그 중심선을 포함하는 만곡 절단평면으로 절단할 때가 있다.

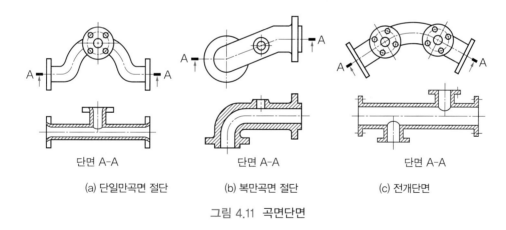

(a) 단일만곡면 절단   (b) 복만곡면 절단   (c) 전개단면

그림 4.11 곡면단면

(8) 얇은 물체의 단면

개스킷, 얇은 판, 형강 등과 같이 단면이 얇은 경우에는 그림 4.12와 같이 절단면을 검게 칠하거나, 실제치수와 관계없이 1개의 굵은실선으로 나타내며, 2개 이상의 얇은 물체가 겹쳐 있을 때에는 그들 사이에 약간의 간격(0.7 mm 이상)을 둔다.

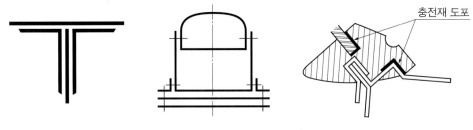

그림 4.12 얇은 물체의 단면

④ 단면법의 조합

① 단면은 필요에 따라서 이미 설명한 여러 가지 단면법을 임의로 조합해도 된다.

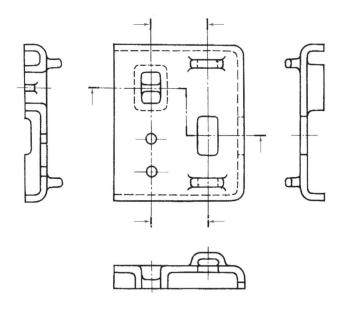

그림 4.13 단면의 조합

② 1개의 단면도로 나타낼 수 없는 경우에는 필요에 따라 단면도의 수를 늘려도 된다.

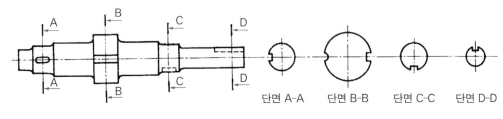

단면 A-A   단면 B-B   단면 C-C   단면 D-D

그림 4.14 다수의 단면

조립도를 단면으로 나타낼 때 원칙적으로 다음 부품은 긴 방향으로 절단하지 않는다.

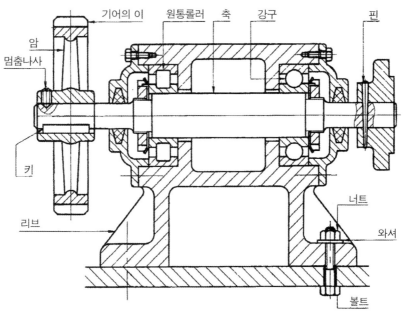

그림 4.15 절단하지 않는 부품(1)

① **속이 찬 원기둥, 각기둥 모양의 부품** : 축, 핀, 볼트, 너트, 와셔, 리벳, 키, 구름베어링의 볼, 롤러 등
② **얇은 두께 부품** : 리브, 웨브 등
③ **부품의 특수한 부분** : 바퀴의 암, 기어의 이 등

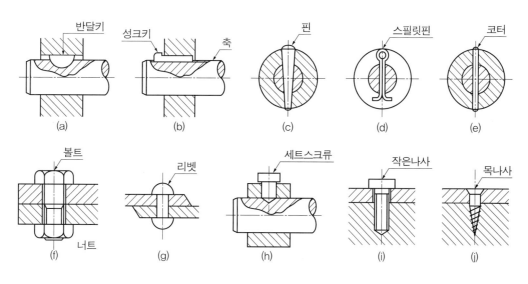

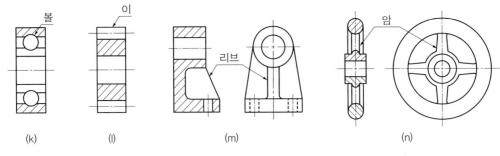

그림 4.16 절단하지 않는 부품(2)

6 해칭

단면임을 나타내기 위해 도면상의 단면부에 사선을 긋는 것을 해칭(Hatching)이라 하며, 단면의 해칭은 다음 법칙에 따른다.

① 기본중심선 또는 기선에 대하여 45°의 가는실선으로 등간격(2~3 mm)이 되게 그린다.
② 동일부품의 단면은 떨어져 있더라도 해칭의 방향과 간격을 같게 한다.
③ 서로 인접하는 단면의 해칭은 선의 방향, 각도(30°, 45°, 임의 각도) 또는 간격을 바꾸어 구별한다.   [그림 4.17 (a)]
④ 해칭을 실시한 곳에는 될 수 있는 대로 은선을 기입하지 않는다. 해칭한 곳에 치수를 기입할 필요가 있는 경우에는 그 부분만을 해칭하지 않는다.

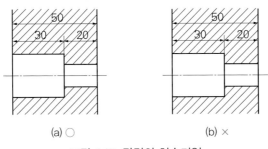

(a) ○   (b) ×

그림 4.17 단면의 치수기입

⑤ 해칭을 45°로 했을 경우 외형선 또는 기본중심선에 나란하거나 수직하게 되어 복잡한 경우는 세로, 가로 그 밖의 임의의 각도로 시행해도 좋다.   [그림 4.18 (b), (c)]
⑥ 제작도의 부품도는 해칭을 생략할 수 있다. 해칭하면 부품관계가 명확하게 되므로 조립도에서는 기입하는 것이 좋다.

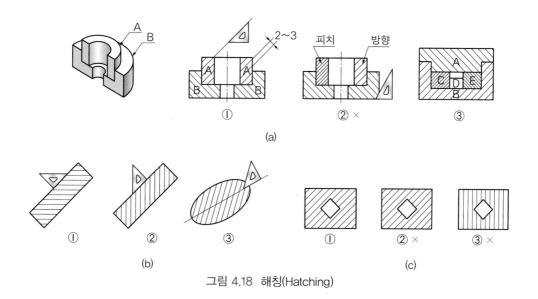

그림 4.18 해칭(Hatching)

⑦ 해칭하는 시간을 절약하기 위하여 그림 4.19와 같이 전면 또는 주변을 색이나 연필로 칠해도 좋다. 이것을 스머징(Smudging)이라고 한다.

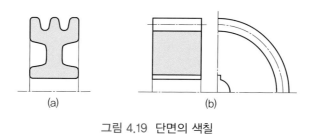

그림 4.19 단면의 색칠

각종 단면도를 표시하는 법

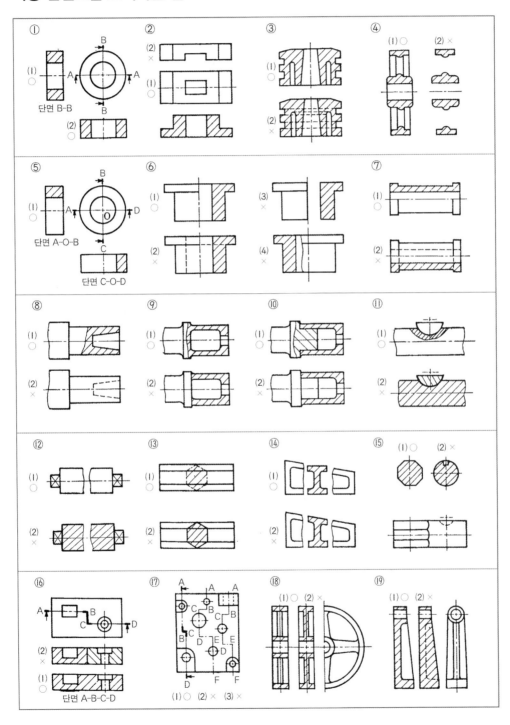

연습문제

1 ①~④는 정면도를 단면도로 그리고, ⑤~⑥은 지시된 단면도를 그리시오.

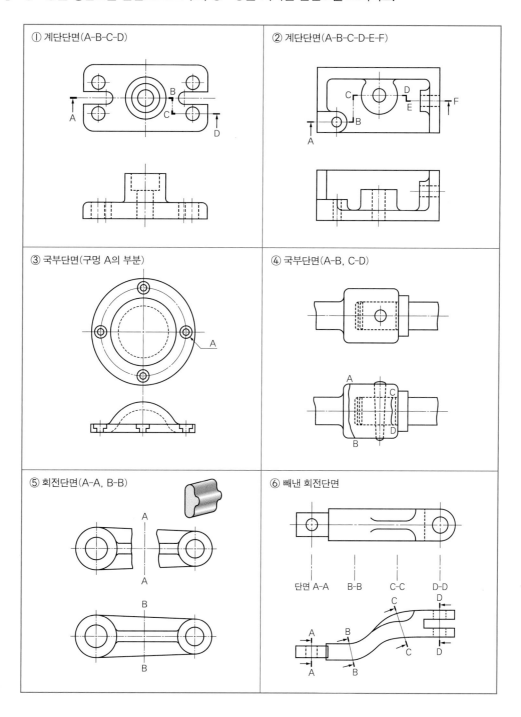

① 계단단면(A-B-C-D)

② 계단단면(A-B-C-D-E-F)

③ 국부단면(구멍 A의 부분)

④ 국부단면(A-B, C-D)

⑤ 회전단면(A-A, B-B)

⑥ 빼낸 회전단면

단면 A-A B-B C-C D-D

2 ①∼⑨는 정면도를 단면도로 바꾸고, ⑩∼⑫는 지시된 대로 하시오.

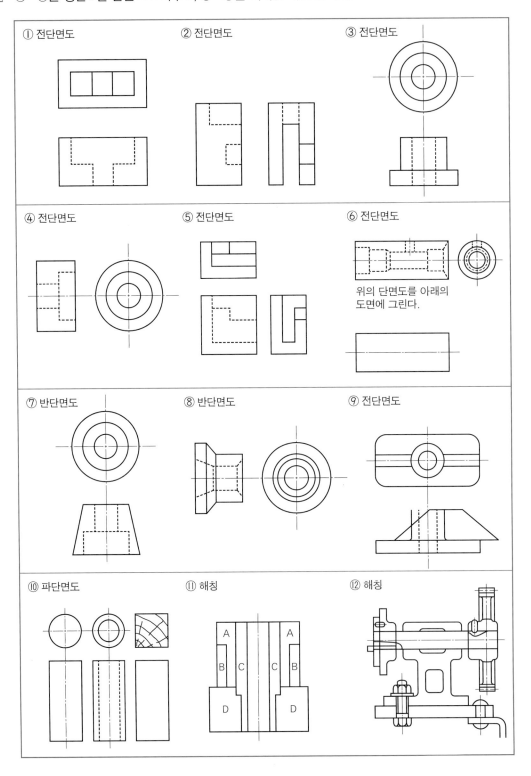

① 전단면도

② 전단면도

③ 전단면도

④ 전단면도

⑤ 전단면도

⑥ 전단면도

위의 단면도를 아래의
도면에 그린다.

⑦ 반단면도

⑧ 반단면도

⑨ 전단면도

⑩ 파단면도

⑪ 해칭

⑫ 해칭

3 다음 그림을 단면도로 작성하시오.

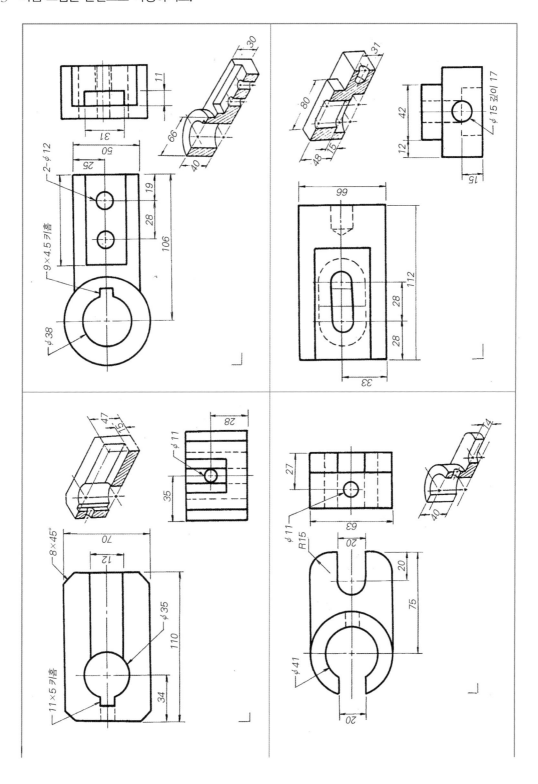

4장 단면의 도시법 **89**

5장

특수도시법

도면을 알기 쉽게 하고 제도능률을 높이기 위해 정규투상법에 의하지 않고 제도상의 관례로 사용되어 온 약도, 간략도 등으로 그리거나, 불필요한 선을 생략하고 근사화법을 사용하는 방법을 특수도시법이라고 한다.

① 보조투상에 의한 도시법

물체의 한 부분이 투상면에 평행인 경우에는 길이가 실제길이로 나타나고 면의 형상이 실형으로 나타나지만 기울어진 면은 면이 단축되거나 변형되어 나타난다. 이럴 경우 도면은 그리기도 곤란하지만 도면을 이해하기도 어렵다.

이때 정규투상법에 의하지 않고 사면에 평행한 투상면을 설치하고, 이 투상면에 수직하게 필요한 부분만을 투상하여 실형과 실제길이로 나타내어 이해하기 쉽고 그리기 쉽게 표시하는 투상법을 보조투상이라 하며, 이때의 투상도를 보조투상도 또는 부투상도라고 한다.

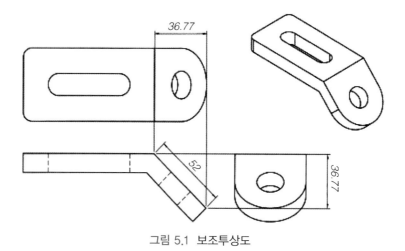

그림 5.1 보조투상도

그림 5.1은 경사면을 가진 부품을 정규투상법에 의해 나타낸 것인데, 경사면에 뚫린 구멍의 평면도와 측면도가 2개의 타원으로 표시되어 작도하기도 힘들고 물체의 형상을 이해하기도 힘들 뿐만 아니라 그 실형을 정확히 알 수 없다. 따라서 그림 5.2와 같이 그리면 경사면의 모양을 곧 알 수 있다.

특히, 용지의 공간부족으로 인하여 제자리에 보조투상을 그릴 수 없을 때에는 그림 5.2와 같이 투상의 방향을 분명하게 하기 위하여 투상의 방향, 즉 그림 5.2의 A 방향에서 보고 필요한 적당한 위치에 도형과 치수를 기입하면 된다.

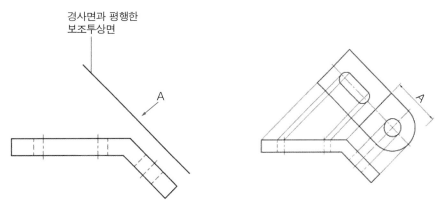

그림 5.2 보조투상도

❷ 국부투상에 의한 도시법

그림 5.3 (a)와 같이 부품의 일부분이 특수한 모양으로 되어 있으면 그 부분의 모양은 정면도만을 그려서는 알 수가 없다. 그러나 (b)와 같이 정면도나 평면도를 다 그릴 필요는 없으며, (c)와 같이 그 일부분만을 투상도로 그려주면 된다. 이와 같이 일부분만 그린 투상도를 국부투상도(Partial View) 또는 부분투상도라고 한다.

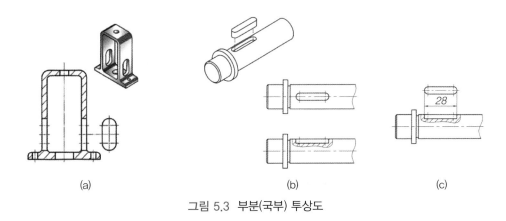

(a) (b) (c)

그림 5.3 부분(국부) 투상도

또한, 그림 5.4와 같은 부품에 있어서는 (a)와 같이 측면도에 보이는 부분을 전부 나타내면 도리어 이해하기 곤란해지므로 이런 때에는 (b)와 같이 그 요점만을 나타내는 국부투상도로 그리는 것이 좋다.

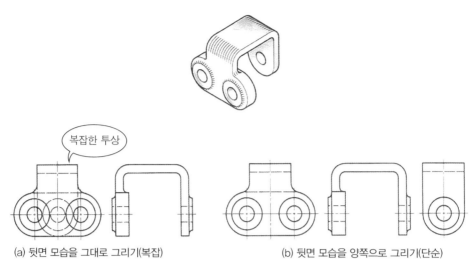

(a) 뒷면 모습을 그대로 그리기(복잡)　　　　(b) 뒷면 모습을 양쪽으로 그리기(단순)

그림 5.4　이해를 돕기 위한 국부투상

③　회전투상에 의한 도시법

보스(Boss)에서 어느 각도를 가지고 나와 있는 물체를 정규투상법에 의해 나타내면 오히려 이해하기 곤란한 것이 있다. 이럴 때 그 부분을 회전시켜 실제길이가 나타날 수 있게 회전시킨다.

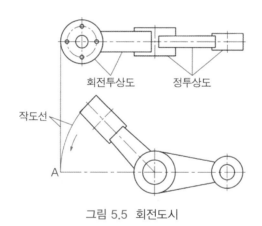

그림 5.5　회전도시

④　전개도시법

판금제품의 도면에서는 필요에 따라 전개한 형상을 나타낸다. 이 경우 전개도 위 또는 아래쪽 부근에 '전개도'라 기입한다.

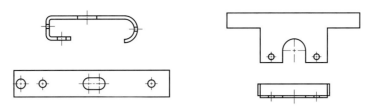

그림 5.6 전개투상도

⑤ 부분확대 도시법

투상도의 상세한 도시나 치수기입이 곤란한 경우에 그 부분을 가는실선으로 표시하며, 영문자의 대문자를 표시함과 동시에 그 해당부분을 다른 장소에 확대하여 그린다. 그리고 문자 및 척도를 표기하는 방법이다.

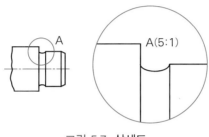

그림 5.7 상세도

⑥ 방사상 배치의 구멍과 리브의 도시법

구멍이나 리브가 공통의 중심으로부터 방사상으로 배치된 경우는 대칭형이라는 것과 중심으로부터 실제거리를 나타내기 위하여 수평 또는 수직중심선의 면까지 회전하여 도시하는 경우가 있다. 이때 도형을 나타낸 도면에서는 리브를 절단하지 않는다.

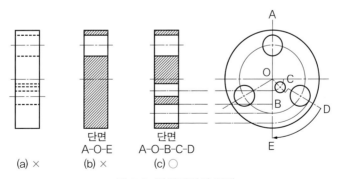

그림 5.8 방사배치의 구멍

그림 5.8 (a), (b)는 정규투상법에 의한 정면도나 일반 도시에서는 이렇게 그리지 않고 그림 5.8 (c)나 5.9 (3)과 같이 그린다.

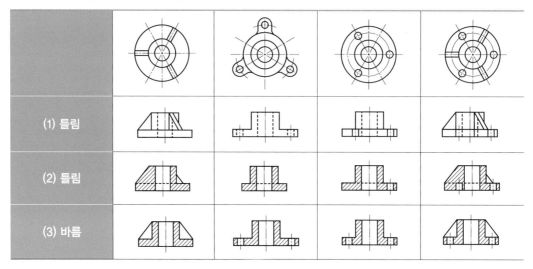

(1) 틀림				
(2) 틀림				
(3) 바름				

그림 5.9 방사배치의 구멍과 리브

⑦ 가상선으로 나타내는 도시법

가상선도는 될 수 있는 대로 간단하면서도 상세하게 도시하기 위하여 사용하는 도시법으로, 다음과 같은 경우에 그림 5.10과 같이 가상선으로 도형을 나타낸다.

① 도시된 도형 앞에 있는 부분을 나타내는 도면 (a)
② 인접부분을 참고로 나타내는 도면 (b)

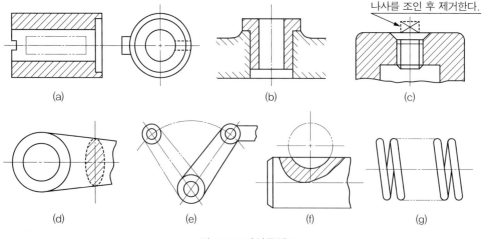

그림 5.10 가상투상도

③ 가공 전 또는 가공 후의 형상을 나타내는 도면 (c)

④ 도형 내에 그 부분의 단면 형을 90° 회전하여 나타내는 도면 (d)

⑤ 이동하는 부분을 본래의 위치에서 이동한 곳에 나타낼 때 (e)

⑥ 공구, 지그(Jig) 등의 위치를 참고로 나타낼 때 (f)

⑦ 같은 형상이 반복되어 있는 부분을 생략하여 그리는 도면 (g)

8 생략도시법과 관용도시법

(1) 은선의 생략

물체의 보이지 않는 선은 은선으로 나타내게 되어 있으나 이것을 다 그려 넣으면 도리어 그림 5.11 (a)와 같이 복잡해져서 이해하기 곤란해진다. 따라서 (b)와 같이 은선을 그리지 않아도 도면을 명확히 이해할 수 있을 때에는 은선을 생략해도 좋다.

(a)　　　　　　　　　　(b)

그림 5.11　은선의 생략

(2) 절단면의 뒤쪽에 있는 부분의 생략

그림 5.12 (b)와 같이 절단면의 뒤에 보이는 선으로, 그 도면을 이해하는 데 별지장이 없으면 이것을 생략해도 무방하다.

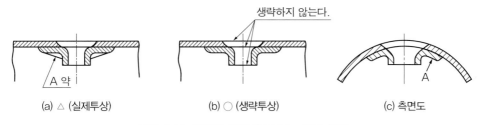

(a) △ (실제투상)　　　(b) ○ (생략투상)　　　(c) 측면도

그림 5.12　절단면 뒤쪽에 보이는 선의 생략

(3) 대칭도형의 한쪽 생략

상하 또는 좌우가 대칭인 부품으로서 그림 5.13과 같이 대칭기호를 이용하여 대칭중심선의 한쪽을 생략한다. 단, 잘못 볼 우려가 있을 때에는 (b)와 같이 대칭중심선의 바깥쪽으로 대칭 도시기호로 표시한다.

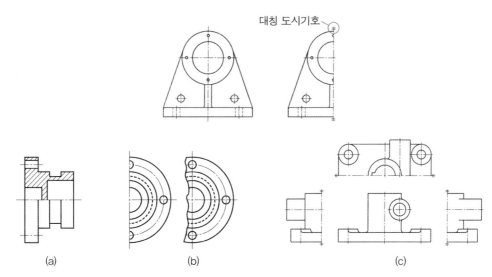

그림 5.13 대칭도형의 한쪽 생략

(4) 같은 도형의 생략

그림 5.14와 같이 같은 종류의 볼트 구멍, 리벳 구멍, 관의 구멍, 사다리 받침막대 등과 같이 연속하여 다수 배열되어 있는 경우는 그 양끝부분 또는 필요한 부분만 그리며, 다른 곳은 모두 생략하고 중심선만 그려 그 위치를 표시한다.

그러나 체인, 로프, 코일, 스프링 등은 그림 5.15와 같이 가상선에 의하여 반복을 생략한다.

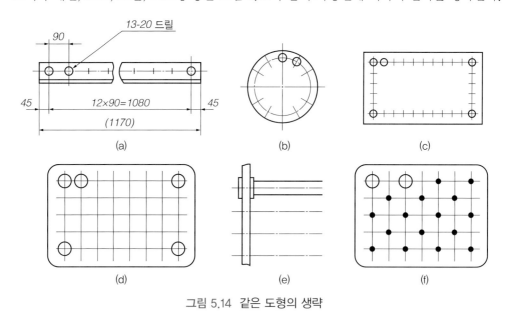

그림 5.14 같은 도형의 생략

그림 5.15 같은 종류 같은 모양의 반복생략

(5) 중간부분의 생략

축, 막대, 관, 형강, 테이퍼축 등은 그 중간부분을 단축해서 나타내도 된다. 이때 절단하여 생략한 경계부분은 파단선으로 표시한다.

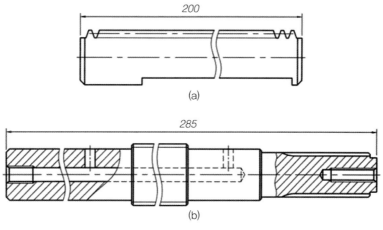

그림 5.16 중간부분의 생략

(6) 두 면의 교차부분이 라운드로 되어 있을 때의 도시법

그림 5.17과 같이 부품의 교차부가 라운드를 가질 때에는 이 부분은 투상도에 표시하지 않는다. 도면에 이 라운드부분을 표시할 필요가 있을 때에는 (d), (e), (f)와 같이 두 면의 연장하여 교차되는 교차선의 위치에 실선으로 표시한다. 이때 (d), (f)는 모서리가 둥근 경우이고 (e)는 모서리가 각진 경우이다.

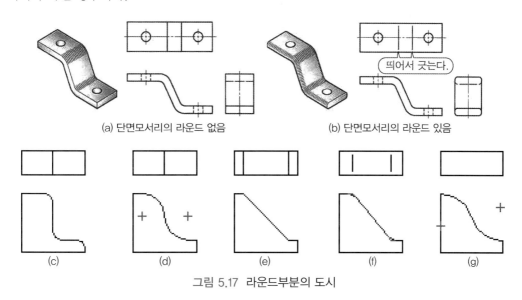

그림 5.17 라운드부분의 도시

(7) 주물표면, 리브 등의 각과 둥글기의 도시법

두면이 교차되는 부분의 라운드 반지름이 큰 면의 진투상도에서는 교차선이 나타나지 않으나 오독을 피하기 위해 실제도면에서는 그림 5.18과 같이 선을 그린다. 주물표면에 있어서 면과 면이 교차하여 생기는 유선(Run Out)은 교점 또는 접점으로 끝나고, 그 곡선은 둥글기의 반지름으로 그린 원둘레의 약 1/8로 한다.　　　　　　　　　　　　　　　　　　[그림 5.19 (d)]

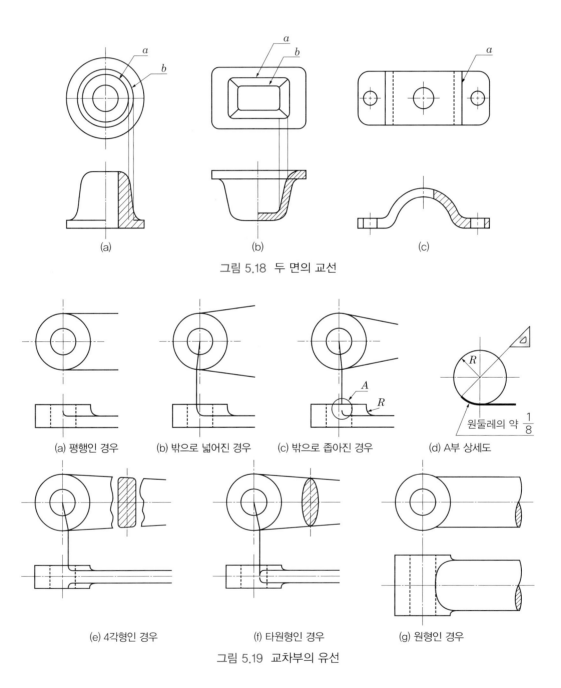

그림 5.18 두 면의 교선

(a) 평행인 경우　　(b) 밖으로 넓어진 경우　　(c) 밖으로 좁아진 경우　　(d) A부 상세도

(e) 4각형인 경우　　　　(f) 타원형인 경우　　　　(g) 원형인 경우

그림 5.19 교차부의 유선

유선은 그림 5.19에서 둥글기와 이에 교차하는 물체의 형상에 따라 변하며, 이것을 근사형으로 그린다.

그림 5.20은 리브의 도시 예로 일반적으로 리브를 나타내는 선의 끝부분은 직선 그대로 멈추게 하지만 관련 있는 둥글기의 반지름이 현저하게 다를 경우에는 끝부분을 안쪽 또는 바깥쪽으로 구부려서 멈추게 한다.

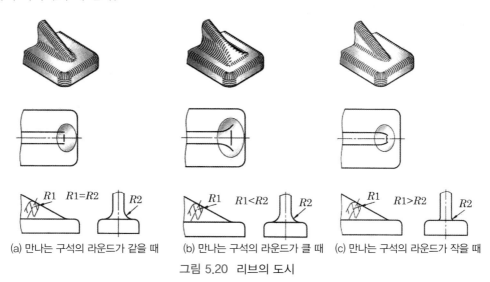

(a) 만나는 구석의 라운드가 같을 때   (b) 만나는 구석의 라운드가 클 때   (c) 만나는 구석의 라운드가 작을 때

그림 5.20   리브의 도시

(8) 원기둥 상관선의 도시법

원기둥과 원기둥 또는 원기둥과 각기둥 등이 만날 때의 상관선은 그림 5.21과 같이 투상법을 사용하지 않고 간편한 도시법에 의해 그린다.

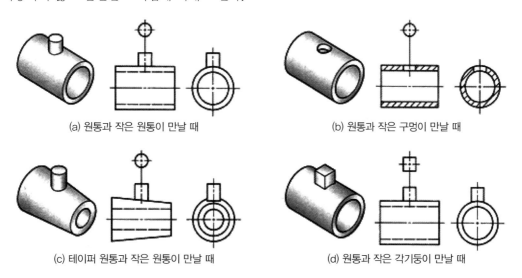

(a) 원통과 작은 원통이 만날 때   (b) 원통과 작은 구멍이 만날 때

(c) 테이퍼 원통과 작은 원통이 만날 때   (d) 원통과 작은 각기둥이 만날 때

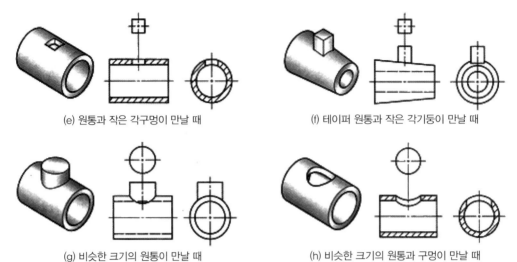

(e) 원통과 작은 각구멍이 만날 때   (f) 테이퍼 원통과 작은 각기둥이 만날 때

(g) 비슷한 크기의 원통이 만날 때   (h) 비슷한 크기의 원통과 구멍이 만날 때

그림 5.21 상관선의 관용도시

(9) 평면의 도시법

평면이 아닌 면을 가진 부품의 일부분이 평면으로 되어 있을 때 이 평면부분에 가는실선으로 대각선을 그어 도시한다.

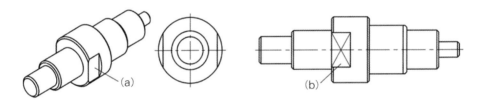

그림 5.22 평면의 도시

(10) 일부가 특별한 모양인 것의 도시법

그림 5.23과 같이 일부에 특정한 모양을 가지는 것은 될 수 있는 대로 그 부분이 도면의 위쪽에 나타나도록 그린다. 키홈이 있는 보스 구멍 또는 구멍이 있는 파이프나 실린더 및 링 등과 같이 특정한 모양으로 된 것을 표시하는 데 적용한다. (a), (b)

단, 축의 키홈 부분만의 단면도를 그릴 때에는 (c)-②와 같이 표시해도 좋다. 또한 작은 나사, 나사못 등의 홈, 핀 구멍 등은 (d), (e), (f)와 같이 45° 경사지게 그린다.

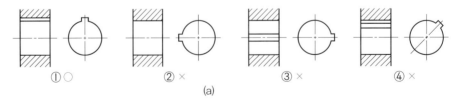

① ○   ② ×   ③ ×   ④ ×

(a)

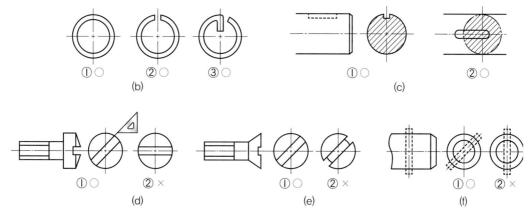

그림 5.23 일부에 특정한 모양을 갖는 것의 도시

(11) 가공과 관계되는 부분의 도시

① **가공 전 또는 후의 모양 도시** : 가공 전의 형태나 가공 후의 형태를 나타내고자 할 때에는 이 점쇄선으로 나타낸다.

② **가공에 사용하는 공구, 지그 등의 모양 도시** : 가공에 사용하는 공구, 지그 등의 모양을 참고로 도시할 필요가 있는 경우 가는 이점쇄선으로 도시한다.

③ **절단면의 앞쪽에 있는 부분의 도시** : 절단면의 앞쪽에 있는 부분을 도시할 필요가 있는 경우 가는 이점쇄선으로 도시한다.

④ **인접부분의 도시** : 대상물에 인접하는 부분을 참고로 하여 나타낼 필요가 있을 때에는 가는 이점쇄선으로 나타낸다.

⑤ **특수한 가공부분의 도시** : 대상물의 면의 일부분에 열처리 등 특수한 가공을 해야 할 부분의 도시는 그 범위를 외형선에서 약간 띄어서 평행하게 굵은 일점쇄선으로 도시한다.

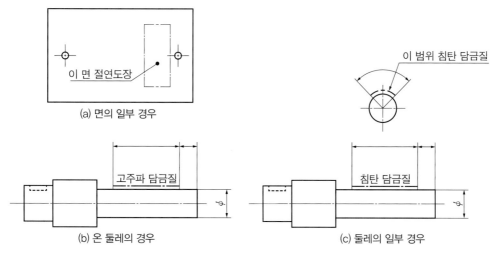

그림 5.24 특수가공부의 도시

⑥ **용접구성품의 도시** : 용접부품의 용접부분을 참고로 나타내는 경우는 그림 5.25와 같이 여러 가지 형태가 있다.

(a)는 용접 구성부재의 겹침의 관계 및 용접 비드의 크기를 표시하지 않아도 좋을 때

(b)는 용접부재의 겹침관계를 표시할 때

(c)는 용접 구성부재의 겹침관계 및 용접의 종류와 크기를 표시하는 경우일 때

(d)는 용접구성품의 용접 비드의 크기만을 나타내는 경우일 때

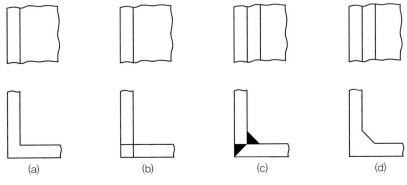

그림 5.25 용접부 도시

⑦ **널링, 철망 및 무늬강판의 도시** : 널링(Knurling), 철망, 무늬강판 등은 그림 5.26과 같이 일부에만 무늬를 넣어 도시한다.

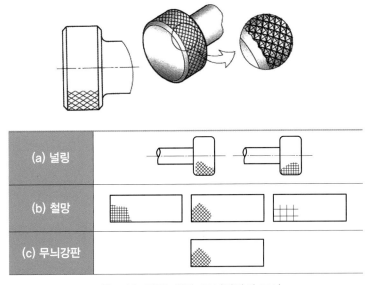

그림 5.26 룰렛, 철망, 무늬강판의 도시

(12) 표준부품 또는 시중판매품의 표시방법

볼트, 너트, 와셔, 핀 등과 같이 품종이나 치수가 KS에 규정되어 있는 것을 표준부품이라고 한다. 표준부품은 따로 준비되어 있는 것이 보통이므로 이들은 도시하지 않고 부품란에 호칭법을 기입하여 두면 된다.

또 시중판매품을 구입하여 사용할 경우에는 상세도는 필요하지 않으며, 간단한 약도를 그리고, 그 주요 치수를 기입해 두면 된다.

요점정리

특수투상도 그리는 법

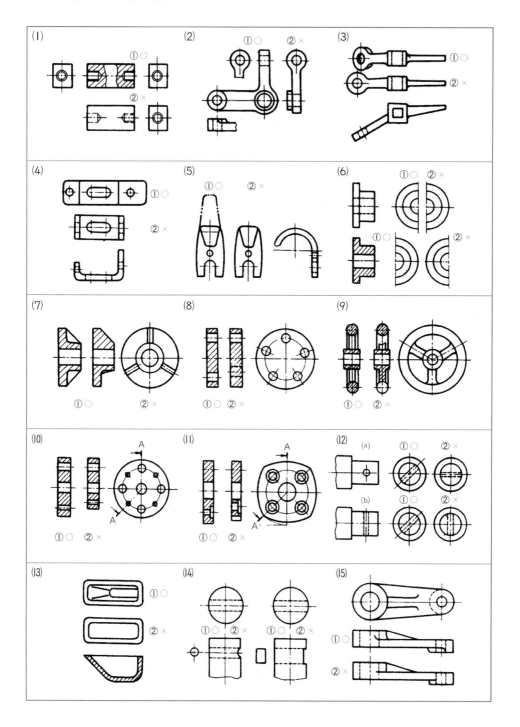

연습문제

1 화살표 방향의 보조투상도를 완성하시오.

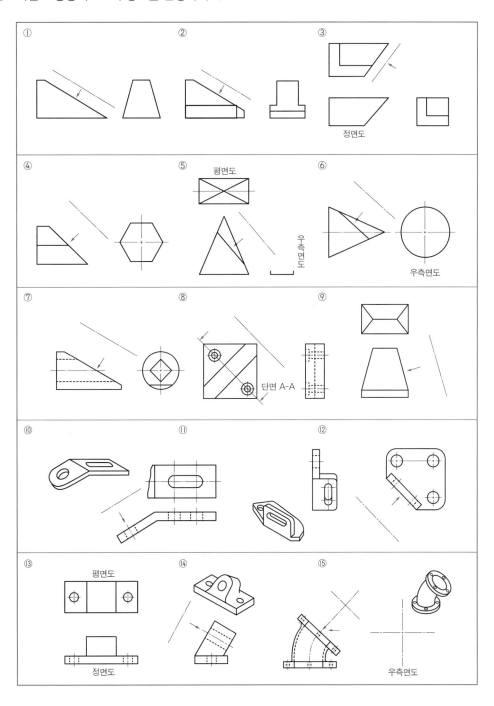

6장

치수기입법

도형을 잘 그렸다 하더라도 치수를 잘못 기입하면 정확한 제품을 만들 수 없다. 따라서 치수를 기입할 때에는 세심한 주의를 하여 정확하고 보기 쉬운 치수를 기입해야 한다.

도면에 기입되는 치수

도면은 도면을 보는 사람에게 설계자의 의도를 정확하게 전달하는 방법이며, 도면에 표시된 치수에 의해 부품이 제작되므로 치수기입은 매우 중요하다. 치수를 기입할 때에는 다음 사항에 유의해야 한다.

① 대상물의 기능, 제작, 조립 등을 고려하여 필요하다고 생각되는 치수를 명료하게 지시한다.
② 대상물의 크기, 자세 및 위치를 가장 명확하게 표시하는 데 필요하고 충분한 것을 기입한다.
③ 도면에 나타내는 치수는 특별히 명시하지 않는 한, 그 도면에 나타낸 대상물의 다듬질치수를 표시한다.
④ 치수에는 기능상(호환성을 포함) 필요한 경우 KS A0108에 따라 치수의 허용한계를 지시한다. 다만, 이론적으로 정확한 치수는 제외한다.
⑤ 되도록 주투상도에 집중한다.
⑥ 중복기입을 피한다.
⑦ 되도록 계산해서 구할 필요가 없도록 기입한다.
⑧ 필요에 따라 기준으로 하는 점, 선 또는 면을 기준으로 하여 기입한다.
⑨ 관련되는 치수는 되도록 한곳에 모아서 기입한다.
⑩ 되도록 공정마다 배열을 분리하여 기입한다.
⑪ 치수 중 참고로 나타내는 치수는 치수수치를 ( )로 묶어 나타낸다.

② 치수의 단위

① 도면에 기입되는 길이의 치수는 미터법(Metric System)에 따르며, 그 단위는 mm를 사용하는데, 치수에는 단위기호(mm)는 붙이지 않는다.
② 치수숫자는 단위가 많은 경우라도 3자리마다 콤마(,)를 쓰지 않는다.
　예 13260, 3′, 5′, 4″, 1.38″, 0.625″
③ 각도의 단위는 도, 분, 초를 쓰며, 도면에는 도(°), 분(′), 초(″)의 기호로 나타낸다.
　예 8°3′52″

③ 치수기입의 구성

(1) 치수선과 치수보조선
① 도형에 치수를 기입할 때에는 치수선과 치수보조선을 이용하여 필요부분에 치수를 기입한다.
② 치수선은 부품의 모양을 표시하는 외형선과 평행으로 긋는다. 또한 치수보조선과는 직각 이
   되도록 하고 치수선 양끝에는 화살표, 점, 선 등으로 그 한계를 표시한다.

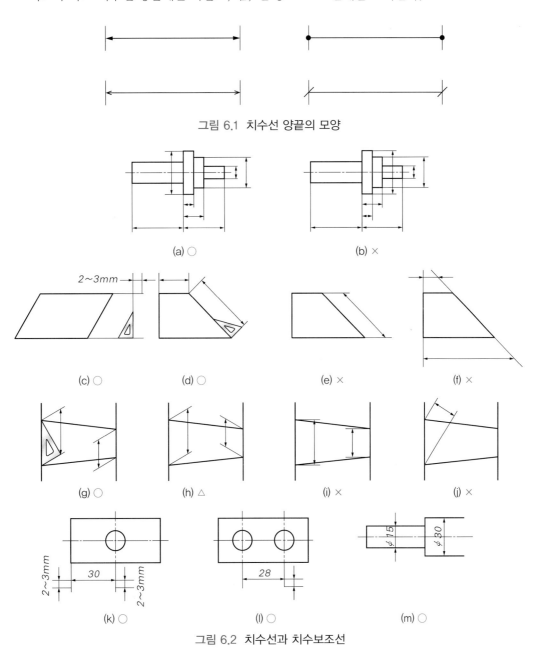

그림 6.1 치수선 양끝의 모양

그림 6.2 치수선과 치수보조선

③ 치수보조선은 치수를 표시하는 부분의 양끝에 치수선에 직각이 되도록 긋고, 그 길이는 치수선보다 약간(2~3 mm) 넘어서도록 한다.

④ 치수보조선은 그림 6.2와 같이 치수선에 대하여 적당히(보통 60°) 경사시킬 수 있다.

⑤ 치수보조선은 (k)와 같이 중심선까지의 거리를 표시할 때에는 중심선으로, (m)과 같이 치수보조선이 다른 선과 교차하여 보기 싫다든가 또는 치수를 도면 내에 기입하는 쪽이 명확할 때에는 외형선으로 대치할 수 있다.

⑥ 치수선, 치수보조선의 굵기는 모두 가는실선을 사용한다.

(2) 지시선

① 지시선은 그림 6.3과 같이 치수, 가공법, 주기, 부품번호 등 필요한 사항을 기입하기 위하여 쓰이는 것으로 되도록이면 수평선에 대하여 60°, 45°로 경사시켜 가는실선으로 하고, 지시된 곳에 화살표를 달고 반대쪽으로 수평선을 꺾어서 그 위에 필요한 사항을 기입한다.

② 지시된 곳이 외형선이 아니고 모양을 표시하는 안쪽에서 인출할 때, 즉 (b)와 같이 부품번호를 표시할 때는 화살표 대신 흑점으로 표시한다.

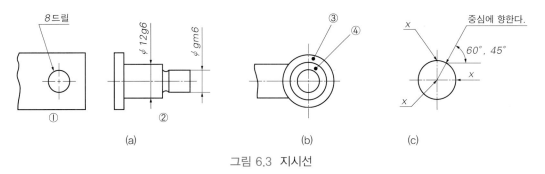

그림 6.3 지시선

(3) 화살표

① 화살표는 치수선의 양끝에 붙여서 그 한계를 명시하는 것으로 그림 6.4 (a)와 같은 두 종류가 있으며, 화살표의 각은 약 30°쯤이면 좋다.

② 화살표의 크기는 치수선을 비롯한 그림의 모든 부분과 잘 어울리도록 하되, 같은 도면 안에서는 (b)와 같이 모두 같은 크기여야 하며, 정확하게 치수보조선에 접촉되어 있어야 한다.

③ 치수보조선 사이가 좁아서 화살표를 붙일 여지가 없을 때에는 (c)와 같이 화살표를 안쪽으로 향하도록 하든가 또는 화살표 대신 흑점 또는 사선을 사용한다.

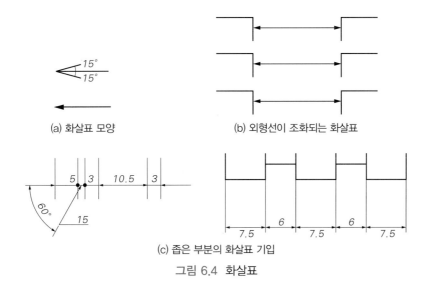

(a) 화살표 모양   (b) 외형선이 조화되는 화살표

(c) 좁은 부분의 화살표 기입

그림 6.4 화살표

① 치수숫자는 치수선 중앙상부에 정자로 명확하게 써야 하며, 치수숫자의 크기는 도형의 크기에 잘 어울리도록 해야 한다. (글자 높이는 작은 도면 2.5 mm, 보통도면 3.2 mm, 큰 도면 4 mm 정도이며, 굵기는 0.3~0.35 mm로 한다).

② 글자 높이는 한 도면에서는 도면의 대소, 기입장소의 넓고 좁음에 관계없이 같게 하고, 자폭은 장소에 따라 약간 가감해도 상관없다.

⑤ 치수수치를 기입하는 위치 및 방향

치수수치를 기입하는 위치 및 방향을 특별히 정한 다음 ①항, ②항 중 어느 하나에 따르며, 동일도면에서 혼용해서는 안 된다.

치수기입 방법

① 치수수치는 그림 6.5(a)와 같이 수평방향의 치수선에 대해서는 도면의 하변으로부터, 수직방향의 치수선에 대 해서는 도면의 우변으로부터 읽도록 쓴다. 경사방향의 치수선에 대해서도 이에 준해서 쓴다.

② 치수수치는 치수선을 중단하지 않고 이에 연하여 그 위쪽으로 약간 띄어서 기입한다. 이 경우, 치수선의 거의 중앙에 쓰는 것이 좋다.(a), (b)

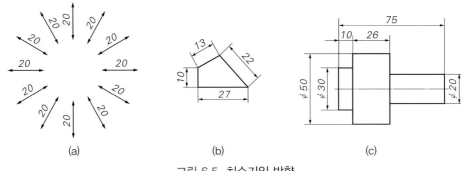

그림 6.5 치수기입 방향

③ 그림 6.6과 같이 수직선에 대하여 좌상에서 우하로 향하여 약 30° 이하의 각도를 이루는 방향에는 치수선의 기입을 피한다. (a)

   다만 도형의 관계로 기입하지 않으면 안 될 경우에는, 그 장소에 따라 혼동하지 않도록 기입한다. (b), (c)

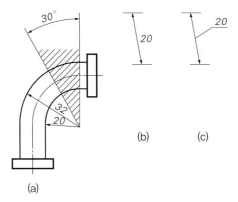

그림 6.6 치수기입 피하는 곳의 치수기입

④ 치수수치는 도면의 하변에서 읽을 수 있도록 쓴다. 수평방향 이외의 방향의 치수선은 치수수치를 끼우기 위하여 중단하고, 그 위치는 치수선의 거의 중앙으로 하는 것이 좋다.

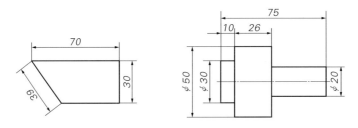

그림 6.7 치수기입 방향

6 각도의 기입

① 각도를 기입하는 치수선은 각도를 구성하는 두 변 또는 그 연장선의 교점을 중심으로 하여 사이에 그린 원호로 나타낸다.

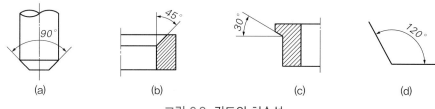

그림 6.8 각도의 치수선

② 각도는 그림 6.9와 같이 각의 꼭짓점을 지나는 수평선을 그어 기입문자의 위치가 그 수평선 위쪽에 있을 때에는 바깥쪽을 향하고, 아래쪽에 있을 때에는 중심을 향해 쓴다. (a)
③ 필요에 따라 각도를 나타내는 숫자는 위쪽을 향해 기입해도 된다. (b)

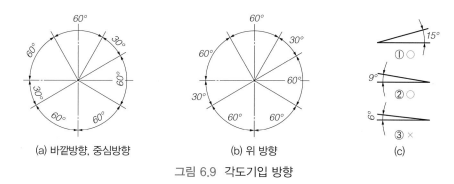

그림 6.9 각도기입 방향

7 치수수치에 부가되는 기호

기호는 치수수치 앞에 기입하는 방식과 치수수치 뒤에 기입하는 두 가지 방식이 있는데, KS 규정에서는 치수수치 앞에 써 넣도록 규정하고 있다.

표 1.1 치수수치에 부기되는 기호

기 호	의미	기 호	의 미
ϕ	지름치수(Diameter)	S ϕ	구의 지름치수(Spherical Diameter)
R	반지름치수(Radius)	SR	구의 반지름치수(Spherical Radius)
t	판의 두께(Thickness)	□	정사각형 변의 치수(Square)

C	45° 모떼기(Chamfer)	⌒	원호의 길이(Arc length)
( )	참고치수(Reference)	▭	이론적으로 정확한 치수 (Theoretically Exact Dimension)

(1) 지름의 표시방법

① 단면이 원형일 때 그 모양을 도면에 표시하지 않고 원형인 것을 나타내고자 할 때 ϕ15와 같이 지름수치 앞에 숫자와 같은 크기로 ϕ를 기입하여 표시한다.

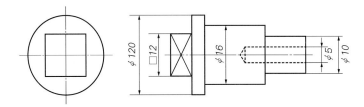

그림 6.10 지름과 정사각형 기호

② 그림 6.11과 같이 원형의 일부를 그리지 않은 도형에서는 치수선의 끝부분 기호가 한쪽인 경우에는 반지름의 치수와 혼동되지 않도록 지름의 치수수치 앞에 ϕ를 기입한다.

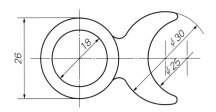

그림 6.11 원형부의 지름치수 기입

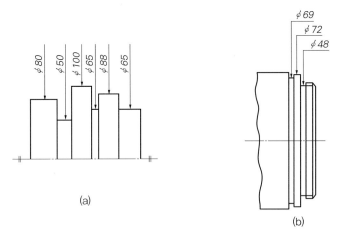

(a)

(b)

그림 6.12 치수기입 여유가 없는 부분의 지름치수 기입

③ 치수가 여유가 없는 부분에서는 그림 6.12와 같이 한쪽에 써야 할 치수선의 연장선과 화살표
   를 그리고, 지름의 기호 ⌀와 치수수치를 기입한다.

(2) 정사각형의 표시방법

대상으로 하는 부분의 단면이 정사각형일 때 그 변의 길이를 표시하는 치수수치 앞에 치수숫
자와 같은 크기로 정사각형의 한 변이라는 것을 나타내는 기호 □을 기입한다.

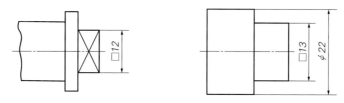

그림 6.13 지름과 정사각형 기호

(3) 반지름의 표시방법

① 반지름을 표시하는 수치는 그림 6.14 (a)와 같이 반지름 기호 R을 수치 앞에 치수숫자와 같
   은 크기로 기입한다. 단 반지름을 표시하는 치수선이 그 원호의 중심까지 그어져 있을 때에
   는 (b)와 같이 이 기호를 생략해도 좋다.

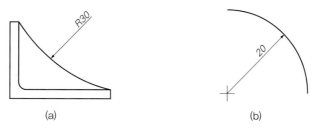

그림 6.14 원호의 치수기입

② 원호가 작아서 치수선에 치수숫자를 기입할 수 없을 때에는 그림 6.15와 같이 기입한다.

그림 6.15 작은 원호의 치수기입

③ 원호가 커서 그 중심위치가 다른 도형 안에 있을 때에는 그림 6.16과 같이 표시한다. 다만
   이동된 중심위치에는 + 자 또는 점으로 표시한다.

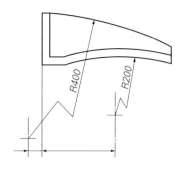

그림 6.16 중심위치가 도형을 벗어난 원호의 치수기입

④ 실형을 나타내지 않는 투상도형에 실제의 반지름 또는 전개한 상태의 반지름을 지시하는 경
　우에는 치수수치 앞에 "실 R" 또는 "전개 R"과 같이 글자기호를 기입한다.

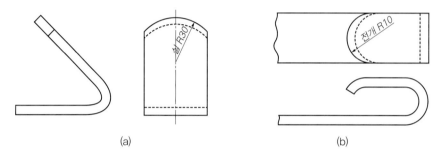

그림 6.17 실도형치수와 다른 원호의 치수기입

⑤ 그림 6.18은 동일중심을 가진 반지름의 누진치수 기입방법이다.

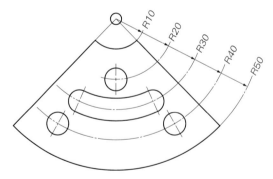

그림 6.18 누진치수 기입에 의한 반지름치수 기입

(4) 구면의 표시방법

표면이 구면으로 되어 있음을 나타낼 때에는 그 구의 지름 또는 반지름의 치수를 기입하고
또는 R의 앞에 S자를 병기하여 S50, SR90 등과 같이 기입한다. 즉 S50은 지름이 50 mm인 구면
을 의미하고 SR 90은 반지름이 90 mm, 즉 지름이 180 mm인 구면을 의미한다.

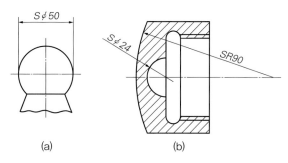

그림 6.19 구면의 치수기입

(5) 모따기의 표시방법

① 일반적인 모따기는 보통 치수기입 방법에 따라 각도로 표시한다. (a)

② 45° 모따기의 경우에는 수치×45° 또는 기호 C를 치수수치 앞에 치수숫자와 같은 크기로 기입한다.

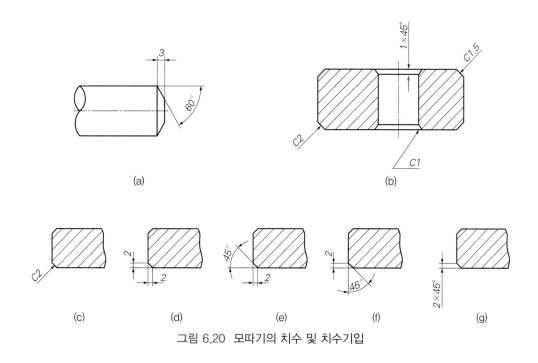

그림 6.20 모따기의 치수 및 치수기입

(6) 판재의 두께 표시방법

판재의 두께를 도시하지 않고 그 두께의 치수를 표시하는 경우에는 그림 6.21과 같이 치수수치 앞에 치수숫자와 같은 크기로 t 를 기입한다. 즉 t 0.7은 두께 0.7 mm인 판재를 의미한다.

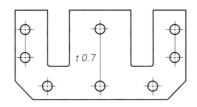

그림 6.21 판재의 두께 치수기입

(7) 현과 원호의 길이치수 기입

① 현, 호, 각도는 그림 6.22와 같이 기입한다.

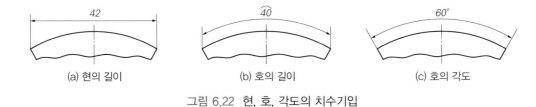

(a) 현의 길이　　　　　　(b) 호의 길이　　　　　　(c) 호의 각도

그림 6.22 현, 호, 각도의 치수기입

② 2개 이상의 호가 겹쳐 있는 부분에서 호의 치수기입은 호의 길이 치수숫자에서 해당원호 쪽으로 지시선을 그어 어느 호인지 명기하거나, 그림 6.23 (c)와 같이 원호길이의 치수수치 다음에 ( )를 하고 해당원호의 반지름수치를 기입하여 어느 원호의 길이인가를 분명히 나타낸다.

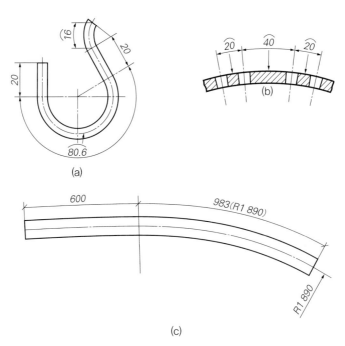

그림 6.23 원호의 길이치수 기입

① 원호로 구성되는 곡선의 치수는 일반적으로는 이들 원호의 반지름과 그 중심위치 또는 원호의 접선위치를 나타내는 치수로 표시한다.

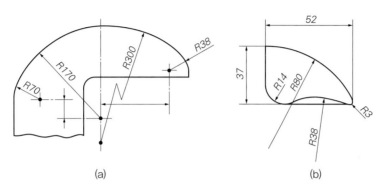

(a)   (b)

그림 6.24 곡선의 치수기입 (1)

② 원호가 아닌 곡선의 경우에는 좌표치수로 표시한다. 또한 원호로 구성되는 곡선의 경우에는 (b)와 같이 사용한다.

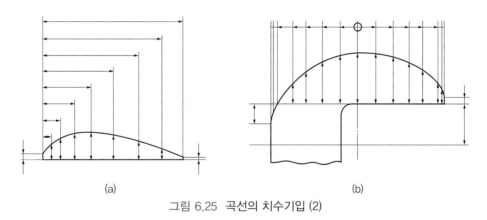

(a)   (b)

그림 6.25 곡선의 치수기입 (2)

① 대칭인 도형에서는 그림 6.26과 같이 그 중심선을 약간 지나도록 하고, 연장선 끝에는 화살표를 붙이지 않는다.
② 대칭형의 도형이 매우 크고 특히 다수의 지름치수는 그림 6.27과 같이 기입한다.

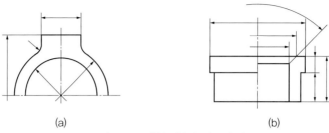

그림 6.26 대칭도형의 치수기입

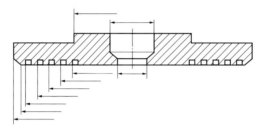

그림 6.27 대칭도형의 치수기입

⑩ 좁은 부분의 치수기입

① 치수선이 짧고 협소한 간격이 연속할 때에는 치수선의 위쪽과 아래쪽에 번갈아 치수를 기입한다. (c)

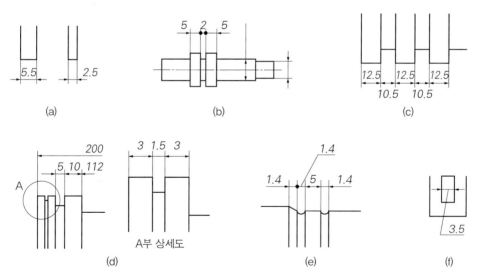

그림 6.28 좁은 곳의 치수기입

② 화살표의 기입장소가 없을 때에는 치수보조선 바깥쪽으로부터 안쪽으로 붙이며, 치수선은 중간에서 절단하지 않는다. 치수숫자는 화살표가 있는 쪽에 기입하고, 화살표를 넣을 수 없을 정도로 좁은 부분이 연속될 경우에는 중앙의 치수보조선과 치수선의 교점에는 화살표 대신 점을 찍거나 사선을 그어 한계를 표시한다. (b)

③ 치수숫자의 기입장소가 없을 때에는 치수선을 절단하지 않고 치수선의 중앙에서 지시선을 그어 치수숫자를 기입한다. (e), (f)

④ 극히 좁은 경우 치수기입 부위가 아주 좁을 때에는 별도로 확대해서 그 도면에 치수를 기입한다. 이때 확대도에는 A부 상세도와 같이 상세부를 명시한다. (d)

⑪ 구멍의 치수기입

드릴 구멍, 리머 구멍, 펀치 구멍, 코어 구멍 등 구멍의 가공방법에 의한 구별을 나타낼 필요가 있을 경우에는 원칙적으로 공구의 호칭치수 또는 기준치수를 나타내고, 그 위에 가공방법의 구별을 가공방법 용어를 규정하고 있는 한국공업규격에 따라 지시한다.

(1) 드릴 구멍의 치수기입

① 드릴 구멍의 치수는 지시선을 그어서 지름을 나타내는 숫자 뒤에 드릴이라고 써서 표시한다.

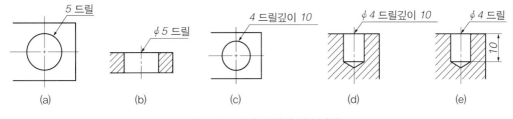

그림 6.29 드릴 구멍의 치수기입

② 카운터보어(Counter Bore), 카운터싱크(Counter Sink) , 스폿페이스(Spot Face) 등의 치수기입에 있어서 지시선의 화살표는 안쪽 드릴 구멍의 원에 기입하는 것이 원칙이나 화살표가 원과 교차될 때에는 외측원에 기입한다. 지시선의 수평선에는 호칭지름, 깊이 예 9 드릴 14 카운터보어 깊이 8, 9 드릴 17 카운터싱크 90°, 10 드릴 20 스폿페이스

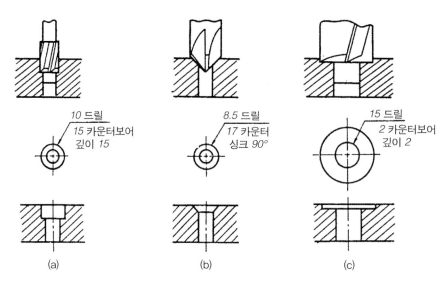

그림 6.30 카운터보어, 카운터싱크의 치수기입

③ 카운터보어에 있어 아래 위치를 반대쪽 면으로부터 치수를 지시할 필요가 있을 때에는 그림 6.31과 같이 표시한다.

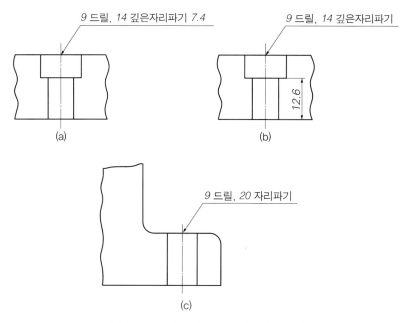

그림 6.31 카운터보어, 스폿페이스의 치수기입

④ 경사진 구멍의 깊이는 구멍 중심선 상의 깊이로 표시하든지 지시선을 사용하여 표시한다.

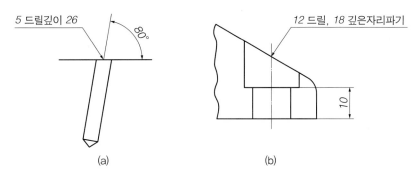

그림 6.32 경사진 구멍의 치수기입

(2) 리머, 펀칭, 코어 구멍의 치수기입

리머 구멍의 치수기입은 드릴 구멍의 치수기입과 같으며, 주물을 만들 때 코어를 넣어서 만든 구멍을 코어 구멍이라고 한다.

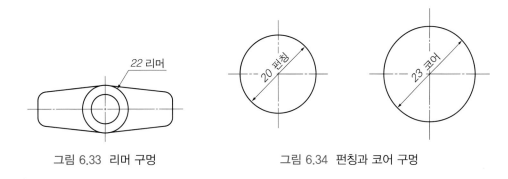

그림 6.33 리머 구멍   그림 6.34 펀칭과 코어 구멍

(3) 구멍에 삽입되는 부품의 병기

볼트 구멍, 작은 나사의 구멍, 핀 구멍 등의 치수는 구멍의 크기와 구멍에 끼우는 부품을 명시한다.

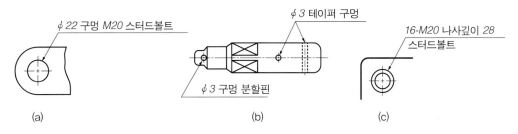

그림 6.35 구멍에 삽입부품을 병기하는 보기

(4) 지름이 같은 다수의 구멍치수 기입

① 2개 이상의 같은 치수인 다수의 구멍, 예를 들면 볼트 구멍, 리벳 구멍, 핀 구멍과 같이 똑같은 것이 많이 배치될 때에는 다른 구멍은 그 중심위치만을 표시하며, 1개의 구멍에서 지시선을 그어 구멍의 총수를 나타내는 숫자 뒤에 대시(−)를 붙인 후 구멍의 치수와 구별하여 기입한다.

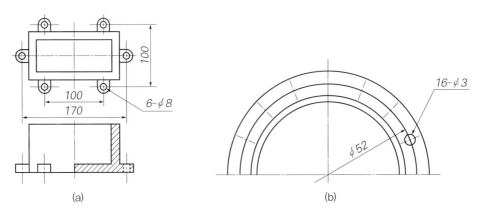

그림 6.36 같은 구멍이 다수일 때 치수기입

② 구멍에 삽입되는 볼트, 핀, 리벳 등과 같은 부품의 명칭, 치수 또는 부품의 번호는 될 수 있는 대로 병기하여 두는 게 좋다. 같은 간격으로 배치되어 있을 때에는 (간격의 수)×(간격의 치수) = (합계치수)로 표시한다.

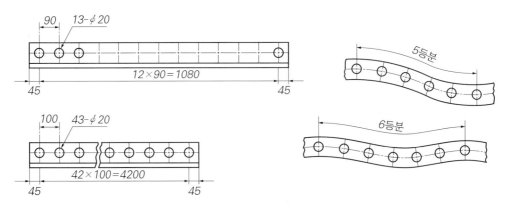

그림 6.37 같은 간격으로 연속된 같은 종류의 구멍치수 표시법

⑫ 기울기 및 테이퍼의 치수기입

① 기울기와 테이퍼는 모두 경사진 것을 말하며, 기울기는 한쪽만 경사진 것으로 구배라고도 한

다. 테이퍼는 중심선에 대하여 대칭으로 경사를 이루는 경우이다. 즉 기울기는 $\frac{D-d}{2l}$이고,

테이퍼는 $\frac{D-d}{l}$이다.

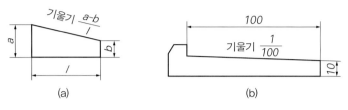

그림 6.38 기울기 표시법

② 테이퍼는 중심선에 대하여 대칭으로 경사를 이루는 경우이다.

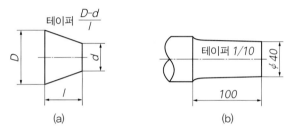

그림 6.39 테이퍼 기입법

③ 테이퍼를 특별히 명시할 필요가 있을 경우에는 중심선 위에 테이퍼형의 도형을 가는실선으로 별도로 표시하는 경우, 빗변에서 지시선을 끌어내어 기입해도 된다. 또는 지시선을 사용하여 테이퍼의 종류, 테이퍼값을 쓰는 경우도 있다.

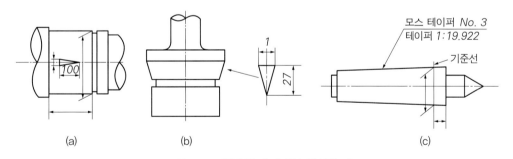

그림 6.40 특별히 테이퍼를 명시할 때

⑬ 경사면에 라운드 및 모따기된 부위의 치수기입

서로 경사되어 있는 2개의 면 사이에 라운드 또는 모따기가 되어 있을 때에는 라운드나 모따기를 하기 이전의 형상을 가는실선으로 표시하고, 그 교점으로부터 치수보조선을 긋고 치수를

표시한다.

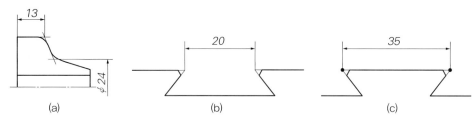

그림 6.41 라운드와 모따기부분의 치수기입

⑭ 동일부분의 치수기입

T형관 이음, 밸브 케이스, 콕 등의 플랜지와 같이 1개의 물체에 동일치수의 부분이 2개 이상 있는 경우의 치수는 그중의 한 부분에만 기입하면 된다. 이때 필요에 따라 치수를 기입하지 않는 플랜지에는 주서를 쓴다.

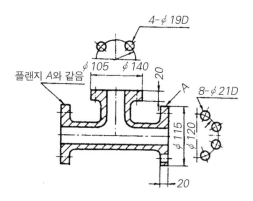

그림 6.42 동일부분의 치수기입

⑮ 키홈부의 치수기입

(1) 축의 키홈 치수기입

그림 6.43과 같이 축에 있는 키홈의 치수기입은 키홈의 나비, 깊이, 길이, 위치 및 끝부분의 형상을 나타내는 치수를 기입한다.

① (c)는 키홈의 끝부분을 밀링커터에 의해 절삭가공하는 경우로, 공구중심까지의 거리와 공구의 지름을 표시하고 공구윤곽을 가상선으로 그린다.

② 키홈의 깊이는 (a), (b), (c)와 같이 키홈 반대쪽의 축지름면으로부터 키홈 바닥까지의 치수로 표시한다.

③ 특별히 필요한 경우에는 (d), (e)와 같이 키홈의 중심면 위에서 축지름면으로부터 키홈 바닥까지의 치수(절삭깊이)로 표시한다.

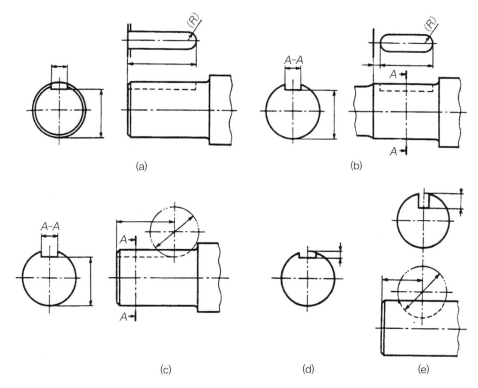

그림 6.43 축의 키홈의 치수기입

(2) 구멍의 키홈 치수기입

① 구멍에 있는 키홈은 키홈의 나비 및 깊이를 나타내는 치수를 기입한다. (a), (b)

② 경사키용 보스의 키홈 깊이는 키홈의 깊은 쪽에 기입한다. (c)

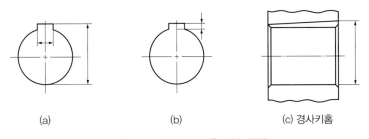

그림 6.44 구멍의 키홈 치수기입

직렬치수 기입은 누적공차가 생겨도 상관없는 경우에 적용하고, 누적공차를 방지하기 위해서는 병렬치수 기입방법, 누진치수 기입방법으로 기입한다.

(1) 병렬치수 기입

기준 치수보조선으로부터 개개의 치수를 나타내는 치수보조선까지 치수선을 나란히 그어 치수를 기입한다. 기준 치수보조선의 위치는 기능, 가공 등의 조건을 고려하여 적절히 선택한다.

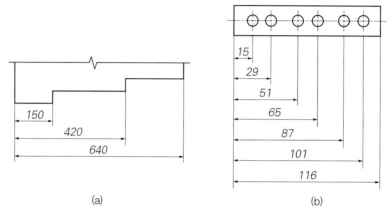

그림 6.45 병렬치수 기입

(2) 누진치수 기입

① 직렬치수 기입과 같이 1개의 연속된 치수선을 사용하나 기준 치수보조선과 치수선의 교점에 화살표 대신 기점기호 "○"를 표시하고 개개의 나타내는 다른 끝은 화살표로 표시한다.

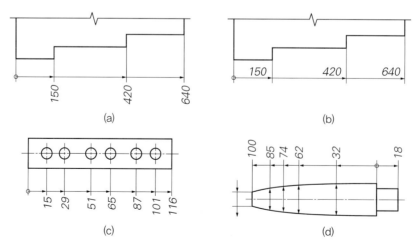

그림 6.46 누진치수 기입

② 치수숫자는 그림 6.46 (a), (c), (d)와 같이 치수보조선에 나란히 기입하거나 (b)와 같이 치수
선 위쪽 화살표 근처에 기입한다.

⑰ 기타치수 기입

(1) 표를 사용한 치수기입
물체가 동일한 형태로서 일부분만 치수가 다른 물체를 많이 제작할 때에는 치수숫자 대신 기
호문자를 사용하여 치수를 별도의 표로서 나타낸다.

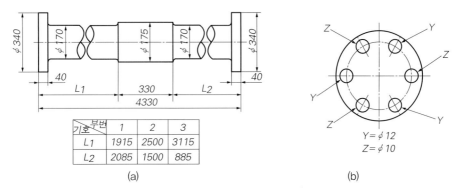

기호 \ 부번	1	2	3
L1	1915	2500	3115
L2	2085	1500	885

(a)

$Y = \phi\,12$
$Z = \phi\,10$

(b)

그림 6.47 기호문자에 의한 치수기입

(2) 좌표에 의한 치수기입
기준위치를 정하고 기준에서 절대방식에 의해 치수를 기입해 나가는 방식으로, NC 공작기계
의 발달에 의하여 필요성이 증대되고 있다.

	X	Y	ϕ
A	20	20	13.5
B	140	20	13.5
C	200	20	13.5
D	60	60	13.5
E	100	90	26
F	180	90	26
G			
H			

그림 6.48 좌표에 의한 치수기입

① 그림에서 왼쪽 아래 모서리가 기준점이 되고 표의 X, Y 수치는 이 기점에서 부터의 치수이다.

② 수직중심선과 중심점이 기점이 되고 표의 β와 α는 이들로부터의 각도 및 거리이다. 기점은 기능 또는 가공조건을 고려하여 적절히 선택한다.

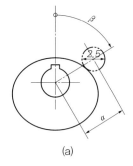

(a)

β	0°	20°	40°	60°	80°	100°	120°~210°	230°	260°	280°	300°	320°	340°
α	50	52.5	57	63.5	70	74.5	76	75	70	65	59.5	55	52

(b)

그림 6.49 좌표에 의한 치수기입

(3) 얇은 두께부분의 치수기입

얇은 두께부분의 단면을 아주 굵은선으로 그린 도형에 치수를 기입하는 경우에는 단면을 표시한 굵은선에 연하여 짧고 가는실선을 긋고, 여기에 치수선의 끝부분 기호를 댄다. 이 경우, 가는실선을 그려준 쪽까지의 치수를 의미한다.

참고 : ISO 6414(Technical Drawings for Glassware)에서는 다음과 같이 규정하고 있다(참고도).

① 용기모양의 대상물에서 아주 굵은선에 직접 끝부분 기호를 대었을 경우에는 그 바깥쪽까지의 치수를 말한다.

② 오해할 우려가 있을 경우에는 화살표의 끝을 명확하게 나타낸다.

③ 안쪽을 나타내는 치수에는 치수수치 앞에 "int"를 부기한다.

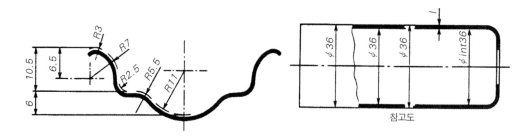

참고도

그림 6.50 얇은 두께 물체의 치수기입

(4) 구조물 등의 치수기입

철골구조물이나 건축구조물 등의 구조선도의 치수는 구조를 나타내는 선 위에 치수숫자만을 기입한다.

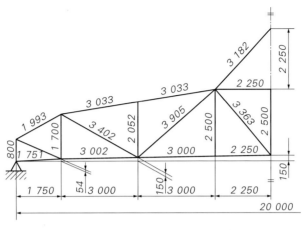

그림 6.51 구조선도의 치수기입

(5) 형강의 치수기입

① 형강의 치수는 형강의 종별기호 '높이×폭×두께-길이'로 기입한다. 예를 들면 L75×50×
6-1400은 높이 75 mm, 폭 50 mm, 두께 6 mm의 단면을 가진 'ㄱ'형강으로 길이가 14 mm임
을 나타낸다.

② 같은 치수의 형강이 2장 합쳐졌을 때는 2-L125×75×7-6300과 같이 형강치수 앞에 '2-'를
붙여 기입한다.

(6) 물체의 일부에 특수가공을 실시할 때의 치수기입

물체의 일부분을 열처리가공 등의 특수가공을 실시할 경우, 그 범위를 외형선과 약간 떨어져
굵은 일점쇄선으로 평행하게 긋고 인출선을 사용하여 가공법을 명시한다.

그림 6.52 특수가공부의 치수기입

(7) 참고치수 기입

치수 중에 중요도가 적은 치수를 참고로 기입하는 경우에는 치수숫자에 ( )를 기입한다.

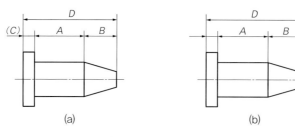

그림 6.53 참고치수 기입

(8) 도면과 일치하지 않는 치수기입

① 일부의 치수숫자가 도면의 치수숫자와 일치하지 않을 경우에는 치수숫자 아래에 굵은실선을 긋는다. (a)

② 일부를 절단생략한 경우, 특히 일치하지 않는 것을 명시할 필요가 없는 경우에는 선을 생략한다. (b)

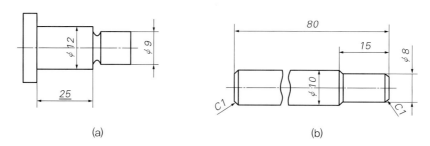

그림 6.54 도면과 일치하지 않는 치수기입

(9) 도면변경에 따른 치수기입

도면작성 후에 도면을 변경할 필요가 있을 경우에는 변경개소에 적당한 기호를 병기하고, 변경 전의 형상 및 치수는 적당히 보존한다. 이때 변경의 날짜, 이유 등을 명시한다.

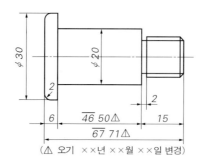

그림 6.55 도면의 변경

(10) 조립도의 치수기입

조립도에서는 조립에 필요한 전 부품에 번호를 붙인다. 조립도는 제작도와 달리 부품 세부의 치수는 기입하지 않고 조립할 때의 최대치수, 최소치수 또는 그 기계의 기능을 표시한 대표적인 치수를 기입한다.

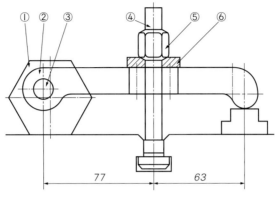

그림 6.56 조립도의 치수기입

18 치수의 선택

(1) 중복치수

치수는 물체의 모양을 나타내는 데 필요하고도 충분한 것만을 기입하고 중복을 피한다. 또 가공방법이 두 종류 이상이 되는 치수는 기입하지 않는다.

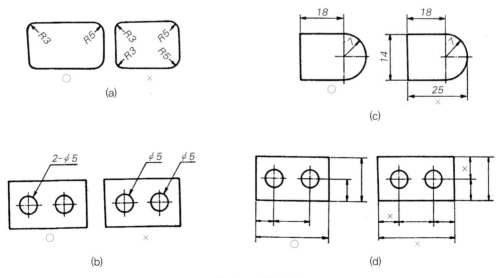

그림 6.57 중복치수

(2) 작업에 필요한 치수

측정검사 조립에 필요한 치수는 전부 기입함으로써 작업 중 계산하여 구한다든지 도면을 측정하여 구할 필요가 없다.

(3) 관계치수 기입

서로 맞추어지는 부분은 관계치수를 기입한다.

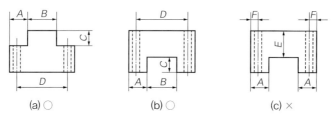

그림 6.58 관계치수 기입

(4) 다듬질한 면으로부터의 치수기입

치수는 다듬은 면으로부터 기입하고, 주물표면으로부터 기입하는 것은 피한다.

그림 6.59 다듬질 면으로부터의 치수기입

(5) 기준면으로부터의 치수기입

가공 또는 조립할 때 기준으로 하는 면이 있는 경우는 이 면으로부터 치수기입을 한다. 특히 기준이라는 것을 명시할 필요가 있으면 그 면에 기준을 기입한다.

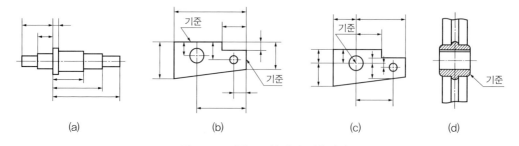

그림 6.60 기준으로부터의 치수기입

(1) 정면도에 집중하는 치수기입

치수는 될 수 있는 대로 물체의 형상이 가장 잘 나타나는 정면도에 집중하여 기입하고, 기입하기 어려운 치수는 평면도나 측면도에 기입한다.

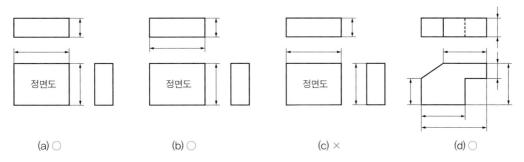

그림 6.61 정면도에 집중기입

(2) 도형 밖 치수기입

① 치수는 원칙적으로 치수보조선을 그어서 도형 밖에 기입한다. (a)

② 치수보조선을 꺼내 혼란을 일으킬 경우의 치수기입 방법이다. (b)

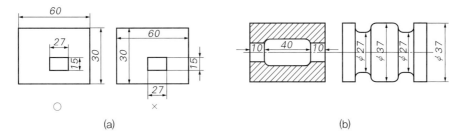

그림 6.62 그림 안팍의 치수기입

(3) 외형선의 치수기입

치수는 외형선에 기입하고 은선에 기입하는 것은 피한다.

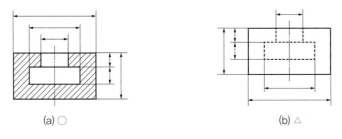

그림 6.63 외형선의 치수기입

(4) 실형치수 기입
치수는 실형이 나타나 있는 장소에 실제길이를 기입한다.

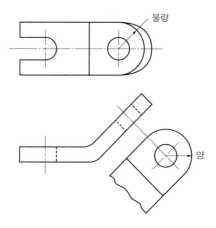

그림 6.64 실형치수 기입

(5) 인접하고 연속된 치수기입
치수가 몇 개 인접하여 연속하고 있을 경우에 치수선은 될 수 있는 대로 일직선 위에 가지런하게 기입하며, 계단상으로 기입하는 것을 피한다.

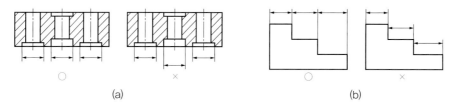

그림 6.65 인접한 치수기입

(6) 등간격으로 치수기입
① 치수보조선을 그려 기입하는 지름의 치수가 대칭중심선의 방향으로 배열되는 경우에 각 치수선은 될 수 있는 대로 같은 간격으로 그린다. (a)
② 형편상 치수선의 간격을 좁게 그리는 경우는 지그재그로 기입한다. (b)

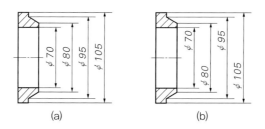

그림 6.66 등간격 치수기입

(7) 공정별 치수기입

1개의 물체를 제작하는 데 여러 공정을 필요로 할 경우에는 작업을 능률적으로 해 나갈 수 있도록 그림 6.67과 같이 공정별로 치수배열을 나누어서 기입한다.

① (a)에서 아래쪽은 선반가공에 관계되는 치수이고, 위쪽은 밀링 및 드릴가공 치수이다.
② (b)에서는 위쪽이 모형가공 치수이고, 아래쪽은 기계가공 치수로 되어 있다.

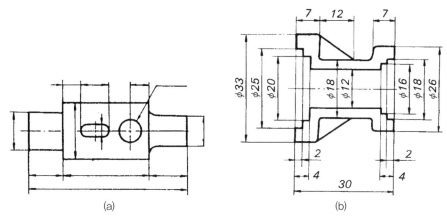

그림 6.67 공정별 치수기입

⑳ 육면체, 원기둥 및 구멍의 위치치수 기입

(1) 육면체의 치수기입

육면체의 필요치수는 '세로×가로×높이'의 세 가지이며, 이들 중 2개 치수는 정면도에, 나머지 1개 치수는 평면도나 측면도에 기입한다.

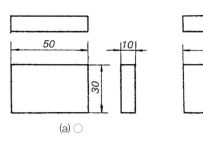
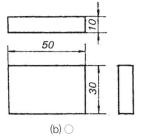
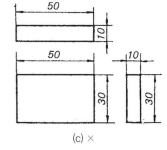

(a) ○   (b) ○   (c) ×

그림 6.68 육면체 치수기입

(2) 원기둥의 치수기입

원기둥의 필요치수는 '지름×길이'의 두 가지이며, 둘 다 정면도(직사각형도)에 모아서 기입한다.

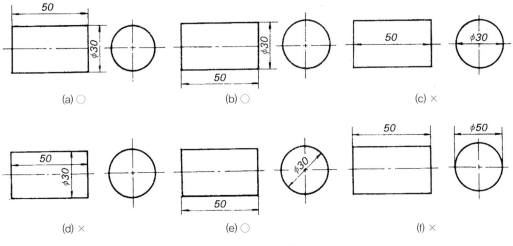

그림 6.69 원기둥의 치수기입

(3) 구멍의 위치치수 기입

① 구멍의 위치 치수는 기준면 또는 중심선으로부터 구멍의 중심선까지의 거리치수를 기입한다.

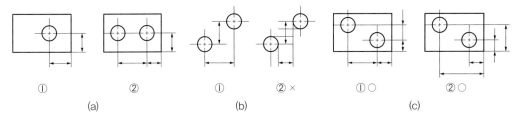

그림 6.70 구멍의 위치치수

② 중심으로부터 등거리에 있는 많은 수의 구멍 위치는 그 중심을 지나는 피치원의 지름으로 표시하며, 구멍이 원둘레 위에 등간격으로 배치된 경우는 각도를 기입할 필요가 없다.

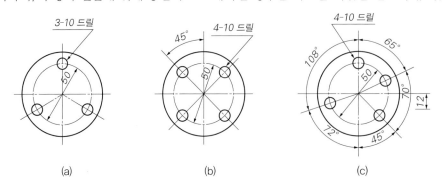

그림 6.71 원둘레 위의 치수기입

요점정리

1. 기본형의 치수기입법(1)

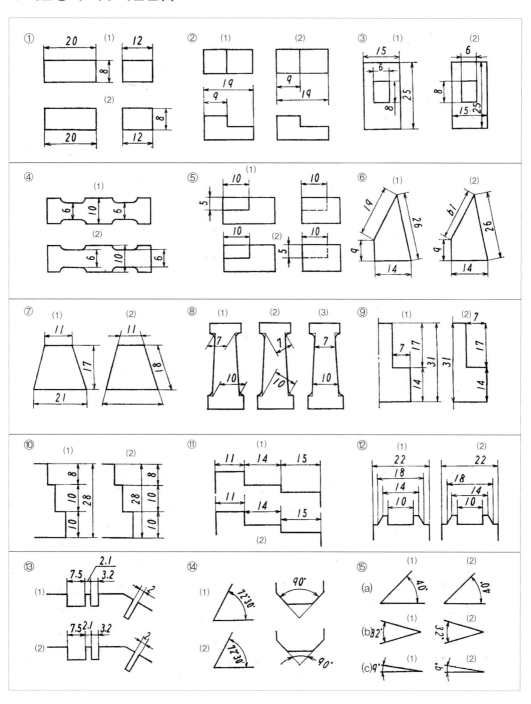

2. 기본형의 치수기입법(2)

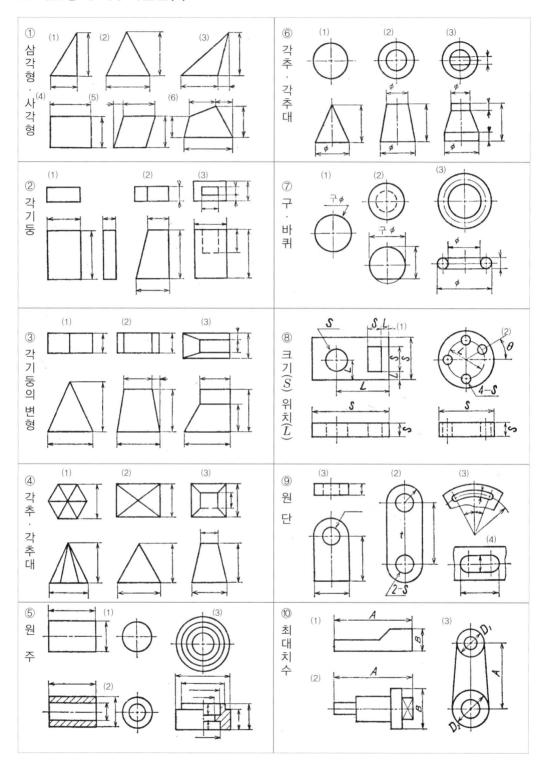

3. 원통형 원호의 치수기입법

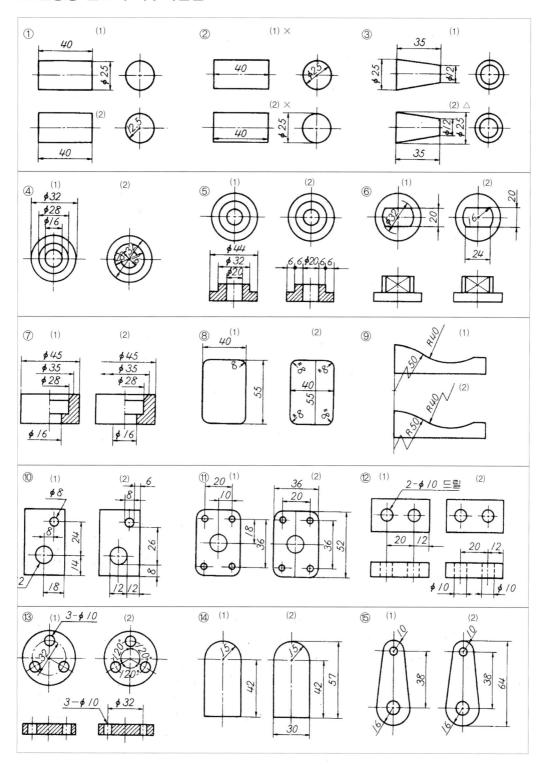

연습문제

1   다음 각 도형에 주어진 치수를 기입하시오.

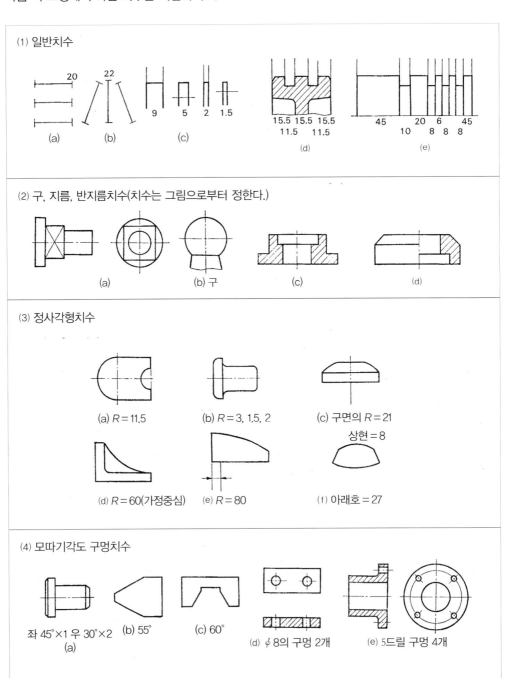

(1) 일반치수

(a) (b) (c)

20 22
9 5 2 1.5
15.5 15.5 15.5
11.5 11.5
(d)

45 20 6 45
10 8 8 8
(e)

(2) 구, 지름, 반지름치수(치수는 그림으로부터 정한다.)

(a) (b) 구 (c) (d)

(3) 정사각형치수

(a) R = 11.5   (b) R = 3, 1.5, 2   (c) 구면의 R = 21

상현 = 8

(d) R = 60(가정중심)   (e) R = 80   (f) 아래호 = 27

(4) 모따기각도 구멍치수

좌 45°×1 우 30°×2   (b) 55°   (c) 60°   (d) φ8의 구멍 2개   (e) 5드릴 구멍 4개
(a)

2 지시된 기준(+)으로부터 치수를 기입하시오.

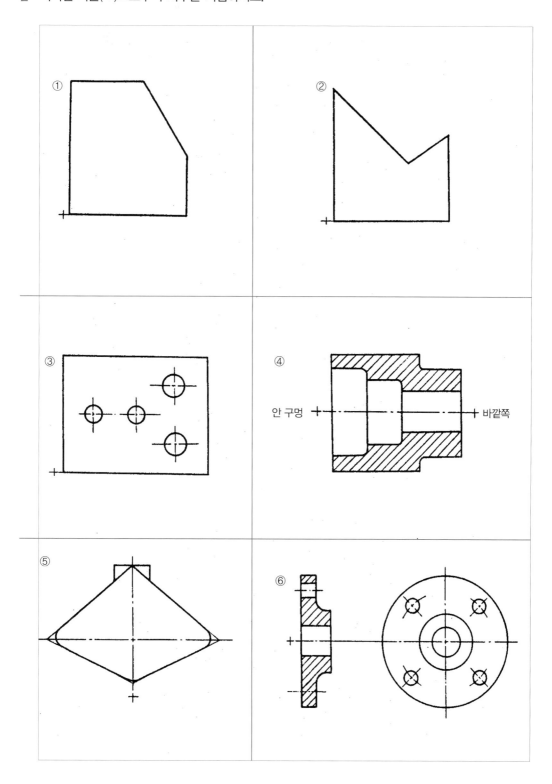

7장

치수공차와 끼워맞춤

실제로 기계부품을 비롯한 여러 산업용 부품을 가공, 제작할 때에는 편차(Deviation)가 없는 이상적인 치수로 가공하기가 어렵다. 이와 같은 가공치수의 오차는 기계의 가공정밀도, 재질, 온도나 습도의 영향 등 여러 가지 기술적 이유로 인해 좌우되며, 제품의 정밀도에 큰 영향을 주는 것으로서 기계제작에서는 대단히 중요하다. 이 오차를 적당한 범위로 제한하면 부품의 사용에도 지장이 없고 가공상 시간과 경비를 절약할 수 있다. 그러므로 부품의 조립이나 기능에 지장이 없는 범위에서 치수편차를 허용한다면 많은 노력과 비용을 줄일 수 있다.

이러한 목적으로 지시되는 치수편차의 크기를 치수공차(Tolerance)라 하며, 도면에는 부품의 기능, 조립상태, 가공방법 등을 고려한 경제적인 치수공차가 기입되어야 한다. 기계부품을 가공할 때 도면에 기입되어 있는 치수대로 완전하게 다듬기는 매우 힘들며, 가공치수와 도면치수에는 오차가 있기 마련이다.

1 치수공차 및 끼워맞춤에 관한 용어

(1) 실치수

어떤 부품에 대하여 가공이 완료된 후 실제로 측정했을 때의 치수이다. 실제로 부품을 가공할 때에는 기계의 가공정밀도, 재료의 불량, 작업자의 숙련도, 온도나 습도의 영향 등 여러 가지 이유로 인해 기준치수보다 조금 크거나 작게 가공된다. 반면에 축과 구멍처럼 끼워맞추는 부품은 그 상태에 따라 일부러 조금 크게 또는 조금 작게 가공하기도 한다.

(2) 기준치수

부품의 가공에 있어서 기준이 되는 치수를 의미하며, 치수공차를 정할 때 기준이 되는 치수로 예를 들자면, $\phi 64 \pm 0.03$에서 $\phi 64$가 기준치수가 된다.

(3) 허용한계치수

부품의 가공에 있어서 허용되는 한계를 표시하는 크고 작은 두 치수로 최대허용치수와 최소허용치수가 있다.

① **최대허용치수** : 허용한계치수 중 큰 쪽 치수로 허용되는 최대치수를 말하며, 기준치수에 위치수 허용차를 더한 값이다. 실치수가 이 치수보다 크면 안 된다.

② **최소허용치수** : 허용한계치수 중 작은 쪽 치수로 허용되는 최소치수를 말하며, 기준치수에 아래치수 허용차를 더한 값이다. 허용할 수 있는 가장 작은 실치수로, 실치수가 이 치수보다 작으면 안 된다.

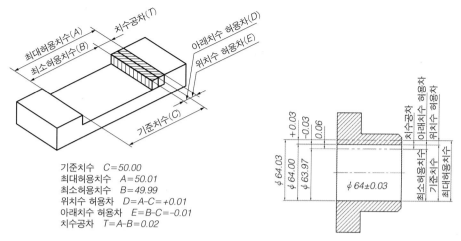

기준치수　　　　　 $C=50.00$
최대허용치수　　　　$A=50.01$
최소허용치수　　　　$B=49.99$
위치수 허용차　　　 $D=A-C=+0.01$
아래치수 허용차　　 $E=B-C=-0.01$
치수공차　　　　　 $T=A-B=0.02$

그림 7.1　치수공차

(4) 치수 허용차

허용한계치수에서 그 기준치수를 뺀 값으로, 위치수 허용차와 아래치수 허용차가 있다.

① **위치수 허용차** : 최대허용치수에서 기준치수를 뺀 값

② **아래치수 허용차** : 최소허용치수에서 기준치수를 뺀 값

(5) 치수공차

최대허용치수와 최소허용치수와의 차, 즉 위치수 허용차에서 아래치수 허용차를 뺀 값이 되며, 공차(Tolerance)라고도 한다.

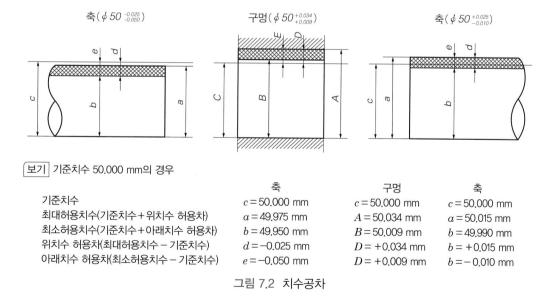

축($\phi 50 {}^{-0.025}_{-0.050}$)　　　구멍($\phi 50 {}^{+0.034}_{+0.009}$)　　　축($\phi 50 {}^{+0.025}_{-0.010}$)

보기 기준치수 50.000 mm의 경우

	축	구멍	축
기준치수			
최대허용치수(기준치수＋위치수 허용차)	$c=50.000$ mm	$c=50.000$ mm	$c=50.000$ mm
최소허용치수(기준치수＋아래치수 허용차)	$a=49.975$ mm	$A=50.034$ mm	$a=50.015$ mm
위치수 허용차(최대허용치수 − 기준치수)	$b=49.950$ mm	$B=50.009$ mm	$b=49.990$ mm
아래치수 허용차(최소허용치수 − 기준치수)	$d=-0.025$ mm	$D=+0.034$ mm	$b=+0.015$ mm
	$e=-0.050$ mm	$D=+0.009$ mm	$b=-0.010$ mm

그림 7.2　치수공차

(6) 공차역

치수공차를 나타냈을 때 치수공차의 크기와 기준선에 대한 그 위치에 따라 정해지는 최대허용치수와 최소허용치수를 표시하는 2개의 직선 사이의 영역을 공차역이라고 한다.

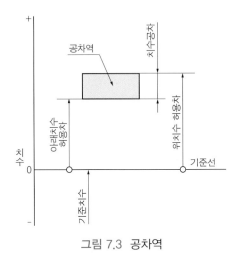

그림 7.3 공차역

(7) 틈새

끼워맞춤에서 축이 구멍보다 작을 때 생기는 치수차(틈)이다. 최대틈새와 최소틈새가 있다.

① **최대틈새** : 헐거운 끼워맞춤 또는 중간 끼워맞춤에서 구멍의 최대허용치수에서 축의 최소허용치수를 뺀 값을 말한다.

② **최소틈새** : 헐거운 끼워맞춤에서 구멍의 최소허용치수에서 축의 최대허용치수를 뺀 값을 말한다.

(8) 죔새

끼워맞춤에서 구멍의 치수가 축의 치수보다 작을 때의 치수차로, 최대죔새와 최소죔새가 있다.

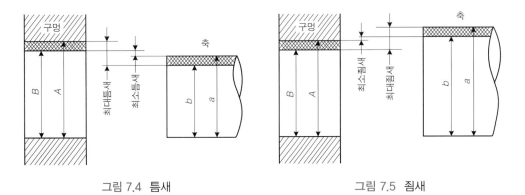

그림 7.4 틈새   그림 7.5 죔새

① **최대죔새** : 억지 끼워맞춤 또는 중간 끼워맞춤에서 조립하기 전에 축의 최대허용치수에서 구멍의 최소허용치수를 뺀 값을 말한다.

② **최소죔새** : 억지 끼워맞춤에서 조립하기 전에 축의 최소허용치수에서 구멍의 최대허용치수를 뺀 값을 말한다.

② 끼워맞춤

기계제작 시 구멍에 축을 끼워맞출 때 또는 미끄럼 부분을 안내면에 끼워맞출 때와 같이 2 개의 부품이 서로 끼워맞추어지는 관계를 끼워맞춤이라 한다. 끼워맞춤(Fit)은 끼워맞추어지는 구멍과 축 사이의 공차방식(System)이다. 기계부품에는 끼워맞춤의 관계를 이루고 있는 것이 대단히 많으며, 이것이 잘 되어 있는가의 여부는 그 기계의 성능에 크게 영향을 미친다.

다음 항목은 끼워맞춤의 구성요소 및 적용 예를 나타낸 것이다.
- 구멍 또는 축의 표준공차등급 (기초가 되는 치수 허용차를 결정하는 요소)
- IT 등급 (공차를 결정하는 요소)

예 ϕ 16H7 : ϕ 16은 기준치수, H는 구멍의 표준공차등급, 7은 IT 등급이다.

ϕ 16g6 : ϕ 16은 기준치수, g는 축의 표준공차등급, 6은 IT 등급이다.

(1) 공차의 등급과 IT 기본공차

끼워맞춤은 다음의 두 가지 요소로 구성되어 있다.
- 구멍 또는 축의 표준공차등급 : 기초가 되는 치수 허용차를 결정하는 요소
- IT 등급 : 공차를 결정하는 요소

도면에 끼워맞춤을 지시할 때에는 기준치수 다음에 이 두 가지 요소를 함께 표시해야 한다.

예 ϕ 16H7 : ϕ 16은 기준치수, H는 구멍의 표준공차등급, 7은 IT 등급이다.

ϕ 16g6 : ϕ 16은 기준치수, g는 축의 표준공차등급, 6은 IT 등급이다.

구멍 또는 축의 표준공차등급과 IT 등급을 합해서 공차등급(Tolerance Grade)이라 부른다. 이들 구분은 0 mm 이상 500 mm까지는 표 7.1과 같이 13개 군으로 구분하고, 500 mm 초과 3150 mm 이하에서는 8개 군으로 구분하고 있다(표 7.1, 표 7.2).

IT(International Tolerance) 등급은 0 mm 초과, 500 mm 이하의 기준치수에 대하여 IT 01, IT 0, IT 1, IT 2, …, IT 18까지 20개 등급이 있으며, 기준치수가 500 mm 초과, 3150 mm 이하인 경우에는 IT 1, IT 2, …, IT 18까지 18개 등급이 있다(KS B 0008-1 부속서 A : 치수공차 및 끼

워맞춤 방식의 기초).

　표 7.1은 기준치수 500 mm 이하에 대한 IT 등급별 공차의 일부를 나타낸 것이다. 기준치수가 클수록, IT 등급이 높을수록 공차가 커진다.

　표 7.3은 IT 등급별 용도를 나타낸 것이다. 정밀측정기구인 게이지(Gauge) 제작에는 공차가 작은, 낮은 등급이 사용된다. 구멍의 IT 등급은 축의 IT 등급보다 한 등급 위의 것을 적용한다. 예를 들어, 축이 IT 5이면 구멍은 IT 6을 적용한다. 구멍이 축보다 가공하기 어렵기 때문에 더 큰 공차를 허용하는 것이다.

표 7.1 500 mm 이하의 IT 등급별 공차구분

기준치수 (mm)		IT 등급												
		1	2	3	4	5	6	7	8	9	10	11	12	13
초과	이하	공차(μm)											공차(mm)	
	3	0.8	1.2	2	3	4	6	10	14	25	40	60	0.10	0.14
3	6	1	1.5	2.5	4	5	8	12	18	30	48	75	0.12	0.18
6	10	1	1.5	2.5	4	6	9	15	22	36	58	90	0.15	0.22
10	18	1.2	2	3	5	8	11	18	27	43	70	110	0.18	0.27
18	30	1.5	2.5	4	6	9	13	21	33	52	84	130	0.21	0.33
30	50	1.5	2.5	4	7	11	16	25	39	62	100	160	0.25	0.39
50	80	2	3	5	8	13	19	30	46	74	120	190	0.30	0.46
80	120	2.5	4	6	10	15	22	35	54	87	140	220	0.35	0.54
120	180	3.5	5	8	12	18	25	40	63	100	160	250	0.40	0.63
180	250	4.5	7	10	14	20	29	46	72	115	185	290	0.46	0.72
250	315	6	8	12	16	23	32	52	81	130	210	320	0.52	0.81
315	400	7	9	13	18	25	36	57	89	140	230	360	0.57	0.89
400	500	8	10	15	20	27	40	63	97	155	250	400	0.63	0.97

표 7.2 500 mm 이상의 공차구분

일반구분	초과	500		630		800		1800		1250		1600		2000		2500	
	이하	630		800		1000		1250		1600		2000		2500		3150	
중간구분	초과	−	500	630	710	800	900	1000	1120	1250	1400	1600	1800	2000	2240	2500	2800
	이하	−	630	710	800	900	1000	1120	1250	1400	1600	1800	2000	2240	2500	2800	3150

표 7.3 IT 등급별 용도

용도	게이지 제작	끼워맞춤	끼워맞춤 외
구멍	IT 01 ~ IT 5	IT 6 ~ IT 10	IT 11 ~ IT 18
축	IT 01 ~ IT 4	IT 5 ~ IT 9	IT 10 ~ IT 18

(2) 구멍과 축의 종류와 그 표시기호

같은 치수와 등급에 속하는 허용공차의 구멍이나 축이라도 치수 허용차를 잡는 방법을 달리 하면 양자의 끼워맞춤 상태가 달라진다. 따라서 구멍과 축을 각각 그 치수에 대한 위아래의 치수 차를 달리 하여 수 종류의 치수를 정하고, 로마문자를 써서 종류를 나타내고 있는데 구멍은 대문 자, 축은 소문자로 표시하고 있다. 그림은 구멍과 축의 기호와 이들 상호관계를 나타내는 것으 로 구멍은 H일 때 최소허용치수가 기준치수와 일치할 때이고 A쪽으로 갈수록 구멍은 점점 커지 고 Z쪽으로 갈수록 구멍은 점점 작아진다. 축은 h에서 최대허용치수가 기준치수와 일치하고 크 기는 구멍과 반대로 a 쪽으로 갈수록 축은 점점 작아지고, z쪽으로 갈수록 축은 점점 커진다.

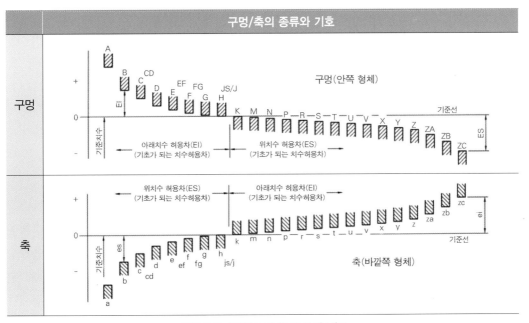

그림 7.6 구멍과 축의 종류와 기호

(3) 끼워맞춤의 종류

① 헐거운 끼워맞춤(Clearance Fit)

항상 틈새가 생기는 끼워맞춤으로, 축의 최대허용치수가 구멍의 최소허용치수보다 작을 때이며, 구멍의 최대허용치수에서 축의 최소허용치수를 빼면 최대틈새가 생기고, 구멍의 최소허용치수에서 축의 최대허용치수를 빼면 최소틈새가 된다.

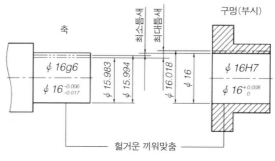

그림 7.7 헐거운 끼워맞춤

② 억지 끼워맞춤(Interference Fit)

항상 죔새가 생기는 끼워맞춤으로, 축의 최소허용치수가 구멍의 최대허용치수보다 클 때이며, 축의 최대허용치수에서 구멍의 최소허용치수를 빼면 최대죔새가 생기고, 축의 최소허용치수에서 구멍의 최대허용치수를 빼면 최소죔새가 된다.

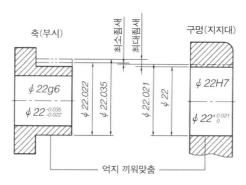

그림 7.8 억지 끼워맞춤

③ 중간 끼워맞춤(Transition Fit)

그림 7.9와 같이 헐거운 끼워맞춤과 억지 끼워맞춤의 중간인 끼워맞춤이다. 구멍의 최소허용치수보다 축의 최대허용치수가 큼(두 치수가 같은 경우도 포함)과 동시에 구멍의 최대허용치수보다 축의 최소허용치수가 작은 경우로, 조립되는 구멍과 축의 실치수에 따라 틈새도 생길 수 있고, 죔새도 생길 수 있다. 축의 최대허용치수에서 구멍의 최소허용치수를 빼면 최대죔새가 생기고 구멍의 최대허용치수에서 축의 최소허용치수를 빼면 최대틈새가 생긴다.

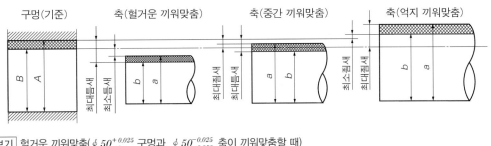

보기 헐거운 끼워맞춤($\phi\,50^{+0.025}_{0}$ 구멍과, $\phi\,50^{-0.025}_{-0.050}$ 축이 끼워맞춤할 때)

	구멍	축	
최대허용치수	$A = 50.025$ mm	$a = 49.975$ mm	최대틈새 $A-b=0.75$ mm
최소허용치수	$B = 50.000$ mm	$b = 49.950$ mm	최소틈새 $B-a=0.025$ mm

보기 억지 끼워맞춤($\phi\,50^{+0.025}_{0}$ 구멍과, $\phi\,50^{+0.025}_{+0.034}$ 축이 끼워맞춤할 때)

	구멍	축	
최대허용치수	$A = 50.025$ mm	$a = 50.050$ mm	최대죔새 $a-B=0.050$ mm
최소허용치수	$B = 50.000$ mm	$b = 50.034$ mm	최소죔새 $b-A=0.009$ mm

보기 중간 끼워맞춤($\phi\,50^{-0.025}_{0}$ 구멍과, $\phi\,50^{-0.011}_{-0.005}$ 축이 끼워맞춤할 때)

	구멍	축	
최대허용치수	$A = 50.025$ mm	$a = 50.011$ mm	최대죔새 $a-B=0.011$ mm
최소허용치수	$B = 50.000$ mm	$b = 49.995$ mm	최소틈새 $A-b=0.030$ mm

그림 7.9 끼워맞춤의 종류

(4) 끼워맞춤의 방식

2개의 부품을 끼워맞춤으로 제작할 때는 구멍이나 축 어느 하나를 기준으로 하여 제작하게 된다. 따라서 끼워맞춤의 방식에는 구멍을 기준으로 하고 축에 변화량을 주어 끼워맞춤의 종류를 결정하는 구멍기준식(기준구멍 H)과 축을 기준으로 하고 구멍에 변화량을 주어 끼워맞춤의 종류를 결정하는 축기준식(기준축 h)의 2종류가 있다.

일반적으로는 구멍기준식을 많이 사용하고 있으나 구멍기준식 끼워맞춤이나 축기준식 끼워맞춤의 어느 것을 택해도 상관없으며 가공상 유리한 쪽을 택하도록 한다.

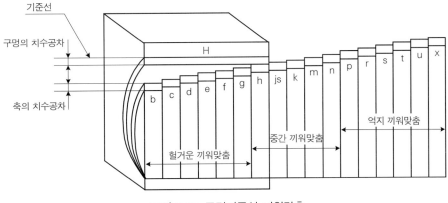

그림 7.10 구멍기준식 끼워맞춤

축과 구멍의 가공관계를 생각해 보면 구멍보다 축을 가공하는 것이 일반적으로 쉽다. 그러므로 하나의 기준구멍에 여러 개의 축을 끼워맞추기 때문에 여러 종류의 구멍을 가공하는 축기준식보다 가공이 쉬워 구멍기준식이 일반적으로 널리 사용되고 있다. 그러나 동일한 축상에 헐거운 끼워맞춤, 중간 끼워맞춤, 억지 끼워맞춤 등과 같이 여러 개의 끼워맞춤이 연속될 때 헐거운 끼워맞춤이 되는 부분의 축에는 단을 붙여야 하고, 이렇게 되면 축의 가공비용이 많이 들게 된다.

이와 같은 때에는 축기준식 끼워맞춤이 유리하다. 구멍기준방식은 H5~H10의 6가지의 구멍을 기준구멍으로 하고 이것에 대하여 적당한 종류의 축을 골라 필요한 틈새나 죔새를 주어 끼워맞춤하는 방식이다.

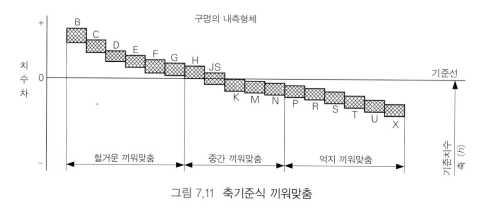

그림 7.11 축기준식 끼워맞춤

표 7.4는 상용하는 구멍기준 끼워맞춤 관계를 나타낸 것이다. 또 축기준방식은 $h4$~$h9$까지의 6가지 축을 기준으로 하고 이것에 대하여 적당한 종류의 구멍을 골라 필요한 틈새나 죔새를 주어 끼워맞춤하는 방식이다.

표 7.5는 상용하는 축기준 끼워맞춤 관계를 나타낸 것이다. 표 7.6은 ISO에서 권장하는 일반적인 끼워맞춤(ISO First Preference)을 나타낸다.

표 7.4 상용하는 구멍기준 끼워맞춤

구멍	축의 공차등급													
	헐거운 끼워맞춤					중간 끼워맞춤			억지 끼워맞춤					
H6				g5	h5	js5	k5	m5						
			f6	g6	h6	js6	k6	m6	n6	p6				
H7			f6	g6	h6	js6	k6	m6	n6	p6	r6	s6	t6	u6	x6
		e7	f7		h7	js7								

H8				f7		h7						
			e8	f8		h8						
			d9	e9								
H9			d8	e8		h8						
		c9	d9	e9		h9						
H10	b9	c9	d9									

표 7.5 상용하는 축기준 끼워맞춤

축	구멍의 공차등급																
	헐거운 끼워맞춤							중간 끼워맞춤			억지 끼워맞춤						
h5							H6	JS6	K6	M6	N6	P6					
h6					F6	G6	H6	JS6	K6	M6	N6	P6					
					F7	G7	H6	JS7	K7	M7	N7	P7	R7	S7	T7	U7	X7
h7				E7	F7		H7										
					F8		H8										
h8			D8	E8	F8		H8										
			D9	E9			H9										
h9			D8	E8			H8										
		C9	D9	E9			H9										
	B10	C10	D10														

그림 7.12는 캐스터(Caster)의 조립도로 상호부품 간의 회전/비회전을 고려한 조립별 끼워맞춤 조건을 나타낸다. 그림 7.13은 캐스터의 부품 중 축과 부시의 부품도로 그림 7.12에서 결정한 끼워맞춤 조건에 따라 도면에 끼워맞춤 치수를 기입한 것이다.

① **지지대와 부시의 외경** : 회전운동을 하는 부분이 아니므로 부시가 움직이지 않도록 억지 끼워맞춤을 해야 한다. 따라서, 지지대의 부품도에는 부시와 결합되는 구멍의 치수가 ϕ22H7로 기입되어야 한다. [그림 7.13 (a)]

② **부시의 내경과 축** : 회전운동 부분으로, 헐거운 끼워맞춤으로 한다. 축에는 ϕ16g6, 구멍에는 ϕ16H7로 기입되어 있다. [그림 7.13 (b), (d)]

표 7.6 일반적인 끼워맞춤(ISO First Preference)

끼워맞춤 상태	끼워맞춤		설 명
	구멍기준	축기준	
헐거운 끼워맞춤	H11−c11	C11−h11	(Loose Running Fits) 외부구조재의 폭넓은 상용공차나 허용차를 위한 끼워맞춤
	H9−d9	D9−h9	(Free Running Fits) 온도변화가 큰 곳, 고속구동 부분 또는 큰 압력이 작용하는 저널에 좋다. 정밀도가 요구되는 곳에는 바람직하지 않다.
	H8−f7	F8−h7	(Close Running Fits) 정밀기계의 구동 부분과 적정속도에서 정확한 위치결정을 요하는 부분을 위한 끼워맞춤
	H7−g6	G7−h6	(Sliding Fits) 자유롭게 구동하는 부분이 아닌, 자유롭게 이동하고 회전하며 정확한 위치결정을 요하는 부분을 위한 끼워맞춤
	H7−h6	H7−h6	(Locational Clearance Fits) 자유롭게 조립하고 분해할 수 있는 고정부품의 위치결정에 알맞은 끼워맞춤
중간 끼워맞춤	H7−k6	K7−h6	(Locational Transition Fits) 정밀한 위치결정을 위한 끼워맞춤(틈새와 죔새의 중간)
	H7−n6	N7−h6	(Locational Transition Fits) 큰 죔새가 허용되는 곳의 더 정밀한 위치결정을 위한 끼워맞춤
억지 끼워맞춤	H7−p6	P7−h6	(Locational Interference Fits) 구멍내부에 특별한 압력은 작용하지 않지만, 매우 정밀한 위치결정으로 엄밀함과 정렬이 요구되는 부품을 위한 끼워맞춤
	H7−s6	S7−h6	(Medium Drive Fits) 일반적인 강재부품 또는 얇은 단면의 수축 끼워맞춤을 위한 끼워맞춤. 주철에서 사용할 수 있는 가장 꼭 끼는 끼워맞춤
	H7−u6	U7−h6	(Force Fits) 큰 응력을 받을 수 있는 부품 또는 큰 압력이 요구되는 곳에 비실용적인 수축 끼워맞춤에 적합하다.

③ **바퀴와 축** : 회전해야 하는 조립부이므로 억지 끼워맞춤으로 해야 한다. 바퀴의 부품도에는 이 축과 끼워 맞춰지는 구멍의 치수가 ϕ 22H7로 기입되어야 한다.　　　　[그림 7.13 (c)]

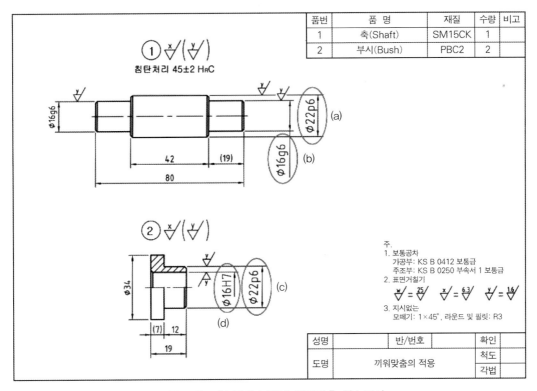

그림 7.12 캐스터의 조립별 끼워맞춤 조건

품번	품 명	재질	수량	비고
1	축(Shaft)	SM15CK	1	
2	부시(Bush)	PBC2	2	

주.
1. 보통공차
   가공부: KS B 0412 보통급
   주조부: KS B 0250 부속서 1 보통급
2. 표면거칠기
3. 지시없는
   모떼기: 1×45°, 라운드 및 필릿: R3

성명		반/번호		확인
도명		끼워맞춤의 적용		척도
				각법

그림 7.13 캐스터의 부품별 끼워맞춤 치수표시

표 7.7 상용하는 구멍 기준식 구멍치수 허용차

치수구분 (mm)		B	C		D			E			F			G		H					
초과	이하	B 10	C 9	C 10	D 8	D 9	D 10	E 7	E 8	E 9	F 6	F 7	F 8	G 6	G 7	H 5	H 6	H 7	H 8	H 9	H 10
–	3	+180 / +140	+85 +100 / +60		+34 +45 +60 / +20			+24 +28 +39 / +14			+12 +16 +39 / +6			+8 +12 / +2		+4 +6 +10 +14 +25 +40 / 0					
3	6	+188 / +140	+100 +118 / +70		+48 +60 +78 / +30			+32 +38 +50 / +20			+18 +22 +28 / +10			+12 +16 / +4		+5 +8 +12 +18 +30 +48 / 0					
6	10	+208 / +150	+116 +138 / +80		+62 +76 +98 / +40			+40 +47 +61 / +25			+22 +28 +35 / +13			+14 +20 / +5		+6 +9 +15 +22 +36 +58 / 0					
10	14	+220 / +150	+138 +165 / +95		+77 +93 +120 / +50			+50 +59 +75 / +32			+27 +34 +43 / +16			+17 +24 / +6		+8 +11 +18 +27 +46 +70 / 0					
14	18																				
18	24	+244 / +160	+162 +194 / +110		+98 +117 +149 / +65			+61 +73 +92 / +40			+33 +41 +53 / +20			+20 +28 / +7		+9 +13 +21 +33 +52 +84 / 0					
24	30																				
30	40	+270 / +170	+182 +220 / +120		+119 +142 +180 / +80			+75 +89 +112 / +50			+41 +50 +64 / +25			+25 +34 / +9		+11 +16 +25 +39 +62 +100 / 0					
40	50	+280 / +180	+192 +230 / +130																		
50	65	+310 / +190	+214 +260 / +140		+146 +174 +220 / +100			+90 +106 +346 / +60			+49 +60 +76 / +30			+29 +40 / +10		+13 +19 +30 +46 +74 +120 / 0					
65	80	+320 / +220	+224 +270 / +150																		
80	100	+360 / +220	+257 +310 / +170		+174 +207 +260 / +120			+107 +126 +159 / +72			+58 +71 +90 / +36			+34 +47 / +12		+15 +22 +35 +54 +87 +140 / 0					
100	120	+380 / +240	+267 +320 / +180																		
120	140	+420 / +260	+300 +360 / +200		+208 +245 +305 / +145			+125 +148 +185 / +85			+68 +83 +106 / +43			+39 +54 / +14		+18 +25 +40 +63 +100 +160 / 0					
140	160	+440 / +280	+310 +370 / +210																		
160	180	+470 / +310	+330 +425 / +240																		
180	200	+252 / +340	+355 +445 / +260		+242 +285 +355 / +170			+146 +172 +215 / +100			+79 +96 +122 / +50			+44 +61 / +15		+20 +29 +46 +70 +115 +185 / 0					
200	225	+565 / +380	+375 +425 / +260																		
225	250	+605 / +420	+395 +465 / +280																		
250	280	+690 / +480	+430 +510 / +300		+271 +320 +400 / +190			+162 +191 +240 / +110			+88 +108 +137 / +56			+49 +69 / +17		+23 +32 +52 +81 +130 +210 / 0					
280	315	+750 / +540	+460 +540 / +330																		
315	355	+830 / +600	+500 +590 / +360		+299 +350 +440 / +210			+182 +214 +265 / +125			+98 +119 +151 / +62			+54 +75 / +18		+25 +36 +57 +89 +140 +230 / 0					
355	400	+910 / +680	+540 +630 / +400																		
400	450	+1010 / +760	+595 +690 / +440		+327 +385 +480 / +230			+198 +232 +290 / +135			+108 +191 +165 / +68			+60 +83 / +20		+27 +40 +63 +67 +155 +250 / 0					
450	500	+1090 / +840	+635 +730 / +480																		

비고 표 중의 각 단위에서 위쪽의 값은 위치수 허용차, 아래쪽 값은 아래치수 허용차를 나타낸다.

표 7.7 상용하는 구멍 기준식 구멍치수 허용차(계속)

치수구분 (mm)		Js			K			M			N		P		R	S	T	U	X
초과	이하	Js 5	Js 6	Js 7	K 5	K 6	K 7	M 5	M 6	M 7	N 6	N 7	P 6	P 7	R 7	S 7	T 7	U 7	X 7
−	3	±2	±3	±5	0 / −4	0 / −6	0 / −10	−2 / −6	−2 / −8	−2 / −12	−4 / −10	−4 / −14	−6 / −12	−6 / −16	−10 / −20	−14 / −24	—	−18 / −28	−20 / −30
3	6	±2.5	±4	±6	0 / −5	+2 / −6	+3 / −9	−3 / −8	−1 / −9	0 / −12	−5 / −13	−4 / −16	−9 / −17	−8 / −20	−11 / −23	−15 / −27	—	−19 / −33	−24 / −36
6	10	±3	±4.5	±7.5	+1 / −5	+2 / −7	+5 / −10	−4 / −10	−3 / −12	0 / −15	−7 / −16	−4 / −19	−12 / −21	−9 / −24	−13 / −28	−17 / −32	—	−22 / −37	−23 / −43
10	14	±4	±5.5	±9	+2 / −6	+2 / −9	+6 / −12	−4 / −12	−4 / −15	0 / −18	−9 / −20	−5 / −23	−15 / −26	−11 / −29	−16 / −34	−21 / −39	—	−26 / −44	−33 / −51
14	18	±4	±5.5	±9	+2 / −6	+2 / −9	+6 / −12	−4 / −12	−4 / −15	0 / −18	−9 / −20	−5 / −23	−15 / −26	−11 / −29	−16 / −34	−21 / −39	—	−26 / −44	−38 / −56
18	24	±4.5	±6.5	±10.5	+1 / −8	+2 / −11	+6 / −15	−5 / −14	−4 / −17	0 / −21	−11 / −24	−7 / −28	−18 / −31	−14 / −35	−20 / −41	−27 / −48	—	−33 / −54	−44 / −67
24	30	±4.5	±6.5	±10.5	+1 / −8	+2 / −11	+6 / −15	−5 / −14	−4 / −17	0 / −21	−11 / −24	−7 / −28	−18 / −31	−14 / −35	−20 / −41	−27 / −48	−33 / −54	−40 / −61	−56 / −77
30	40	±5.5	±8	±12.5	+2 / −9	+3 / −13	+7 / −18	−5 / −16	−4 / −20	0 / −25	−12 / −28	−8 / −33	−21 / −37	−17 / −42	−25 / −50	−34 / −59	−39 / −64	−51 / −76	—
40	50	±5.5	±8	±12.5	+2 / −9	+3 / −13	+7 / −18	−5 / −16	−4 / −20	0 / −25	−12 / −28	−8 / −33	−21 / −37	−17 / −42	−25 / −50	−34 / −59	−45 / −70	−61 / −86	—
50	65	±6.5	±9.5	±15	+3 / −10	+4 / −15	+9 / −21	−6 / −19	−5 / −24	0 / −30	−14 / −33	−9 / −39	−26 / −45	−21 / −51	−30 / −60	−42 / −72	−55 / −85	−76 / −106	—
65	80	±6.5	±9.5	±15	+3 / −10	+4 / −15	+9 / −21	−6 / −19	−5 / −24	0 / −30	−14 / −33	−9 / −39	−26 / −45	−21 / −51	−32 / −62	−48 / −78	−64 / −94	−91 / −121	—
80	100	±7.5	±11	±17.5	+2 / −13	+4 / −18	+10 / −25	−8 / −23	−6 / −28	0 / −35	−16 / −38	−10 / −45	−30 / −52	−24 / −59	−38 / −73	−58 / −93	−78 / −113	−111 / −146	—
100	120	±7.5	±11	±17.5	+2 / −13	+4 / −18	+10 / −25	−8 / −23	−6 / −28	0 / −35	−16 / −38	−10 / −45	−30 / −52	−24 / −59	−41 / −76	−66 / −101	−91 / −126	−131 / −166	—
120	140	±9	±12.5	±20	+3 / −15	+4 / −21	+12 / −28	−9 / −27	−8 / −33	0 / −40	−20 / −45	−12 / −52	−36 / −61	−28 / −68	−48 / −88	−77 / −117	−107 / −147	—	—
140	160	±9	±12.5	±20	+3 / −15	+4 / −21	+12 / −28	−9 / −27	−8 / −33	0 / −40	−20 / −45	−12 / −52	−36 / −61	−28 / −68	−50 / −90	−85 / −125	−119 / −159	—	—
160	180	±9	±12.5	±20	+3 / −15	+4 / −21	+12 / −28	−9 / −27	−8 / −33	0 / −40	−20 / −45	−12 / −52	−36 / −61	−28 / −68	−53 / −93	−93 / −133	−131 / −171	—	—
180	200	±10	±14.5	±23	+2 / −18	+5 / −24	+13 / −33	−11 / −31	−8 / −37	0 / −46	−22 / −51	−14 / −60	−41 / −70	−33 / −79	−60 / −106	−105 / −151	—	—	—
200	225	±10	±14.5	±23	+2 / −18	+5 / −24	+13 / −33	−11 / −31	−8 / −37	0 / −46	−22 / −51	−14 / −60	−41 / −70	−33 / −79	−63 / −109	−113 / −159	—	—	—
225	250	±10	±14.5	±23	+2 / −18	+5 / −24	+13 / −33	−11 / −31	−8 / −37	0 / −46	−22 / −51	−14 / −60	−41 / −70	−33 / −79	−67 / −113	−123 / −169	—	—	—
250	280	±11.5	±16	±26	+3 / −20	+5 / −27	+16 / −36	−13 / −36	−9 / −41	0 / −52	−25 / −57	−14 / −66	−47 / −79	−36 / −88	−74 / −126	—	—	—	—
280	315	±11.5	±16	±26	+3 / −20	+5 / −27	+16 / −36	−13 / −36	−9 / −41	0 / −52	−25 / −57	−14 / −66	−47 / −79	−36 / −88	−78 / −130	—	—	—	—
315	355	±12.5	±18	±28.5	+3 / −22	+7 / −29	+17 / −40	−14 / −39	−10 / −46	0 / −57	−26 / −62	−16 / −73	−51 / −87	−41 / −98	−87 / −144	—	—	—	—
355	400	±12.5	±18	±28.5	+3 / −22	+7 / −29	+17 / −40	−14 / −39	−10 / −46	0 / −57	−26 / −62	−16 / −73	−51 / −87	−41 / −98	−93 / −150	—	—	—	—
400	450	±13.5	±20	±31.5	+2 / −25	+8 / −32	+18 / −45	−16 / −43	−10 / −50	0 / −63	−27 / −67	−17 / −80	−55 / −95	−45 / −108	−103 / −166	—	—	—	—
450	500	±13.5	±20	±31.5	+2 / −25	+8 / −32	+18 / −45	−16 / −43	−10 / −50	0 / −63	−27 / −67	−17 / −80	−55 / −95	−45 / −108	−109 / −172	—	—	—	—

비고 표 중의 각 단위에서 위쪽의 값은 위치수 허용차, 아래쪽 값은 아래치수 허용차를 나타낸다.

표 7.8 상용하는 축 기준식 구멍치수 허용차

치수구분 (mm) — 초과/이하. 각 셀의 값은 "위치수 허용차 / 아래치수 허용차"를 나타낸다.

초과	이하	b9	c9	d8	d9	e7	e8	e9	f6	f7	f8	g4	g5	g6	h4	h5	h6	h7	h8	h9
–	3	−140/−165	−60/−85	−20/−34	−20/−45	−14/−24	−14/−28	−14/−39	−6/−12	−6/−16	−6/−20	−2/−5	−2/−6	−2/−8	0/−3	0/−4	0/−6	0/−10	0/−14	0/−25
3	6	−140/−170	−70/−100	−30/−48	−30/−60	−20/−32	−20/−38	−20/−50	−10/−18	−10/−22	−10/−28	−4/−8	−4/−9	−4/−12	0/−4	0/−5	0/−8	0/−12	0/−18	0/−30
6	10	−150/−186	−80/−116	−40/−62	−40/−76	−25/−40	−25/−47	−25/−61	−13/−22	−13/−28	−13/−35	−5/−9	−5/−11	−5/−14	0/−4	0/−6	0/−9	0/−15	0/−22	0/−36
10	14	−150/−193	−95/−138	−50/−77	−50/−93	−32/−50	−32/−59	−32/−75	−16/−27	−16/−34	−16/−43	−6/−11	−6/−14	−6/−17	0/−5	0/−8	0/−11	0/−18	0/−27	0/−43
14	18	−150/−193	−95/−138	−50/−77	−50/−93	−32/−50	−32/−59	−32/−75	−16/−27	−16/−34	−16/−43	−6/−11	−6/−14	−6/−17	0/−5	0/−8	0/−11	0/−18	0/−27	0/−43
18	24	−160/−212	−110/−162	−65/−98	−65/−117	−40/−61	−40/−73	−40/−92	−20/−33	−20/−41	−20/−53	−7/−13	−7/−16	−7/−20	0/−6	0/−9	0/−13	0/−21	0/−33	0/−52
24	30	−160/−212	−110/−162	−65/−98	−65/−117	−40/−61	−40/−73	−40/−92	−20/−33	−20/−41	−20/−53	−7/−13	−7/−16	−7/−20	0/−6	0/−9	0/−13	0/−21	0/−33	0/−52
30	40	−170/−232	−120/−182	−80/−119	−80/−142	−50/−75	−50/−89	−50/−112	−25/−41	−25/−50	−25/−64	−9/−16	−9/−20	−9/−25	0/−7	0/−11	0/−16	0/−25	0/−39	0/−62
40	50	−180/−242	−130/−192	−80/−119	−80/−142	−50/−75	−50/−89	−50/−112	−25/−41	−25/−50	−25/−64	−9/−16	−9/−20	−9/−25	0/−7	0/−11	0/−16	0/−25	0/−39	0/−62
50	65	−190/−264	−140/−214	−100/−146	−100/−174	−60/−90	−60/−106	−60/−134	−30/−49	−30/−60	−30/−76	−10/−18	−10/−23	−10/−29	0/−8	0/−13	0/−19	0/−30	0/−46	0/−74
65	80	−200/−274	−150/−224	−100/−146	−100/−174	−60/−90	−60/−106	−60/−134	−30/−49	−30/−60	−30/−76	−10/−18	−10/−23	−10/−29	0/−8	0/−13	0/−19	0/−30	0/−46	0/−74
80	100	−220/−307	−170/−257	−120/−174	−120/−207	−72/−107	−72/−126	−72/−159	−36/−58	−36/−71	−36/−90	−12/−22	−12/−27	−12/−34	0/−10	0/−15	0/−22	0/−35	0/−54	0/−87
100	120	−240/−327	−180/−267	−120/−174	−120/−207	−72/−107	−72/−126	−72/−159	−36/−58	−36/−71	−36/−90	−12/−22	−12/−27	−12/−34	0/−10	0/−15	0/−22	0/−35	0/−54	0/−87
120	140	−260/−360	−200/−300	−145/−208	−145/−245	−85/−125	−85/−148	−85/−185	−43/−68	−43/−83	−43/−106	−14/−26	−14/−32	−14/−39	0/−12	0/−18	0/−25	0/−40	0/−63	0/−100
140	160	−280/−380	−210/−310	−145/−208	−145/−245	−85/−125	−85/−148	−85/−185	−43/−68	−43/−83	−43/−106	−14/−26	−14/−32	−14/−39	0/−12	0/−18	0/−25	0/−40	0/−63	0/−100
160	180	−310/−410	−230/−330	−145/−208	−145/−245	−85/−125	−85/−148	−85/−185	−43/−68	−43/−83	−43/−106	−14/−26	−14/−32	−14/−39	0/−12	0/−18	0/−25	0/−40	0/−63	0/−100
180	200	−340/−455	−240/−355	−170/−242	−170/−285	−100/−146	−100/−172	−100/−215	−50/−79	−50/−96	−50/−122	−15/−29	−15/−35	−15/−44	0/−14	0/−20	0/−29	0/−46	0/−72	0/−115
200	225	−380/−495	−260/−375	−170/−242	−170/−285	−100/−146	−100/−172	−100/−215	−50/−79	−50/−96	−50/−122	−15/−29	−15/−35	−15/−44	0/−14	0/−20	0/−29	0/−46	0/−72	0/−115
225	250	−420/−535	−280/−395	−170/−242	−170/−285	−100/−146	−100/−172	−100/−215	−50/−79	−50/−96	−50/−122	−15/−29	−15/−35	−15/−44	0/−14	0/−20	0/−29	0/−46	0/−72	0/−115
250	280	−480/−610	−300/−430	−190/−271	−190/−320	−110/−162	−110/−191	−110/−240	−56/−88	−56/−108	−56/−137	−17/−33	−17/−40	−17/−49	0/−16	0/−23	0/−32	0/−52	0/−81	0/−130
280	315	−540/−670	−330/−460	−190/−271	−190/−320	−110/−162	−110/−191	−110/−240	−56/−88	−56/−108	−56/−137	−17/−33	−17/−40	−17/−49	0/−16	0/−23	0/−32	0/−52	0/−81	0/−130
315	355	−600/−740	−360/−500	−210/−299	−210/−350	−125/−182	−125/−214	−125/−265	−62/−98	−62/−119	−62/−151	−18/−36	−18/−43	−18/−54	0/−18	0/−25	0/−36	0/−57	0/−89	0/−140
355	400	−680/−820	−400/−540	−210/−299	−210/−350	−125/−182	−125/−214	−125/−265	−62/−98	−62/−119	−62/−151	−18/−36	−18/−43	−18/−54	0/−18	0/−25	0/−36	0/−57	0/−89	0/−140
400	450	−760/−915	−440/−595	−230/−327	−230/−385	−135/−198	−135/−232	−135/−290	−68/−108	−68/−131	−68/−165	−20/−40	−20/−47	−20/−60	0/−20	0/−27	0/−40	0/−63	0/−97	0/−155
450	500	−840/−995	−480/−635	−230/−327	−230/−385	−135/−198	−135/−232	−135/−290	−68/−108	−68/−131	−68/−165	−20/−40	−20/−47	−20/−60	0/−20	0/−27	0/−40	0/−63	0/−97	0/−155

비고   표 중의 각 단위에서 위쪽의 값은 위치수 허용차, 아래쪽 값은 아래치수 허용차를 나타낸다.

표 7.8 상용하는 축 기준식 구멍치수 허용차(계속)

치수구분 (mm) 초과	이하	js4	js5	js6	js7	k4	k5	k6	m4	m5	m6	n6	p6	r6	s6	t6	u6	x6
−	3	±1.5	±2	±3	±5	+3/0	+4/0	+6/0	+5/+2	+6/+2	+8/+2	+10/+4	+12/+6	+16/+10	+20/+14	−	+24/+18	+26/+20
3	6	±2	±2.5	±4	±6	+5/+1	+6/+1	+9/+1	+8/+4	+9/+4	+12/+4	+16/+8	+20/+12	+23/+15	+27/+19	−	+31/+23	+36/+28
6	10	±2	±3	±4.5	±7.5	+5/+1	+7/+1	+10/+1	+10/+6	+12/+6	+15/+6	+19/+10	+24/+15	+28/+19	+32/+23	−	+37/+28	+43/+34
10	14	±2.5	±4	±5.5	±9	+6/+1	+9/+1	+12/+1	+12/+7	+15/+7	+18/+7	+23/+12	+29/+18	+34/+23	+39/+28	−	+44/+33	+51/+40
14	18	±2.5	±4	±5.5	±9	+6/+1	+9/+1	+12/+1	+12/+7	+15/+7	+18/+7	+23/+12	+29/+18	+34/+23	+39/+28	−	+44/+33	+56/+45
18	24	±3	±4.5	±6.5	±10.5	+8/+2	+11/+2	+15/+2	+14/+8	+17/+8	+21/+8	+28/+15	+35/+22	+41/+28	+48/+35	−	+54/+41	+67/+54
24	30	±3	±4.5	±6.5	±10.5	+8/+2	+11/+2	+15/+2	+14/+8	+17/+8	+21/+8	+28/+15	+35/+22	+41/+28	+48/+35	+54/+41	+61/+48	+77/+64
30	40	±3.5	±5.5	±8	±12.5	+9/+2	+13/+2	+18/+2	+16/+9	+20/+9	+25/+9	+33/+17	+42/+26	+50/+34	+59/+43	+64/+48	+76/+60	−
40	50	±3.5	±5.5	±8	±12.5	+9/+2	+13/+2	+18/+2	+16/+9	+20/+9	+25/+9	+33/+17	+42/+26	+50/+34	+59/+43	+70/+54	+86/+70	−
50	65	±4	±6.5	±9.5	±15	+10/+2	+15/+2	+21/+2	+19/+11	+24/+11	+30/+11	+39/+20	+51/+32	+60/+41	+72/+53	+85/+66	+106/+87	−
65	80	±4	±6.5	±9.5	±15	+10/+2	+15/+2	+21/+2	+19/+11	+24/+11	+30/+11	+39/+20	+51/+32	+62/+43	+78/+59	+94/+75	+121/+102	−
80	100	±5	±7.5	±11	±17.5	+13/+3	+18/+3	+25/+3	+23/+13	+28/+13	+35/+13	+45/+23	+59/+37	+73/+51	+91/+71	+113/+91	+146/+124	−
100	120	±5	±7.5	±11	±17.5	+13/+3	+18/+3	+25/+3	+23/+13	+28/+13	+35/+13	+45/+23	+59/+37	+76/+54	+101/+79	+126/+104	+166/+144	−
120	140	±6	±9	±12.5	±20	+15/+3	+21/+3	+28/+3	+27/+15	+33/+15	+40/+15	+52/+27	+68/+43	+88/+63	+117/+92	+147/+122	−	−
140	160	±6	±9	±12.5	±20	+15/+3	+21/+3	+28/+3	+27/+15	+33/+15	+40/+15	+52/+27	+68/+43	+90/+65	+125/+100	+159/+134	−	−
160	180	±6	±9	±12.5	±20	+15/+3	+21/+3	+28/+3	+27/+15	+33/+15	+40/+15	+52/+27	+68/+43	+93/+68	+133/+108	+171/+146	−	−
180	200	±7	±10	±14.5	±23	+18/+4	+24/+4	+33/+4	+31/+17	+37/+17	+46/+17	+60/+31	+79/+50	+106/+77	+151/+122	−	−	−
200	225	±7	±10	±14.5	±23	+18/+4	+24/+4	+33/+4	+31/+17	+37/+17	+46/+17	+60/+31	+79/+50	+109/+80	+159/+130	−	−	−
225	250	±7	±10	±14.5	±23	+18/+4	+24/+4	+33/+4	+31/+17	+37/+17	+46/+17	+60/+31	+79/+50	+113/+84	+169/+140	−	−	−
250	280	±8	±11.6	±16	±26	+20/+4	+27/+4	+36/+4	+36/+20	+43/+20	+52/+20	+66/+34	+88/+56	+126/+94	−	−	−	−
280	315	±8	±11.6	±16	±26	+20/+4	+27/+4	+36/+4	+36/+20	+43/+20	+52/+20	+66/+34	+88/+56	+130/+98	−	−	−	−
315	355	±9	±12.5	±18	±28.5	+22/+4	+29/+4	+40/+4	+39/+21	+46/+21	+57/+21	+73/+37	+98/+62	+144/+108	−	−	−	−
355	400	±9	±12.5	±18	±28.5	+22/+4	+29/+4	+40/+4	+39/+21	+46/+21	+57/+21	+73/+37	+98/+62	+150/+114	−	−	−	−
400	450	±10	±13.5	±20	±31.5	+25/+5	+32/+5	+45/+5	+43/+23	+50/+23	+58/+23	+80/+40	+108/+68	+166/+126	−	−	−	−
450	500	±10	±13.5	±20	±31.5	+25/+5	+32/+5	+45/+5	+43/+23	+50/+23	+58/+23	+80/+40	+108/+68	+172/+132	−	−	−	−

비고 표 중의 각 단위에서 위쪽의 값은 위치수 허용차, 아래쪽 값은 아래치수 허용차를 나타낸다.

(1) 공차를 치수로 표시하는 경우의 공차기입

① 그림 7.14와 같이 호칭치수 다음에 위아래의 치수차를 첨가하여 표시한다. 치수차가 0일 때에는 (c)와 같이 0이라 기입한다. 이때 +, −기호는 붙이지 않는다 치수차를 표시하는 숫자는 호칭치수를 표시하는 치수보다 약간 작게 기입한다.

② 필요에 따라 그림 7.15와 같이 한계치수로 표시해도 좋다. 이때 최대치수는 치수선 위에, 최소치수는 치수선 아래에 기입한다.

③ 같은 기준치수의 구멍과 축이 끼워맞추어진 그림에서 구멍과 축의 공차를 동시에 표시할 때에는 그림 7.17 (a)와 같이 구멍치수는 치수선 위에, 축의 치수는 치수선 아래에 기입한다.

　이때 호칭치수 앞에 구멍, 축이라는 글자를 써서 구별이 확실하게 한다. 또 구멍과 축 이외의 것을 끼워맞춤할 때에는 (b)와 같이 부품번호를 사용하여 기입한다.

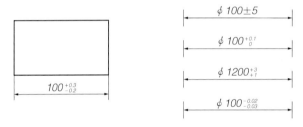

그림 7.14 위아래 치수차로 나타내는 공차기입

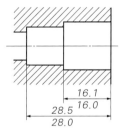

그림 7.15 한계치수에 의한 공차기입

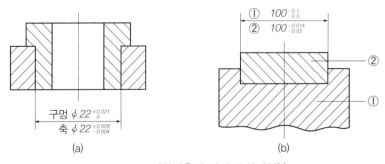

그림 7.16 끼워맞춤된 것의 공차기입(1)

④ 구멍과 축이 서로 끼워 맞추어져 있으나 그중 어느 하나만의 치수를 기입할 필요가 있을 때에는 ③ 항에 준하여 그림 7.17과 같이 기입한다.

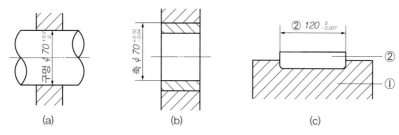

그림 7.17 끼워맞춤된 것의 공차기입(2)

⑤ 2개 이상 줄지은 길이의 치수에 공차를 기입하는 경우에는 각부의 허용되는 치수에 모순이 일어나지 않게 하기 위하여 중요도가 적은 치수에는 공차를 기입하지 않는다(그림 7.18).

이때 1개의 기준면을 정하고 그것을 기준으로 하여 치수를 기입하면 모두 확실하게 된다.

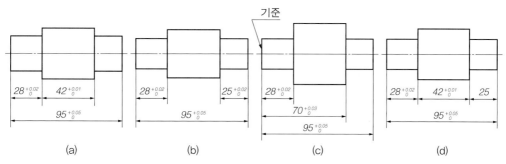

그림 7.18 길이의 치수가 2개 이상 줄지어 있을 때의 공차의 치수기입

(2) 기호에 의한 공차의 기입

① 기준치수 뒤에 구멍기호 또는 축기호를 다소 작게 기입하여 표시한다(그림 7.19). 필요하면 (c)와 같이 끼워맞춤 기호와 위아래의 치수차를 병기해도 좋다.

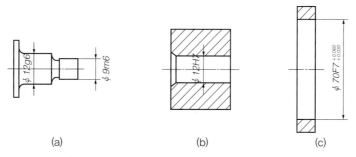

그림 7.19 기호에 치수차를 병기한 공차의 기입방법

② 같은 호칭치수에 대하여 구멍 및 축에 끼워맞춤의 종류기호를 병기할 필요가 있을 때에는 구멍의 기호를 치수선 위에, 축의 기호를 치수선 아래에 기입한다.   [그림 7.20 (b)]

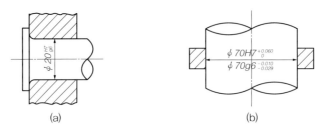

그림 7.20 같은 기준치수의 구멍축의 조립도에 대한 공차의 기입방법

③ 끼워맞춤 기호를 기입할 때에는 구멍기준식이든 축기준식이든 관계없이 구멍의 기호를 먼저 쓰고 축의 기호는 뒤에 쓴다.

예를 들면, 구멍기준식 70 H7g 6

     축기준식 45 P6h 5

④ 구멍 또는 축의 전체길이에 걸쳐 조립되지 않을 경우에는 필요한 부분에만 공차를 주도록 한다. 그림 7.21에서는 10 mm의 길이에 대해서만 8m6으로 다듬으면 되는 것을 표시한다.

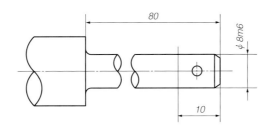

그림 7.21 필요한 부분의 공차의 지정

⑤ 최대허용치수 또는 최소허용치수의 어느 한쪽만을 지정할 필요가 있을 때에는 치수의 수치 앞에 최대 또는 최소라고 기입하든지, 또는 치수 뒤에 max 또는 min이라고 기입한다.

그림 7.22 한쪽 허용치수만을 기입하는 치수기입

4 치수공차의 적용 예

(1) 치수공차를 부여해야 할 치수
① 기구 및 작동에 관계되는 길이, 나비, 깊이 등의 치수
② 기구 및 작동에 관계되는 중심거리 치수
③ 동일체에 기준부가 둘 이상 있을 때 이들 기준부의 치수
④ 중량에 제한이 있는 부품의 형상치수
⑤ 기구와 관계없다고 해도 공작상 중요한 치수

(2) 치수공차를 부여하면 안 되는 치수
① 계단적으로 전길이에 걸쳐서 치수가 기입되는 것의 1개소
② 소재의 구획을 위해서 넣는 치수
③ 연질금속 및 비금속재료에서 원형이 변형되기 쉬운 것. 납, 목재, 고무, 유리, 피혁 등
④ 중요하지 않은 치수 및 각도

5 일반공차

공차는 끼워맞춤처럼 기능적인 것과 가공정밀도처럼 단지 제작적인 것이 있다. 전자의 공차는 기계성능을 결정하는 극히 중요한 요소이므로 제작과 검사가 엄격히 이루어지지만, 후자의 경우에는 공차가 특히 적극적인 의미를 갖지 않을 때가 많다. 그러므로 필요 이상으로 제작과 검사가 엄격해지거나, 반대로 완화되기 쉽다. 그래서 규격으로 일반 공차를 규정하고 있다.

일반공차값은 절삭가공, 단조가공, 주조, 프레스가공 등과 같이 가공형태에 따라 알맞은 값을 규정하고 있다.

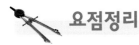

| 치수공차 | ○, ×는 정오 |

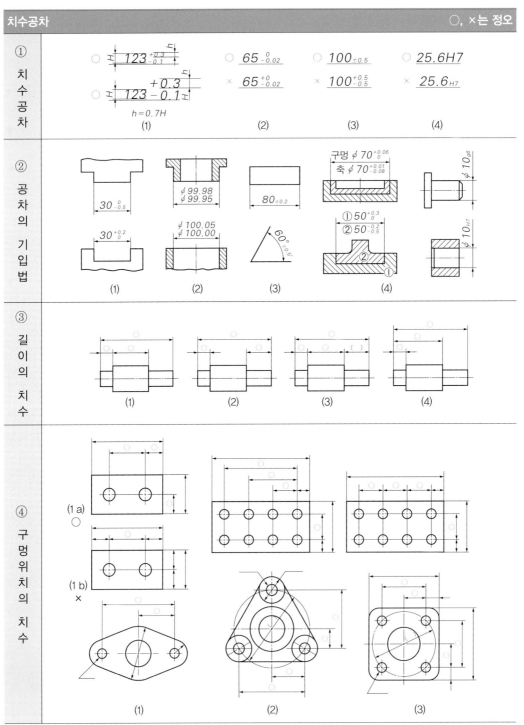

1 다음 표의 빈칸에 적당한 값을 쓰시오.

	구멍	축	구멍	축	구멍	축
기준치수	80.000	80.000			80.000	
최대허용치수			80.030	80.015	80.030	80.051
최소허용치수			80.000	79.985	80.000	
위치수 허용차	+0.030					+0.051
아래치수 허용차	0					+0.032
치수공차						
최대틈새						
최소틈새						
최대죔새						
최소죔새						
끼워맞춤의 종류						

2 공차에 대하여 자세히 설명하시오.

3 끼워맞춤에 대하여 자세히 설명하시오.

4 아래 도형에 보기의 치수를 ① 기호에 의한 방법과 ② 수치에 의한 방법으로 구분하여 치수를 기입하시오.

보기
ϕ 40H7, ϕ 40f6

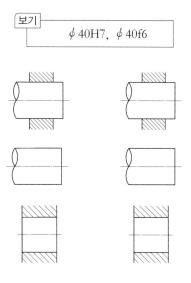

5　ϕ 20H7g6, ϕ 15H7g6, ϕ 18H7k6, ϕ 12P6k5, ϕ 40S7h6, ϕ 50F8h8로 기입된 끼워맞춤이 있다. 이들을 구멍기준식과 축기준식으로 구분하고, 각각의 최대 및 최소틈새 및 죔새를 알아보시오.

6　아래 도형에 관한 사항을 우측의 공란에 기입하시오.

①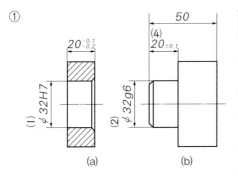

항목＼치수	(1)	(2)	(3)	(4)
기준치수				
위치수 허용차				
아래치수 허용차				
최대허용치수				
치수공차				

②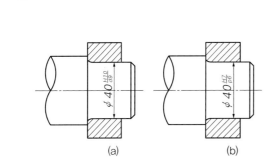

항목＼치수	(a)	(b)
기준치수		
구멍기준		
끼워맞춤의 종류		
구멍치수공차		
축치수공차		
최대틈새 또는 죔새		

8장

표면거칠기와 다듬질기호

기계부품의 표면은 사용목적에 따라 그에 적합한 표면 정도가 요구된다. 즉 가공 시 표면의 거칠기는 부품에 따라 다르게 가공된다. 따라서 제작도에는 다듬질 정도를 표시하며 이들 거칠기를 수량적으로 표시하고 있다. 우리나라에서는 주로 중심선 표면거칠기에 의한 표시법을 사용한다.

① 용어

① **표면거칠기** : 대상물의 표면에서 임의대로 채취한 각 부분에서의 R_a, R_z, R_{max} 각각의 산술 평균값
② **단면곡선** : 피측정면에 직각인 평면에서 피측정면을 절단하였을 때 그 단면에 나타나는 윤곽
③ **단면곡선의 기준길이** : 단면곡선의 일정길이를 취한 부분의 길이
④ **거칠기곡선과 컷오프값** : 단면곡선에서 소정의 파장보다 긴 표면기복 성분을 컷오프한 곡선을 거칠기곡선이라 하고, 이 소정의 파장을 컷오프값이라고 한다.
⑤ **단면곡선 또는 거칠기곡선의 평균선** : 단면곡선 또는 거칠기곡선의 채취부분에서 피측정면의 기하학적 모양을 갖는 직선 또는 곡선으로서 그 선에서 단면곡선 또는 거칠기곡선까지의 편차의 제곱 합이 최소가 되도록 설정한 선
⑥ **거칠기곡선의 중심선** : 거칠기곡선의 평균선에 평행한 직선을 그었을 때 이 직선과 거칠기곡선으로 둘러싸인 면적이 이 직선의 양쪽에서 같게 되는 직선
⑦ **단면곡선의 산** : 단면곡선을 평균선으로 절단하였을 때 그들의 교차점이 인접하는 두 점을 연결하는 단면곡선 중 평균선에 대해 실체가 돌출되어 있는 부분
⑧ **단면곡선의 골** : 단면곡선을 평균선으로 절단하였을 때 그들의 교차점이 인접하는 두 점을 연결하는 단면곡선 중 평균선에 대하여 움푹 들어간 부분
⑨ **봉우리** : 단면곡선의 산에 있어서 표고가 가장 높은 곳
⑩ **골 밑** : 단면곡선의 산에 있어서 표고가 가장 낮은 곳

② 표면거칠기의 종류

표면거칠기는 작은 간격을 두고 교대로 생긴 요철을 말하며, 이 요철의 크기(높이)가 작을수록 다듬질 정밀도가 높은 것이 된다.

표면거칠기를 수치로 나타내는 방법으로 중심선 평균거칠기(R_a), 10점 평균거칠기(R_z), 최대높이(R_{max})의 3종류가 있다.

(1) 중심선 평균거칠기(R_a)

거칠기곡선에서 그 중심선의 방향으로 측정길이 L의 부분을 채취하고, 이 채취부분의 중심선을 X축, 세로배율의 방향을 Y축으로 하여 거칠기곡선을 $y=f(x)$로 나타냈을 때 다음 식에서 얻어지는 값을 μm 단위로 나타낸 거칠기를 중심선거칠기라 한다. 이 값의 다음에 "a"를 병기하여 기입한다. 즉 0.8a와 같이 표기한다. 0.8a는 중심선거칠기로 측정한 거칠기값이 0.8 μm이라는 뜻이다.

$$R_a = \frac{1}{l} \int_0^L |f(x)| \, dx$$

① **컷오프값** : 컷오프(cut off)값의 표준값은 원칙적으로 다음 6종으로 나눈다(단위 : mm)

　0.08, 0.25, 0.8, 2.5, 8, 25

② **컷오프의 표준값** : 컷오프값의 표준값은 중심선 평균거칠기의 범위가 12.5 mR_a 이하일 때는 0.8 mm, 12.5 μmR_a를 초과하여 100 μmR_a 이하일 때는 2.5 mm로 한다.

③ **중심선 평균거칠기의 호칭방법** : 중심선 평균거칠기의 호칭방법은 다음에 따른다. 중심선 평균거칠기_μm, 컷오프값_mm 또는_μmR_a, λc_mm

④ **중심선 평균거칠기의 구분값** : 구분값은 허용할 수 있는 가장 큰 중심선 평균거칠기를 표와 같이 사용하고, 중심선 평균거칠기 구분값 뒤에는 a를 붙인다.

표 8.1 중심선 평균거칠기의 구분값

(0.013a)	0.1a	0.8a	6.3a	(50a)
0.025a	0.2a	1.6a	12.5a	(100a)
0.05a	0.4a	3.2a	25a	

주 : (　) 안의 구분값은 특별한 경우에 사용한다.

⑤ **한계지시** : 어느 범위의 중심선 평균거칠기의 한계를 구분값으로 지시할 필요가 있을 때에는 그의 하한과 상한에 상당하는 구분값을 병기한다.

(예를 들면 1.6 μmR_a를 초과하여 6.3 μmR_a 이하의 경우 1.6a~6.3a로 표시한다.)

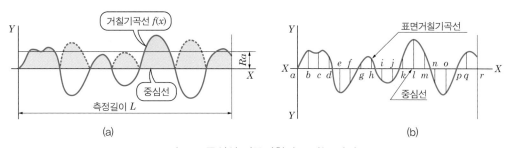

(a)　　　　　　　　　　　　　　(b)

그림 8.1 중심선 평균거칠기 구하는 방법

⑥ **중심선 평균거칠기 구하는 방법** : 컷오프값을 가진 단면곡선에서 구한 거칠기곡선 $f(x)$에 있어서 $f(x)$의 중심선의 방향으로 측정길이 l의 부분을 채취하여 이 채취부분의 중심선 아래쪽에 나타내는 $f(x)$의 부분을 중심선에서 접어붙인다. 이 접어 붙여서 얻은 그림에서 해칭선 부분의 면적을 측정길이 l로 나눈 값이 이 채취부분의 $f(x)$의 중심선 평균거칠기 R_a이다.

(2) 10점 평균거칠기(R_z)

단면곡선에서 기준길이 L을 잡고, 제일 높은 데서 5번째까지의 표고 평균값과 제일 낮은 데서 5번째 골짜기의 표고 평균값과의 차이를 미크론(μm)단위로 나타낸 거칠기를 10점 평균거칠기라하며 이 값 다음에 "z"를 병기하여 기입한다. 즉 0.8z와 같이 표기한다. 0.8z는 위와 같은 방법으로 거칠기를 측정한 거칠기가 0.8 μm라는 뜻이다. 10점 평균거칠기기호는 R_z로 표기한다.

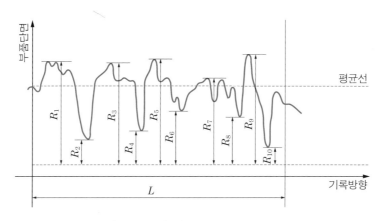

그림 8.2 10점 평균거칠기 구하는 방법

① **기준길이** : 원칙적으로 다음 6종류로 한다(단위 : mm).

0.08, 0.25, 0.8, 2.5, 8, 25

② **기준길이의 표준값** : 10점 평균거칠기를 구하는 기준길이의 표준값은 표 8.2에 따른다.

표 8.2 10점 평균거칠기를 구할 때 기준길이의 표준값

10점 평균거칠기의 범위		기준길이 (mm)
이 상	이 하	
−	0.8 $\mu m R_z$	0.25
0.8 $\mu m R_z$	6.3 $\mu m R_z$	0.8
6.3 $\mu m R_z$	25 $\mu m R_z$	2.5
25 $\mu m R_z$	100 $\mu m R_z$	8

③ **10점 평균거칠기의 호칭방법** : 10점 평균거칠기의 호칭방법은 다음에 따른다.

　10점 평균거칠기 _μm, 기준길이 _mm 또는 _μmR$_z$, L_mm.

④ **10점 평균거칠기의 구분값** : 10점 평균거칠기에 의하여 표면거칠기를 지시할 때에는 특별히 필요가 없는 한 표 8.3의 구분값에 따른다. 구분값은 허용할 수 있는 가장 큰 10점 평균거칠기를 나타낸다.

⑤ **10점 평균거칠기의 한계지시** : 어느 범위의 10점 평균거칠기의 한계를 구분값으로 지시할 때에는 그 하한(표시값이 작은 쪽)과 상한(표시값이 큰 쪽)에 상당하는 구분값을 병기한다. (예를 들면 0.8 μmR$_z$를 초과하여 3.2 μmR$_z$ 이하의 경우 0.8z~3.2z라고 표시한다.)

표 8.3　10점 평균거칠기의 구분값

(0.05z)	0.8z	12.5z	50z	200z
0.1z	1.6z	(18z)	(70z)	(280z)
0.2z	3.2z	25z	100z	400z
0.4z	6.3z	(32z)	(140z)	(560z)

주 : (　) 안의 구분값은 특별한 경우에 사용한다.

(3) 최대높이($R_{\max}$, R_Y)

단면곡선에서 기준길이 L을 잡아 그 부분의 평균선을 구하고, 이 평행선에 평행하면서 단면곡선에 아래위로 접하면서 평균선에 평행한 두 직선 사이의 거리를 구하여 미크론 단위(μm)로 나타낸 것을 최대높이 거칠기라고 한다. 표기는 이 값에 "Y"를 병기하여 표시한다. 즉 0.8$_Y$는 위와 같은 방법으로 거칠기를 측정한 거칠기가 0.8μm이란 뜻이다. 최대높이 거칠기기호는 R_Y 또는 $R_{\max}$로 표기한다.

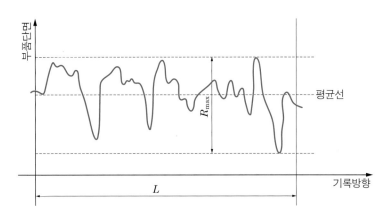

그림 8.3　최대높이 구하는 방법

① **기준길이** : 원칙적으로 다음의 6종류로 한다(단위 : mm).

 0.08, 0.25, 0.8, 2.5, 8, 25

② **기준길이의 표준값** : 특별히 지정할 필요가 없는 한 최대높이를 구하는 경우, 기준길이의 표준값은 표 8.4의 구분에 따른다.

③ **최대높이의 호칭방법** : 최대높이의 호칭방법은 다음에 따른다. 최대높이_μm, 기준길이_mm 또는 _μm R_{max}, L_mm로 한다. 표 8.4에 나타낸 기준길이의 표준값을 사용하여 얻어진 최대높이의 값이 표 8.5에 나타낸 범위 안에 있을 경우는 기준길이의 표시를 생략할 수 있다.

④ **최대높이의 구분값** : 최대높이에 의해 표면거칠기를 지정할 때에는, 특별히 필요가 없는 한 표 8.5의 최대높이의 구분값을 사용한다. 구분값을 허용할 수 있는 가장 큰 높이를 나타낸다. 최대높이 구분값 뒤에는 "s"를 붙인다.

표 8.4 **최대높이를 구할 때의 기준길이의 표준값**

최대높이의 범위		기준길이 (mm)
이 상	이 하	
—	0.8 μmR_{max}	0.25
0.8 μmR_{max}	6.3 μmR_{max}	0.8
6.3 μmR_{max}	25 μmR_{max}	2.5
25 μmR_{max}	100 μmR_{max}	8

표 8.5 **최대높이의 구분값**

(0.05s)	0.8s	12.5s	50s	200s
0.1s	1.6s	(18s)	(70s)	(280s)
0.2s	3.2s	25s	100s	400s
0.4s	6.3s	(32s)	(140s)	(560s)

주 : (   ) 안의 구분값은 특별한 경우에 사용한다.

⑤ **최대높이의 한계지시** : 어떤 범위의 최대높이의 한계를 구분값으로 지시할 필요가 있을 때에는 그 하한(표시값이 작은 쪽)과 상한(표시값이 큰 쪽)에 상당하는 구분값을 병기한다.

 (예를 들면 0.8 μmR_{max}를 초과하여 3.2 μmR_{max} 이하의 경우 0.8S~3.2s라고 표시한다.)

(4) 표면거칠기값(R_a, R_z, R_{max})

 동일표면이라도 R_a, R_z, R_{max}는 각각 다른 값이 된다. 일반적으로 R_a값은, R_z나 R_{max}값의 1/4 정도가 된다.

표 8.6 R_a, R_z, R_{max} 표면거칠기값의 환산표

R_a 표면거칠기	R_z 표면거칠기	R_{max} 표면거칠기	표면거칠기 번호	다듬질기호
0.013a	0.05z	0.05s		
0.025a	0.1z	0.1s	N1	
0.05a	0.2z	0.2s	N2	▽▽▽▽
0.1a	0.4z	0.4s	N3	
0.2a	0.8z	0.8s	N4	
0.4a	1.6z	1.6s	N5	
0.8a	3.2z	3.2s	N6	▽▽▽
1.6a	6.3z	6.3s	N7	
3.2a	12.5z	12.5s	N8	
6.3a	25z	25s	N9	▽▽
12.5a	50z	50s	N10	
25a	100z	100s	N11	▽
50a	200z	200s	N12	
100a	400z	400s		

ISO에서는 표면거칠기를 N1, N2, N3, …와 같이 번호로 표시하여 inch나 mm 시스템 관계 없이 사용할 수 있다. 이 기호는 ISO 1302, ISO 1302/1에 채택되어 있다.

③ 표면거칠기의 표시

표면거칠기를 도면상에 표시하는 데는 표면기호 또는 다듬질기호로 표시한다. 부품의 표면 거칠기 상태를 나타내는 데 있어 표면기호는 엄밀히 지정하는데, 다듬질기호는 대략지정하는 데 쓰이고 있다.

(1) 표면거칠기 표시방법

표면거칠기 표시는 그림 8.4와 같이 길이가 다른 꺾여진 선을 60°로 벌려 거칠기를 나타낼 면 을 표시하는 투상도의 외형선 또는 외형선의 연장선이나 치수보조선에 기입한다.

① 제거가공을 문제시 하지 않을 경우

② 제거가공이 필요한 경우

③ 가공방법을 지시할 필요가 있는 경우

④ 제거가공을 허용하지 않는 경우

그림 8.4 표면거칠기의 지시기호

(2) 표면기호의 구성

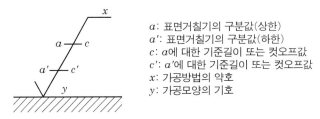

a: 표면거칠기의 구분값(상한)
a': 표면거칠기의 구분값(하한)
c: a에 대한 기준길이 또는 컷오프값
c': a'에 대한 기준길이 또는 컷오프값
x: 가공방법의 약호
y: 가공모양의 기호

그림 8.5 표면기호의 구성

표면의 상태를 기호로 표시하기 위한 표면기호는 원칙적으로 표면거칠기의 구분값, 기준길이 또는 컷오프값, 가공방법의 약호 및 가공모양의 기호로 되어 있다.

표 8.7 표면기호 기입의 예

표기	FL $0.4s$ 0.25 $0.2s$ 0.25 M	$6.3z$ 0.8	G $0.4s$ 2.5 $=$	$12.5s$
내용	랩 가공으로 가공무늬는 무방향으로 하고 표면거칠기는 기준길이 0.25 mm에서 최댓값 0.4 $\mu m R_{max}$이고 최솟값은 0.2 $\mu m R_{max}$로 한다.	가공방법 및 가공무늬는 지정되지 않았으며 표면거칠기는 10점 평균거칠기로 기준길이가 0.8 mm에서 6.3 $\mu m R_z$로 한다.	연삭가공으로, 가공무늬는 투영면에 평행하게 하고 표면거칠기는 중심선 평균거칠기로 컷오프값 2.5 mm에서 0.4 $\mu m R_a$로 한다.	가공방법 및 가공무늬는 지정되지 않았으며 표면거칠기는 중심선 평균거칠기로 컷오프값 0.8 mm에서 12.5 $\mu m R_a$로 한다.

(3) 가공방법의 약호

표면거칠기 기호에 가공방법을 기입할 때 가공방법의 약호로 기입한다.

표 8.8 가공방법의 약호

가 공 방 법	약 호		가 공 방 법	약 호	
	I	II		I	II
선반 가공	L	선반	호닝 가공	호	호닝
드릴 가공	D	드릴	액체 호닝 가공	SPL	액체 호닝
보링머신 가공	B	보링	배럴 연마 가공	SPBR	배럴
밀링 가공	M	밀링	버프 가공	FB	버프
플레이너 가공	P	평삭	샌드 블라스트	SB	블라스트
세이퍼 가공	SH	형삭	랩 가공	FL	랩
프로치 가공	BR	브로치	줄 가공	FF	줄
리머 가공	FR	리머	스크레이퍼 가공	FS	스크레이퍼
연삭 가공	G	연삭	페이퍼 가공	FCA	페이퍼
벨트샌딩 가공	GB	포연	주조	C	주조

(4) 가공모양의 기호

가공모양을 나타낼 때에 사용하는 기호

표 8.9 가공모양의 기호

가 공 방 법	의 미	설명도
=	가공으로 생긴 앞줄의 방향이 기호를 기입한 그림의 투상면에 평행	
⊥	가공으로 생긴 앞줄의 방향이 기호를 기입한 그림의 투상면에 직각	
×	가공으로 생긴 선이 다방면으로 교차	
M	가공으로 생긴 선이 다방면으로 교차 또는 무방향	

(계속)

가공방법	의 미	설명도
C	가공으로 생긴 선이 거의 동심원	
R	가공으로 생긴 선이 거의 방사성	

(5) 가공기호의 간단한 기입방법

① 제거가공 기호를 여러 면에 반복하여 기입해야 할 경우 제거가공 기호(　)의 수평선 위에 영문자의 소문자(w, x, y, z)를 거칠기값의 약호로 정하여 기입하고 그 뜻을 주서란에 기입한다.

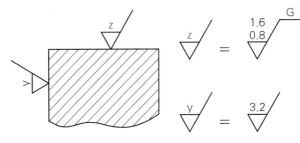

그림 8.5 거칠기값의 간략기입

② 부품전체를 동일한 기호로 가공하는 경우는 그림 8.6 (a)와 같이 부품번호 옆에 기입하고 도형에는 기입하지 않는다.

③ 부품의 대부분은 동일한 기호로 가공하고 일부만 다른 기호로 가공하는 경우는 (b)와 같이 도형에 기입하지 않은 기호나, (c)와 같이 도형에 기입한 기호를 괄호 안에 기입한다.

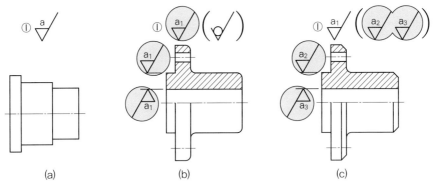

그림 8.6 거칠기값의 간략기입

(6) 다듬질기호

다듬질기호는 그림 8.7과 같이 사용한다.

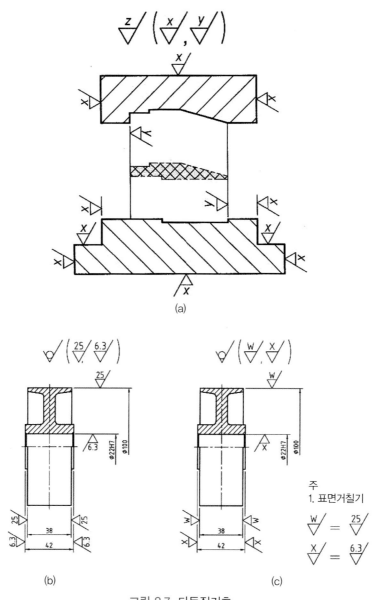

그림 8.7 다듬질기호

표 8.10 다듬질기호의 표시와 그 적용 예

기 호	가공방법과 다듬질 정도	거칠기	적 요
	주조, 압연, 단조한 채로 두고 일체의 가공을 하지 않은 지정면		스패너 자루, 핸들의 암, 구조물, 플랜지의 측면

(계속)

기 호	가공방법과 다듬질 정도	거칠기	적 요
▱ (자연면)	자연면이라도 매끈한 경우에는 그대로 두어도 무방하며, 또 돌기부분을 따낼 정도의 조락면		일반적으로 가공은 피하고, 특히 내압력을 요하는 곳에 사용
▽	줄 가공, 플래너, 선반 또는 그라인딩에 의한 가공으로, 가공의 흔적이 남을 정도의 거친 가공면	35s	베어링의 밑면, 펌프 등의 밑판 절삭면, 축과 핀의 단면, 다른 부품과 접하지 않는 다듬질면
		50s	베어링의 밑면, 축의 단면, 다른 부품과 접하지 않는 거친 면
		70s	중요하지 않는 독립의 거친 다듬질면
		100s	간단히 흑피를 제거하는 정도의 거친 면
▽▽	줄 가공, 선반 또는 연삭 등에 의한 가공으로, 가공의 흔적이 남지 않을 정도의 보통 가공면	12.5s	커플링 등의 플랜지면, 플랜지축, 커플링의 접착면, 키로 고정하는 구멍과 축의 접촉면, 베어링의 본체와 케이스의 접착면, 리머, 볼트의 모따기면, 패킹 접촉면, 기어의 보스 단면, 리머의 단면, 이끝면, 키의 외면 및 키홈면, 중요하지 않는 기어의 맞물림면, 웜의 이, 나사산, 핀의 외형면 및 이의 면 기타 서로 회전 또는 활동하지 않는 접촉면
		18s	스톱밸브 등의 밸브로드, 핸들의 사각구멍 내면, 패킹의 접촉면, 기어의 림부 양끝면, 보스의 단면, 부시의 단면, 키 또는 테이퍼 핀으로 고정하는 접촉면, 핀의 외형면, 볼트로 고정하는 접촉면, 스패너의 구경에 접한 부분의 평면
		25s	플랜지축, 커플링이나 벨트 등의 보스 단면, 림 단면, 핸들의 사각구멍 내면, 풀리의 홈면, 브레이드의 오형면, 접합봉의 선삭면, 피스톤의 상하면, 차륜의 외형면

(계속)

기 호	가공방법과 다듬질 정도	거칠기	적 요
▽▽▽▽ (줄무늬)	줄 가공, 선반 또는 연삭 또는 래핑 등에 의한 가공으로서 가공의 흔적이 전혀 남지 않는 극히 평활한 정밀 가공면	1.6s	크로스헤드형 디젤기관의 피스톤로드, 피스톤핀, 크로스핀, 크랭크핀과 그 저널, 실린더 내면, 베어링면, 정밀 기어의 맞물림면, 캠 표면, 기타 윤이 나는 외관을 갖는 정밀 다듬질면
		3.2s	크랭크핀, 크랭크저널, 보통의 평면베어링면, 기어의 이 맞물림면, 실린더 내면, 정밀 나사의 면
		6.3s	볼의 외면, 중요하지 않는 평면베어링면, 밸브 왓셔의 접촉면, 기어의 이 맞물림면, 이끝면, 수압 시린더의 내면 및 램(ram) 외면, 콕의 스톱퍼 접촉면
▽▽▽▽ (줄무늬)	래핑 퍼핑 등의 작업으로 광택이 나는 고급 다듬질면	0.1s 0.2s	정밀 다듬면, 래핑, 버핑에 의한 특수 용도의 그급 플랜지면
		0.4s	연료 펌프의 플랜지 피스톤, 크로스 헤드 핀, 고속 정밀 베어링면
		0.8s	크로스헤드형 디젤기관의 피스톤로드, 피스톤핀, 크로스 헤드 핀, 실린더 내면, 피스톤 링, 고속 베어링면, 연료 펌프의 플랜지

표 8.11 표면거칠기와 끼워맞춤 관계 (단위 : μm)

명칭	다듬질기호 (종래의 심벌)	표면거칠기 기호 (새로운 심벌)	가공방법 및 표시하는 부분
	∼	∀	• 절삭가공 및 기타 제거가공을 하지 않는 부분으로, 특별한 규정은 없다. · 예를 들어, 주물의 표면부가 대표적이다.
거친다듬질	▽	w∀	• 밀링, 선반, 드릴 등 기타 여러가지 공작기계로 일반 절삭가공만 하고, 끼워맞춤은 없는 표면에 표시한다. · 예 드릴구멍, 각족 공작기계에 의한 선삭가공부 등 · 평균거칠기값은 (약 25~100 μm · 절삭가공이 거칠다.

(계속)

명칭	다듬질기호 (종래의 심벌)	표면거칠기 기호 (새로운 심벌)	가공방법 및 표시하는 부분
중다듬질	▽▽	$\overset{x}{\bigtriangledown}$	• 가공된 부분으로, 단지 끼워맞춤만 있고 마찰운동은 하지 않는 표면에 표시한다. · 예를 들어, 커버와 몸체와의 끼워맞춤부, 키홈, 기타 축과 회전체와의 결합부 등 · 평균거칠기값은 약 $6.3 \sim 25 \ \mu m$
상다듬질	▽▽▽	$\overset{y}{\bigtriangledown}$	• 끼워맞춤이 있고 마찰이 되어 서로 회전운동이나 직선왕복운동 등을 하는 표면에 표시한다. 그리고 베어링과 같은 정밀 다듬질된 축계기계요소 등이 끼워지는 표면 등 연삭가공 및 기타 정밀가공이 요구되는 가공표면 · 평균거칠기값은 약 $0.8 \sim 6.3 \ \mu m$
정밀다듬질	▽▽▽▽	$\overset{z}{\bigtriangledown}$	• 각종 정밀가공이 요구되는 가공표면으로, 대단히 매끄럽고 각종 게이지류, 피스톤, 실린더 등 이러한 정밀도가 높은 부속품이 아니고는 되도록 이 지시기호는 쓰지 않는다. · 예 호닝 등 각종 정밀입자가 등 · 평균거칠기값은 약 $0.1 \sim 0.8 \ \mu m$

④ 도면기입법

표면기호 또는 다듬질기호를 도면에 기입하는 경우는 다음과 같이 하는 것을 원칙으로 한다.

① 기호는 지정하는 면, 또는 면의 연장선 및 면의 치수보조선에 접하여 그림의 바깥쪽에 기입한다.   [그림 8.8] [그림 8.9]

② 기호는 도면의 아래쪽 또는 오른쪽에서 읽을 수 있는 방향으로 기입한다.   [그림 8.8]

③ 기입하기가 곤란한 경우 지시선을 사용하여 기입한다.   [그림 8.9]

④ 표면기호 또는 다듬질기호는 하나의 지정면을 가장 좋게 나타내는 투상도에 기입하여 하나의 지정면에 대하여 2곳 이상에는 기입하지 않는다.

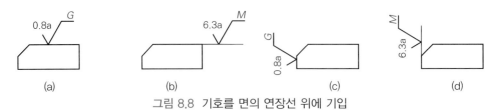

그림 8.8 기호를 면의 연장선 위에 기입

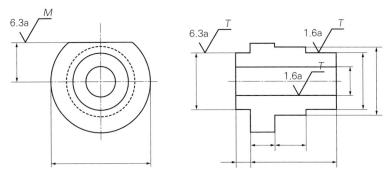

그림 8.9 표면기호 또는 다듬질기호의 기입위치

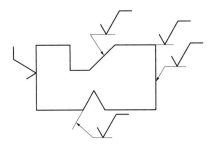

그림 8.10 지시선을 사용한 기호기입

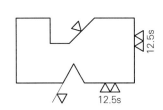

그림 8.11 가공방법 및 가공모양의 기호를
생략할 때의 기호기입법

⑤ 도면기입의 간략법

① 부품의 전면에 동일 정밀도의 표면상태를 지정할 때에는 표면기호 또는 다듬질기호를 부품 번호 옆에, 부품번호가 없을 때에는 부품도의 위쪽 또는 알기 쉬운 곳에 기입하고, 부품도의 각 면에는 생략한다. [그림 8.12 (c)]

② 하나의 부품에서 대부분이 동일한 표면상태이고, 일부분만이 다른 경우는 해당되는 표면기 호 또는 다듬질기호를 그림의 해당면 위에 기입함과 함께 공통기호 옆에 괄호를 붙여 병기 한다. [그림 8.12 (d)]

③ 기호를 여러 곳에 사용할 때 또는 기입할 여지가 한정되어 있을 때에는 지정면 위에서는 간 이 기호를 사용하고, 그 뜻을 알기 쉬운 곳에 기입해 둔다. [그림 8.13]

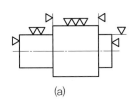
(a)

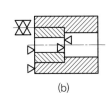
(b)

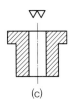
(c)

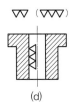
(d)

그림 8.12 다듬질기호 기입의 간략법

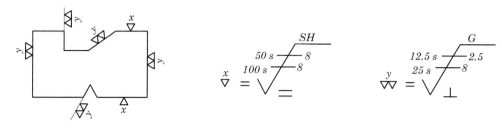

그림 8.13 좁은 곳에 기입법

⑥ 표면기호 또는 다듬질기호의 기입 보기

표면기호 또는 다듬질기호를 기어, 나사 및 구멍 등에 기입할 때는 그림 8.14와 같이 한다.
(표면기호도 이에 준한다.)

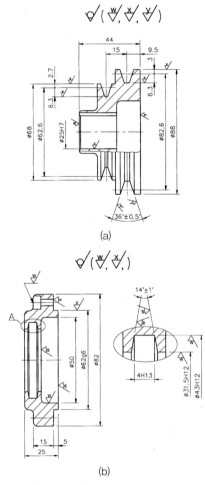

그림 8.14 다듬질기호의 기입 보기

요점정리

표면기호와 다듬질기호 기입

번호	표면기호와 다듬질기호			번호	중요사항		
	바 름	틀 림	기 사		바 름	틀 림	기 사
①			위로, 오른쪽으로 보기 좋게 표시한다.	②			위치수와 아래 치수는 같은 표면기호를 써 준다.
③			한 가공물에는 표면거칠기 기호를 같은 표면기호로 표시한 것이 좋다.	④			회전물체는 한 곳에만 표시한다.
⑤			가공면 선 위에 나타낸다.	⑥			외형선 위에 표시하는 것이 좋다.
⑦			알아보기 쉬운 곳에 표시한다.	⑧			전체가 한 가지 다듬질가공을 할 때
⑨			일부 다른 다듬질기호일 때	⑩			가공방법 표시 지시선은 면에 70° 선으로 긋는다.
⑪			가공범위를 나타내야 한다.	⑫			가공범위 치수선 위에 기입한다.
⑬			구멍의 중심선 또는 원주상에 표시한다.	⑭			해독하기 쉬운 곳에 표시한다.

1 아래 그림에 다듬질기호 및 표면기호를 붙이시오.

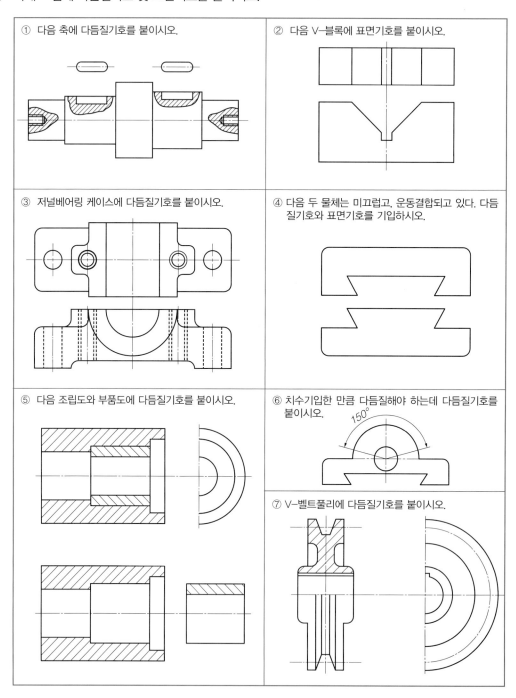

① 다음 축에 다듬질기호를 붙이시오.

② 다음 V-블록에 표면기호를 붙이시오.

③ 저널베어링 케이스에 다듬질기호를 붙이시오.

④ 다음 두 물체는 미끄럽고, 운동결합되고 있다. 다듬질기호와 표면기호를 기입하시오.

⑤ 다음 조립도와 부품도에 다듬질기호를 붙이시오.

⑥ 치수기입한 만큼 다듬질해야 하는데 다듬질기호를 붙이시오.

150°

⑦ V-벨트풀리에 다듬질기호를 붙이시오.

9장

형상 및 위치의 정밀도

모양 및 위치의 정밀도는 형상공차라 하여 표면거칠기나 표면파형보다도 큰 간격을 가지고 형의 틀림을 규제하는 것으로, 기계공업의 발전에 따라 고도의 정밀도가 필요하게 되어 종래의 치수공차만으로는 제품 간의 충분한 호환성을 줄 수가 없게 되었다. 이에 따라 모양에 대한 정도 공차를 두어 고도의 정밀도를 갖는 제품을 설계 생산하기 위하여 형상공차를 주게 되는 것이다.

① 형상공차, 치수공차 및 표면거칠기와의 관계

형상공차는 이상적인 기하학적인 모양을 기준으로 하고 이에 대하여 상한과 하한을 정하여 가공된 제품이 이 범위 안에 들도록 규정짓는 것이다. 어떤 부품에 대하여 형상공차를 규정지어 주는 것은 치수공차 내에서 허용되는 무제한의 형상변화에 하나의 조건을 추가시켜 줌으로써 변화양식을 일정하게 제한시켜 주는 것이므로 당연히 형상공차는 치수공차를 넘어설 수는 없는 것이다.

마찬가지로 표면거칠기는 형상공차보다 그 치수가 적어져야 함은 물론이다. 따라서 동일부품에 대해서 이들의 공차값을 비교하여 보면 다음과 같다.

치수공차 > 형상공차 > 표면거칠기

② 형상 및 위치 정도의 종류

형상 및 위치공차는 모양에 관한 것, 방향에 관한 것, 위치에 관한 것 및 흔들림이 있으며 종류 및 표시기호는 표 9.1과 같다.

표 9.1 형상 및 위치 정도의 종류와 기호

적용하는 형체	구 분	기 호	공차의 종류
단독형체	모양공차	———	진직도공차
		▱	평면도공차
		◯	진원도공차
		⌀	원통도공차

(계속)

적용하는 형체	구 분	기 호	공차의 종류
단독형체 또는 관련형체		⌒	선의 윤곽도공차
		◠	면의 윤곽도공차
관련형체	자세공차	//	평행도공차
		⊥	직각도공차
		∠	경사도공차
	위치공차	⊕	위치도공차
		◎	동축도공차 또는 동심도공차
		＝	대칭도공차
	흔들림공차	↗	원주흔들림공차
		↗↗	온흔들림공차

(1) 모양에 관한 공차(Form Tolerances)

모양에 관한 공차에는 그림 9.1과 같이 직진도공차, 평면도공차, 진원도공차, 원통도공차, 선의 윤곽도공차, 면의 윤곽도공차 등이 있다. 모양에 관한 공차는 데이텀을 필요로 하지 않는다.

① **직진도공차(Straightness)** : 평면, 원통의 표면 또는 축선(Axis)이 얼마나 정확한 직선이어야 하는지를 정의한다. 평면에 투영되었을 때에는 공차 t만큼 떨어진 두 개의 평행한 직선 사이가 공차영역이다. 공차가 ϕt일 때에는 지름이 공차 t인 원통(Cylinder)의 내부가 공차영역이다. (a)

② **평면도공차(Flatness)** : 얼마나 정확한 평면이어야 하는지를 정의한다. 공차 t만큼 떨어진 두 개의 평행한 평면 사이가 공차영역이다. (b)

③ **진원도공차(Roundness, Circularity)** : 얼마나 정확한 원이어야 하는지를 정의한다. 공차 t만큼 떨어진 두 개의 동심원 사이가 대상평면에서의 공차영역이다. (c)

④ **원통도공차(Cylindricity)** : 진원도공차가 축선에 수직한 단면의 표면을 대상으로 하는 반면, 원통도공차는 원통 전체표면을 대상으로 한다. 공차 t만큼 떨어진 두 동축(Coaxial) 원통 사이가 공차영역이다. (d)

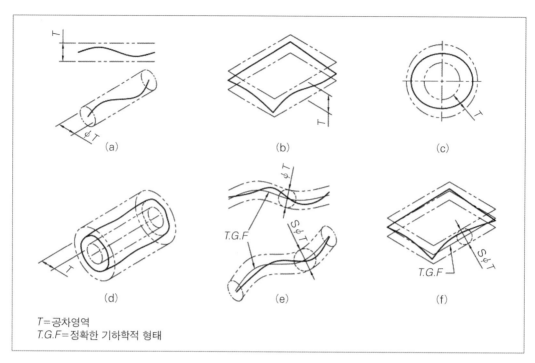

T=공차영역
T.G.F=정확한 기하학적 형태

그림 9.1 모양에 관한 공차

⑤ **선의 윤곽도공차(Profile of a Line)** : 윤곽(Profile)은 물체의 외부형상을 말하며, 직선이나 곡선 또는 원호의 조합일 수도 있다. 직진도공차가 직선에 대한 정의라면 선의 윤곽도공차는 곡선에 대한 정의이다. 공차영역은 정확한 기하학적 형태(True Geometrical Form) 위에 그 중심이 있고, 지름이 공차 t인 원을 포함하는 두 개의 선 사이 또는 정확한 기하학적 형태 위에 그 중심이 있으며 지름이 공차 t인 모든 구(Sphere)에 의해 제한되는 구부러진 관 모양의 내부공간이다. (e)   [그림-(e)]

⑥ **면의 윤곽도공차(Profile of a Surface)** : 평면 또는 곡면의 모든 표면이 기준윤곽에서 벗어나는 범위를 제한한다. 정확한 기하학적 형태를 가진 표면 위에 그 중심이 있고 지름이 공차 t인 구를 포함하는 두 개의 표면 사이가 공차영역이다. (f)

(2) 자세에 관한 공차(Orientation Tolerances)

자세에 관한 공차(Orientation Tolerances)에는 그림 9.2와 같이 평행도공차, 직각도공차, 경사도공차 등이 있으며 데이텀을 필요로 한다.

① **평행도공차(Parallelism)** : 두개의 평면, 하나의 평면과 중심을 가지는 형체, 두 개의 축선이 서로 얼마나 정확하게 평행이어야 하는가를 정의한다. 두 개의 형체 중 하나가 데이텀이다. 데이텀선에 평행하고 공차 t만큼 떨어진 두 개의 평행한 직선 사이(평면에 투영되었을

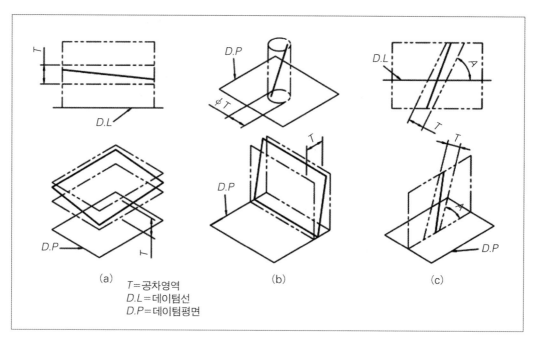

그림 9.2 자세에 관한 공차

때) 또는 데이텀 평면에 평행하고 공차 t만큼 떨어진 두 개의 평행한 평면 사이가 공차영역이다. (a)

② **직각도공차(Perpendicularity, Squareness)** : 데이텀을 기준으로 평면, 축선이 얼마나 정확한 직각이어야 하는가를 정의한다. 데이텀 평면에 직각이고 지름이 공차 t인 원통의 내부공간(공차가 ϕt일 때) 또는 데이텀 평면에 직각이고 공차 t만큼 떨어진 두 개의 평행한 평면 사이가 공차영역이다. (b)

③ **경사도공차(Angularity)** : 90°를 제외한 임의의 각도를 가지는 표면, 축선, 중간면을 대상으로 한다. 데이텀선 또는 평면에 대하여 지정된 각도로 경사지고 공차 t만큼 떨어진 두 개의 평행한 직선 사이가 공차영역이다. (c)

(3) 위치에 관한 공차(Locational Tolerances)

위치에 관한 공차(Locational Tolerances)에는 그림 9.3과 같이 위치도공차, 동축도공차, 대칭도공차 등이 있으며 데이텀을 필요로 한다.

① **위치도공차(True Position)** : 다른 형체나 데이텀에 관계된 형체의 지정위치로부터 점, 선, 평면이 벗어나는 정도를 제한한다. 점(Point)에 적용할 때에는 이론적으로 정확한 위치(Theoretically Exact Position)를 중심으로 하는, 지름이 공차 t인 원의 내부가 공차영역이다. 직선에 적용할 때에는 이론적으로 정확한 위치에 대하여 서로 대칭이고 공차 t만큼 떨어진

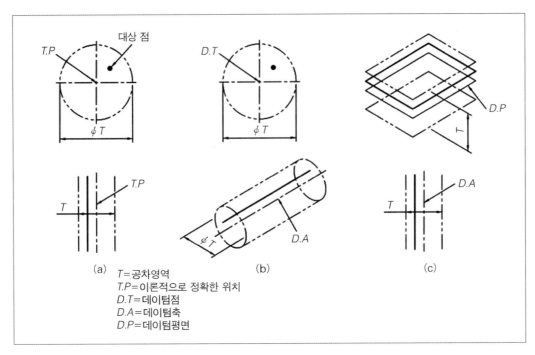

그림 9.3 위치에 관한 공차

두 개의 평행한 직선 사이의 거리가 공차영역이다. 위치도공차는 직진도, 평행도, 진원도, 직각도공차를 포함하는 공차이다. (a)

② **동축도공차(Concentricity)** : 데이텀의 축선과 동일한 직선 위에 있어야 할 축선이 데이텀 축선으로부터 벗어나는 정도를 제한한다. 점에 적용할 때에는 데이텀점과 일치하는 중심을 가진, 지름이 공차 t인 원의 내부가 공차영역이다. 축선에 적용할 때에는 데이텀축선과 일치하는 축선을 가진, 지름이 공차 ϕt인 원통의 내부가 공차영역이다. (b)

③ **대칭도공차(Sy mmetry)** : 데이텀축선 또는 중심평면에 대해서 서로 대칭이어야 할 형체가 대칭위치로부터 벗어나는 정도를 제한한다. 데이텀축선이나 데이텀 중심평면에 대하여 서로 대칭이고 공차 t만큼 떨어진 두 개의 평행한 평면 또는 직선 사이가 공차영역이다. (c)

(4) 흔들림에 관한 공차(Run-Out Tolerances)

① **원주흔들림공차(Circular Run-Out)** : 대상 원통을 데이텀축선을 기준으로 회전했을 때 그 표면이 반지름방향 또는 축선방향으로 흔들리는 정도를 제한한다. 반지름방향(Radial)에 적용할 때에는 축선에 직각인 임의의 측정평면(Measuring plane)에서 그 중심이 데이텀축선과 일치하고 공차 t만큼 떨어진 두 개의 동심원 사이가 공차영역이다.

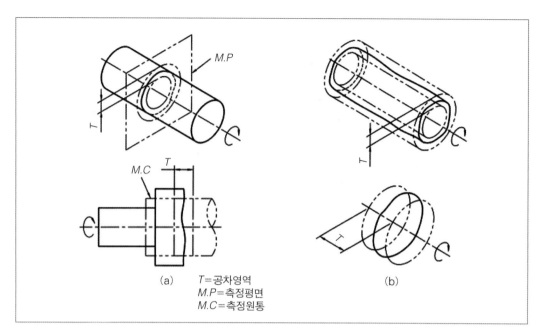

(a)
T=공차영역
M.P=측정평면
M.C=측정원통

(b)

그림 9.4 흔들림에 관한 공차

축선방향에 적용할 때에는 반지름방향의 임의의 위치에서 그 중심이 데이텀축선과 일치하고 측정원통(Measuring Cylinder) 내부에 놓여 있는 공차 t만큼 떨어진 두 개의 원 사이가 공차영역이다. 흔들림공차는 데이텀을 기준으로 한 진원도, 직진도, 직각도, 동축도, 평행도 공차를 포함한 공차이다. (a)

② **온흔들림공차(Total Run-Out)** : 원주흔들림공차가 축선에 수직한 단면의 표면을 대상으로 하는 반면, 온흔들림공차는 원통의 전체표면을 대상으로 한다. 반지름방향에 적용할 때에는 그 축선이 데이텀축선과 일치하고 공차 t만큼 떨어진 두 개의 동축원통 사이가 공차영역이다.

축선방향에 적용할 때에는 데이텀축선에 직각이고 공차 t만큼 떨어진 두 개의 평행한 평면 사이가 공차영역이다. 온흔들림공차는 데이텀을 기준으로 한 진원도, 직진도, 직각도, 원통도, 평행도공차를 포함한 공차이다. (b)

③ 데이텀(Datum)

데이텀이란 계산에 기준(참조)이 되는 것으로 정확하다고 가정되는 점, 선, 평면, 원통, 축심 등이 되며 이들을 기준으로 위치나 형상에 관한 제 형체가 확립되어야 하는 것을 말한다.

이 데이텀을 확실하게 식별할 수 있도록 해당 데이텀에는 그림 9.6과 같은 식별기호를 표기한다. 그림 9.5는 각 규격에서 적용하고 있는 데이텀 표기법을 나타내고 있다.

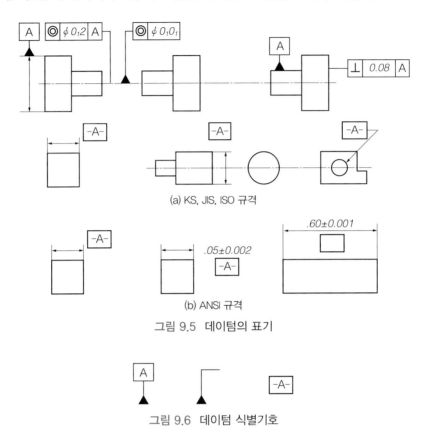

(a) KS, JIS, ISO 규격

(b) ANSI 규격

그림 9.5 데이텀의 표기

그림 9.6 데이텀 식별기호

④ 최대실체조건

형상공차 규제의 중요한 기준으로 최대조건이 사용되고 있다. 최대실체공차 방식(Maximum Material Condition, mmC)은 크기를 갖는 구멍, 축, 핀, 홈 돌출부와 같은 형체가 최대질량의 실체를 갖는 부품형체의 조건으로 규제되는 부품의 부피가 가장 크게 되는 공차의 조건을 말한다. 축에 있어서는 공차가 최대일 때 축의 치수가 최대실체조건이 되고 구멍에 있어서는 공차가 최소일 때 구멍의 치수가 최대실체조건임이 된다.

KS 규격에서 KSB0242에 최대실체공차 방식이 규정되어 있고 이에 관계되는 용어는 다음과 같은 것들이 있다.

① MMS(최대실체치수, Maximum Material Size) : 허용한계치수 내에서 질량이 최대가 되도록 가공했을 때의 실치수를 말한다. 그림 9.7 (a)의 축은 최대허용치수 24.2로 가공했을 때 가

장 무겁다. 따라서 24.2가 MMS이다. (b)의 부시는 그 구멍을 최소허용치수 23.8로 가공했을 때 부시 전체의 무게가 가장 무겁다. 따라서 23.8이 MMS이다.

- 축의 MMS = 최대허용치수(24.2)
- 구멍(이 있는 물체)의 MMS = 최소허용치수(23.8)

② **실효치수(Virtual Size, VS)** : 구멍과 축이 가장 빡빡하게 결합될 때의 치수이다. 구멍은 실효치수보다 커야 하고, 축은 실효치수보다 작아야 한다. 그렇지 않으면 조립이 불가능해진다. 실효치수는 조립되는 부품의 치수공차와 기하공차를 결정하는 기준이 된다.

- 축의 VS = 구멍의 MMS − 기하공차(23.8−0.1=23.7)
- 구멍의 VS = 축의 MMS + 기하공차(24.2+0.1=24.3)

최대실체공차 방식을 적용하는 기하공차의 공차는 축이나 구멍이 MMS일 때를 기준으로 한다. (a)의 공차 ϕ 0.1은 축이 MMS(24.2)일 때 허용되는 직각도공차가 0.1이라는 뜻이다.

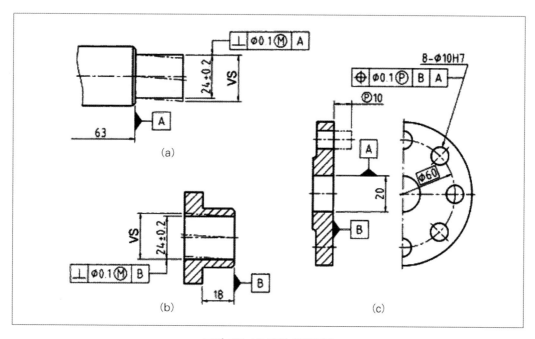

그림 9.7 MMS의 적용도면

그러나, MMS 조건이 아닌 경우의 직각도공차는 다음의 축 및 구멍에 허용되는 기하공차의 조건을 따른다.

축에 허용되는 기하공차는 축의 실치수와 구멍의 VS를 기준으로 커지거나 작아진다.

축의 실치수가 24.2(MMS)일 때 허용되는 직각도공차는 0.1이다. (도면에 지시된 값)

- 축의 실치수가 24.0일 때 허용되는 직각도공차는 0.3이다. (24.3−24.0=0.3)

- 축의 실치수가 23.8일 때 허용되는 직각도공차는 0.5이다. (24.3−23.8=0.5)
즉, 축의 실치수가 작아지는 만큼 공차영역을 더 허용하는 것이다.

구멍에 허용되는 기하공차는 구멍의 실치수와 축의 VS를 기준으로 커지거나 작아진다.
- 구멍의 실치수가 23.8(MMS)일 때 허용되는 직각도공차는 0.1이다. (도면에 지시된 값)
- 구멍의 실치수가 24.0일 때 허용되는 직각도공차는 0.3이다. (24.0−23.7=0.3)
- 구멍의 실치수가 24.2일 때 허용되는 직각도공차는 0.5이다. (24.2−23.7=0.5)
즉, 구멍의 실치수가 더 크게 가공된다면 구멍이 조금 더 기울어도 조립이 가능하므로 그만큼 공차영역을 더 허용하는 것이다.

표 9.2는 실치수와 허용되는 직각도공차와의 관계를 정리한 것이다.

표 9.2 실치수와 허용되는 직각도공차와의 관계

축		구멍	
실치수	허용되는 직각도공차	실치수	허용되는 직각도공차
24.2(MMS)	$\phi\,0.1$	23.8(MMS)	$\phi\,0.1$
24.1	$\phi\,0.2$	23.9	$\phi\,0.2$
24.0	$\phi\,0.3$	24.0	$\phi\,0.3$
23.9	$\phi\,0.4$	24.1	$\phi\,0.4$
23.8	$\phi\,0.5$	24.2	$\phi\,0.5$

최대실체공차 방식은 다음 두 가지 조건을 동시에 만족하는 경우에 적용한다. 두 개 또는 그 이상의 형체가 위치 또는 형상에 관하여 상호관계가 있고, 적어도 하나는 크기치수를 갖는 형체이어야 한다.

축선이나 중간면을 갖는 형체이어야 하며, 결합되는 부품이어야 한다.

③ 허용한계치수 내에서 질량이 최소가 되도록 가공했을 때의 실치수를 최소실체치수(Least Material Size, LMS)라 하고,
④ 축이나 구멍이 LMS일 때를 조건으로 기하공차를 적용하는 방식을 최소실체공차방식(Least Material Condition, LMC)이라고 한다.

(1) 공차기입틀의 표시

기하공차의 종류와 공차값을 기입틀이라 하며 표시사항은 이 공차기입틀을 구분하여 그림 9.8과 같이 공차의 종류를 나타내는 기호, 공차값, 데이텀을 지시하는 문자기호의 순으로 왼쪽에서부터 기입한다.

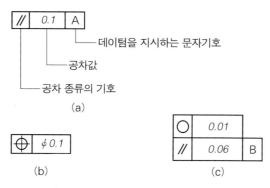

그림 9.8 공차기입틀 및 기호의 표시방법

공차기입틀은 그림 9.9와 같이 표시한다.

① 선 또는 면 자체에 공차를 지정하는 경우에는 1-(a)와 같이 치수선의 위치를 명확하게 피해서 외형선의 연장선 위에 또는 1-(b)와 같이 형체의 외형선 위에 지시선의 화살표를 수직으로 한다.

② 형체의 축선중심면에 지정하는 경우에는 2와 같이 공차기입틀로부터의 지시선이 되도록한다.

③ 축선중심면이 모든 형체의 축선중심면에 공차를 지정하는 경우에는 3과 같이 중심선에 수직으로 공차기입틀로부터 지시선의 화살표를 댄다.

④ 여러 개의 떨어져 있는 형체에 같은 공차를 지정하는 경우 그림 4-(a)와 같이 공통의 공차기입틀로부터 끌어낸 지시선을, 4-(b)와 같이 각각의 형체를 문자기호로 나타낼 수 있다.

1. 선과 면 자체에 지정하는 경우

2. 형체의 축선 또는 중심면에 지정하는 경우

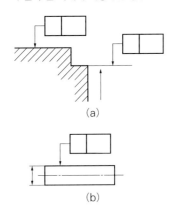
(a)

(b)

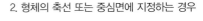

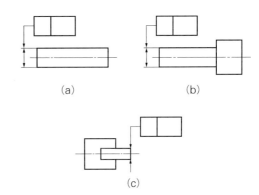
(a)

(b)

(c)

3. 공통인 축선 또는 중심면에 지정하는 경우

4. 형체의 축선 또는 중심면에 지정하는 경우

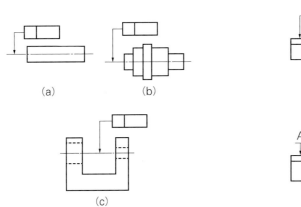
(a)

(b)

(c)

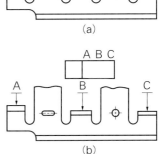
(a)

(b)

그림 9.9 공차기입틀의 표시

(2) 데이텀의 도시

① 데이텀을 지시하는 문자기호는 영어의 대문자를 정사각형으로 둘러싸고, 이것과 데이텀이라는 데이텀 삼각기호를 지시선을 사용하여 연결해서 나타낸다.   [그림 1]

② 선 또는 면 자체가 데이텀 형체인 경우에는 형체의 외형선 위 또는 외형선을 연장한 가는선 위에(치수선의 위치를 명확히 피해서) 데이텀 삼각기호를 붙인다.   [그림 2]

③ 치수가 지정되어 있는 형체의 축직선 또는 중심평면이 데이텀인 경우에는 치수선의 연장선을 데이텀의 지시선으로서 사용하여 나타낸다.   [그림 3]

④ 축직선 또는 중심평면이 공통인 모든 형체의 축직선 또는 중심평면이 데이텀인 경우에는 축직선 또는 중심평면을 나타내는 중심선에 데이텀 삼각기호를 붙인다.   [그림 4]

⑤ 잘못 볼 염려가 없는 경우 공차기입틀과 데이텀 삼각기호를 직접 지시선에 의하여 연결함으로써 데이텀 문자기호를 생략할 수 있다.   [그림 5]

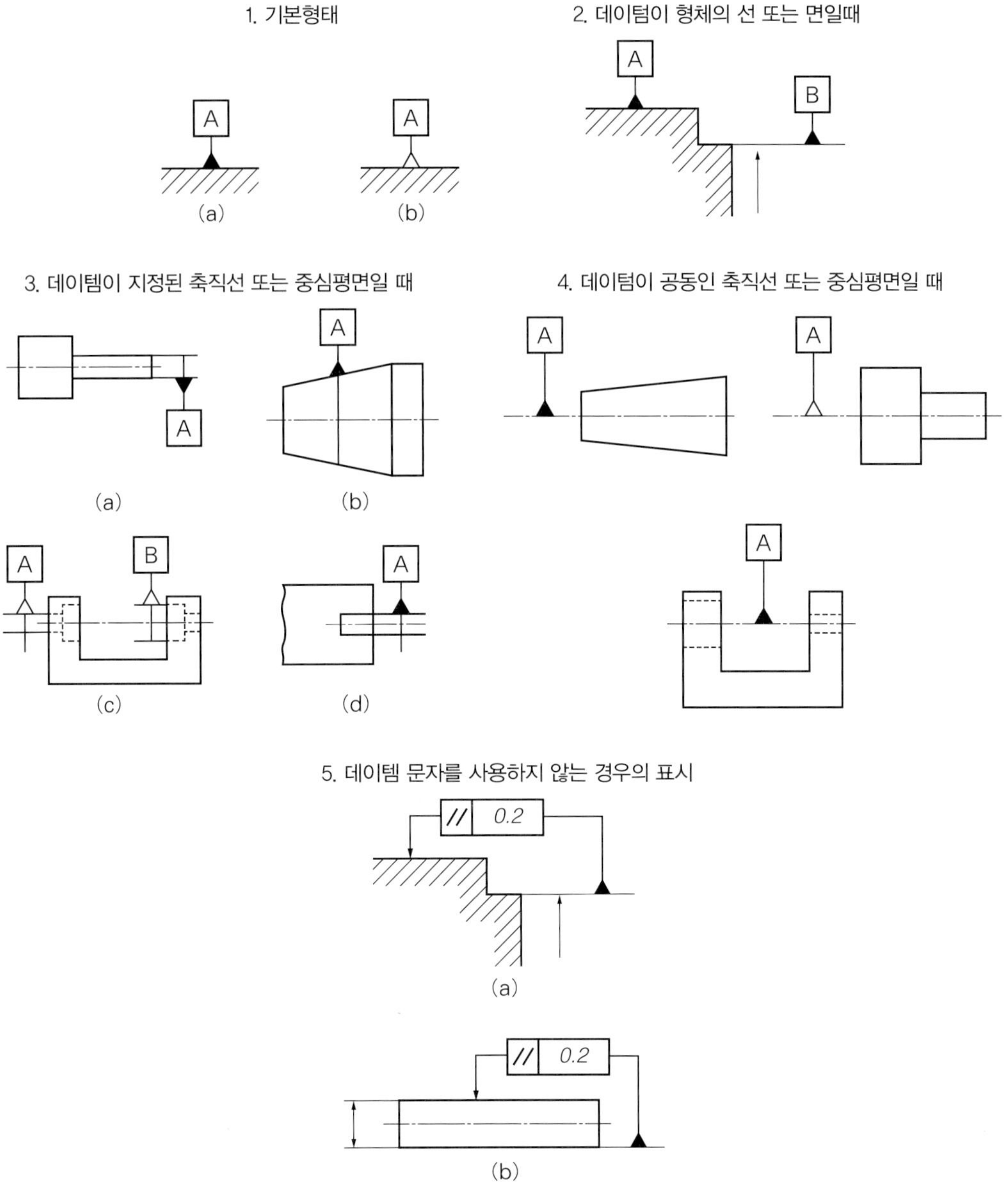
1. 기본형태
A
A
(a)
(b)
2. 데이텀이 형체의 선 또는 면일때
A
B
3. 데이텀이 지정된 축직선 또는 중심평면일 때
A
A
(a)
(b)
A
B
A
(c)
(d)
4. 데이텀이 공동인 축직선 또는 중심평면일 때
A
A
A
5. 데이텀 문자를 사용하지 않는 경우의 표시
// 0.2
(a)
// 0.2
(b)

그림 9.10 데이텀의 도시

(3) 기하공차 적용

어느 한정된 범위에만 공차값을 지정할 경우 그림 9.11 (a)와 같이 굵은 일점쇄선으로 한정하는 범위를 나타내고 도시한다. 특정한 길이마다 공차를 지정할 경우에는 (b)와 같이 한다.

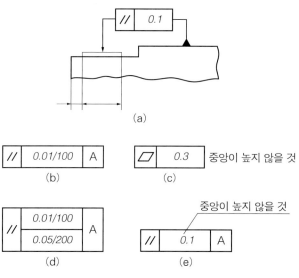

(a)

(b) $\quad\boxed{//\;\;\boxed{0.01/100}\;\;\boxed{A}}$

(c) $\quad\boxed{/\!\!/\;\;\boxed{0.3}}$ 중앙이 높지 않을 것

(d) $\quad\boxed{//\;\;\boxed{\begin{array}{c}0.01/100\\ 0.05/200\end{array}}\;\;\boxed{A}}$

중앙이 높지 않을 것

(e) $\quad\boxed{//\;\;\boxed{0.1}\;\;\boxed{A}}$

그림 9.11 기하공차의 적용

(4) 이론적으로 정확한 치수의 도시

그림 9.12의 사각형의 틀로 나타낸 치수 30을 이론적으로 정확한 치수라 하며, 이는 위치도, 윤곽도 또는 경사도의 공차를 형체에 지정하는 경우에 이론적으로 정확한 위치, 윤곽 또는 각도를 정하는 치수를 말한다. 이론적으로 정확한 치수 그 자체는 치수 허용차를 갖지 않는다.

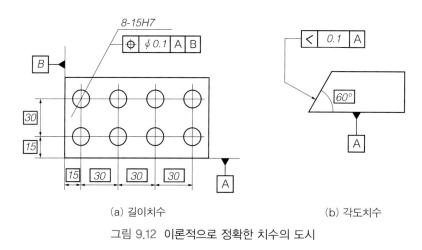

(a) 길이치수   (b) 각도치수

그림 9.12 이론적으로 정확한 치수의 도시

(5) 돌출공차역의 지시

공차역을 그 형체 자체의 내부가 아니고, 그 외부에 지정하고 싶을 경우에는 그 돌출부를 가는 이점쇄선으로 표시하고, 그 치수숫자 앞과 공차값 뒤에 기호 ⓟ를 기입한다.

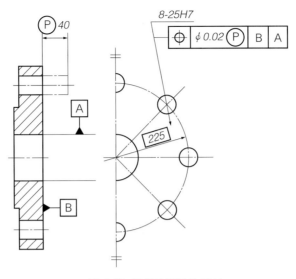

그림 9.13 돌출공차역의 지시

(6) 최대실체공차 방식의 지시

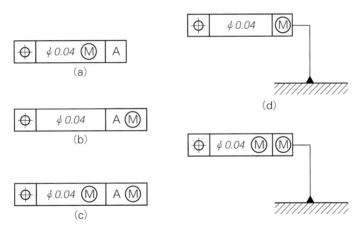

그림 9.14 최대실체공차 방식의 지시

(7) 선의 진직도공차

그림 9.15 (a)는 기본이 되는 선의 진직도공차로, 화살표방향으로 0.1 mm 만큼 떨어진 두 개의 평행한 평면 사이로 지정된 직선이 있어야 함을 의미한다. (b), (c), (d)는 표면의 요소로서의 선의 진직도공차를 나타낸다.

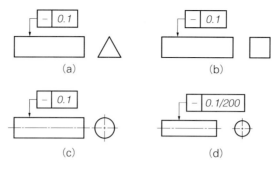

그림 9.15 선의 진직도공차

(8) 축선의 진직도공차

그림 9.16 (a)는 지시선의 화살표로 나타내는 방향으로 각각 0.1 mm 및 0.2 mm의 나비를 갖는 직육면체 내에 지정된 각봉의 축선이 있어야 함을 의미한다.

(b)는 원통의 지름을 나타내는 치수에 공차기입틀이 연결되어 있는 경우로, 이 원통의 지정된 축선은 지름 0.08 mm의 원통 내에 있어야 함을 의미한다.

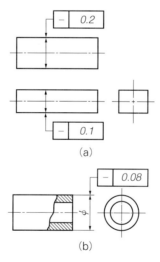

그림 9.16 축선의 진직도공차

(9) 평면도공차

그림은 평면도공차의 도시 예로, 지정된 표면은 0.08 mm만큼 떨어진 두 개의 평행한 평면 사이에 있어야 함을 의미한다.

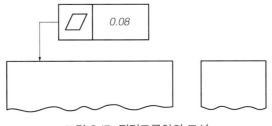

그림 9.17 평면도공차의 도시

⑥ 형상 및 위치정밀도의 표시 예와 풀이

(1) 진직도(—)

허용범위	표시방법	풀 이
1. 공차범위를 나타내는 수치 앞에 기호 ϕ 가 붙어 있을 때는 이 공차영역은 지름 t 의 원통영역이다.	— ϕ 0.08	실제 원통 바깥둘레의 지름은 그 축심이 0.08의 원통 안에 있어야 한다. ϕ 0.08 공차역
2. 공차가 1 평면 내에서만 규정되었을 때의 공차역은 t 만큼 떨어진 평행직선 사이 가 된다.	— 0.08	화살표를 한 원통이 이루는 0.08만큼 떨어진 2개의 평행 직선 사이에 있어야 한다. 0.08 0.08
3. 공차가 서로 수직한 두 평면 내에 규정될 경우의 공차역은 단면이 $t_1 \times t_2$인 평행육면체가 된다.	— 0.1 — 0.2	육면체의 축심은 수직방향에서 0.1, 수평방향에 0.2의 나비를 갖는 평행육면체 안에 있어야 한다. 0.1 0.2

(2) 평면도($\square$)

허용범위	표시방법	풀 이
평면도의 공차역은 "t"만큼 열려 있는 평행평면 사이가 된다.		지시된 면은 0.08만큼 떨어져 있는 2개의 평행평면 사이에 있어야 한다.

(3) 진원도($\bigcirc$)

허용범위	표시방법	풀 이
진원도의 공차역은 "t"만큼 떨어져 있는 2중의 동심원 사이가 된다.		원판의 원둘레는 0.03만큼 떨어진 2개의 동심원 사이에 있어야 한다.

(4) 원통도($\diamondsuit$)

허용범위	표시방법	풀 이
공차역은 "t"만큼 떨어져 있는 동일축의 원통 사이가 된다.		대상이 되는 표면은 0.05만큼 반지름이 차이 나는 2개의 동축원통 사이에 있어야 한다.

(5) 임의의 선의 윤곽도(⌒)

허용범위	표시방법	풀 이
공차역은 올바른 기하학적 형상의 선을 중심으로 지름 "t"의 원이 이루는 포락선 사이가 된다. 		투영면에 평행한 각 단면은 형상의 선을 중심으로 한 지름 0.04의 원이 이루는 포락선 사이가 있어야 한다.

(6) 임의의 표면에 대한 윤곽도(⌓)

허용범위	표시방법	풀 이
공차역은 올바른 기하학적 형상의 표면을 중심으로 한 지름 "t"의 구가 2개의 포락면 사이에 끼인 영역이다. 		지시된 면은 올바른 기하학적 형상을 갖는 면을 중심으로 지름 0.02의 구가 이루는 2개의 포락면 사이에 있어야 한다.

(7) 평행도(∥)

① 기준선에 대한 선의 평행도

허용범위	표시방법	풀 이
1. 공차의 수치 앞에 ϕ가 있을 때에는 기준선에 평행한 지름 "t"의 원통 안이 된다. 		위축은 밑의 축 "A"에 평행한 지름 0.03의 원통 안에 있어야 한다.

(계속)

허용범위	표시방법	풀 이
2. 공차가 평면 내에서만 규정될 때의 공차역은 "t"만큼만 서로 떨어져서 기준선과 평행한 2개의 평행직선 내에 있다.	[방법 1] 	위축은 밑의 축 "A"에 평행하고 수직면 내에 있는 0.1 간격의 두 직선 사이에 있어야 한다.
	[방법 2] 	위축은 밑의 축에 평행하고 수평면 내에 있는 0.1 간격의 두 직선 사이에 있어야 한다.
3. 서로 직각인 2개의 평면 내에 규정되어 있을 경우 $t_1 \times t_2$의 단면을 갖고 기준선에 평행한 평면육면체안이 된다. 		위축은 수평방향으로 0.2, 수직방향으로 0.1의 나비를 갖고 기준축 "A"에 평행한 평행육면체 안에 들어 있어야 한다.

② 기준면에 대한 평행도

허용범위	표시방법	풀 이
1. 기준면에 대한 선의 평행도의 공차역은 "t"만큼 떨어지고 기준면에 평행한 2개의 평행평면 사이에 있다. 		구멍의 축심은 기준면 A에 평행하고 0.01 떨어진 2개의 평행면 사이에 있어야 한다.
2. 기준면, 선에 대한 면의 평행도 공차역은 면과 선에 평행하고 "t"만큼 떨어진 2개의 평행면 사이가 된다. 	[방법 1] 	윗면의 구멍의 축(기준선)에 평행하고 0.1만큼 덜어진 2개의 평행면 사이에 있어야 한다.
	[방법 2] 	윗면은 밑면 "A"에 평행하고 0.01만큼 떨어진 2개의 평행평면 사이에 있어야 한다.

(8) 직각도(⊥)

① 기준선에 대한 선의 직각

허용범위	표시방법	풀 이
공차역이 기준선에 직각이고 "t"만큼 떨어진 2개의 평행평면 사이에 있는 경우	⊥ 0.01 A	수직방향의 구멍축심은 기준 구멍 "A"의 축심과 직각이고 0.05만큼 떨어진 2개의 평행평 면 사이에 있어야 한다. 0.05 공차역 / 기준축

② 기준면에 면에 대한 선의 직각도

허용범위	표시방법	풀 이
1. 공차의 수치 앞에 ϕ이 있을 때의 공차역은 기준면에 직각 인 지름 "t"의 원통 안이 된다.	⊥ ϕ 0.01 A A	지시된 원통의 축심은 기준면 "A"에 수직한 지름 0.01의 원 통 안에 있어야 한다. ϕ 0.01 공차역 / 기준면
2. 공차가 평면 내에서만 규정 된 경우 공차역은 기준면에 직각인 "t"만큼 떨어진 2개의 평행직선 내가 된다.	⊥ 0.1	원통의 축심은 기준면에 직각 인 면에서 0.1만큼 떨어진 평 행직선 내에 있어야 한다. 0.1 공차역 / 기준면

(계속)

허용범위	표시방법	풀 이
3. 정도가 서로 직각인 두 평면 내에 규정된 경우의 공차역은 기준면에 직각인 $t_1 \times t_2$의 단면을 갖는 평면육면체 안이 된다. 		원통의 축심은 기준면에 직각인 0.1×0.2의 평행육면체 안에 있어야 한다.

(9) 동축도(◎)

허용범위	표시방법	풀 이
공차역은 기준과 일치하는 축을 갖는 지름 "t"의 원통 안이 된다(공차의 수치 앞에 ϕ를 붙인다.) 	[방법 1] 	지시된 원통의 축은 기준축 A와 일치하는 $\phi 0.01$의 원통 안에 있어야 한다.
	[방법 2] 	지시된 원통의 축은 기준축 A, B와 일치하는 $\phi 0.05$의 원통 안에 있어야 한다.

(10) 대칭도(═)

허용범위	표시방법	풀 이
공차가 한 평면 내에서 규정될 경우 공차역은 기준축(혹은 기준면)에 대해서 대칭이고 "t" 만큼 떨어져 있는 2개의 평행선 사이가 된다.		실제 구멍의 축은 기준이 되는 홈 "A" 및 "B"의 실제의 공통 중앙면에 대해서 대칭하고 0.08만큼 떨어져 있는 2개의 평행평면 사이에 있어야 한다.

연습문제

1 아래 도면에 대하여 형상공차에 대한 설명도를 그리고 설명하시오.

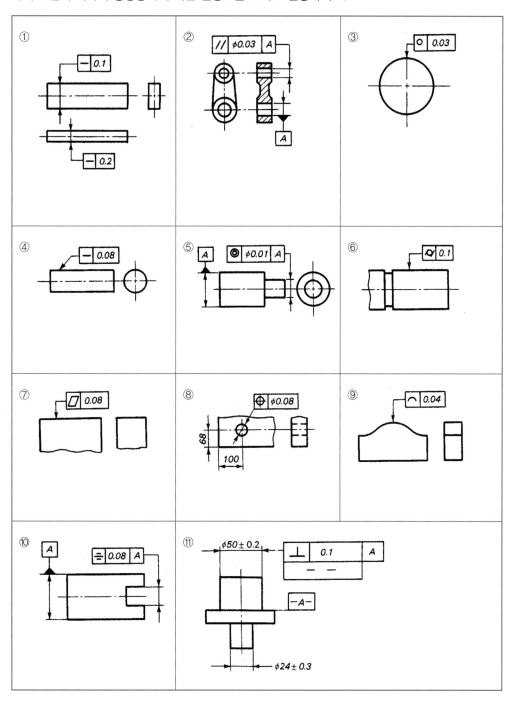

10장

기계재료의 표시방법

기계를 구성하고 있는 재료는 그 기능이나 수명을 보장하기 위하여 신뢰성이 있어야 한다. 기계부품의 재료는 금속재료가 대부분 이용되고 있으며, 금속재료 기호는 각국에서 규격으로 제정하고 있으며 우리나라에서도 KS D에서 규정하고 있다.

재료기호는 재질, 규격 또는 제품명, 종별 등 세 부분이 합쳐져서 나타나는 것이 보통이나 때로는 제조방법, 제조모양기호 등을 첨가하여 5개 부분으로 표시하기도 한다.

① 재료기호

(1) 제1위 기호
재질을 나타내는 기호로서, 영어나 로마자의 머리글자 또는 원소기호로 표시한다.

표 10.1 재질을 표시하는 기호〈첫째 기호〉

기 호	재질명	기 호	재질명
Al	알루미늄(Aluminum)	F	철(Ferrum)
AlBr	알루미늄황동(Aluminum Bronze)	MS	연강(Mild Steel)
Br	청동(Bronze)	NiCu	니켈구리합금(Nickel−Copper Alloy)
Bs	황동(Brass)	PB	인청동(Phosphor Bronze)
Cu	구리(Copper)	S	강(Steel)
HBs	고강도황동(High Strength Brass)	SM	기계구조용강(Machine Structure Steel)
HMn	고망간(High Manganese)	WM	화이트메탈(White Metal)

(2) 제2위 기호
제품명 또는 규격명을 나타내는 기호로서, 영어 또는 로마자의 머리글자를 사용하여 판, 막대, 관, 선, 주조품 등의 형상별 종류나 용도를 나타내는 기호를 조합한다.

표 10.2 규격 또는 제품명〈둘째 기호〉

기 호	규격 또는 제품명	기 호	규격 또는 제품명
B	봉	MC	가단주철품(Malleable Iron Casting)
BC	청동 주물	NC	니켈크롬강
BsC	황동 주물	NCM	니켈크롬몰리브덴강
C	주조품(Casting)	P	판
CD	구상흑연주철	FS	일반구조용
CP	냉간 압연강판	PW	피아노선(Piano Wire)
Cr	크롬강	S	일반구조용 압연재
CS	냉간 압연강재	SW	강선(Steel Wire)
DC	다이캐스팅	T	관(Tube)
F	단조품	TB	고탄소 크롬베어링강
G	고압가스 용재	TC	탄소공구강
HP	열간압연연강판	TKM	기계구조용 탄소강관
HR	열간압연	THG	고압가스 용기용 이음매 없는 강관
HS	열간압연강대	W	선(Wire)
K	공구강	WR	선재(Wire Rod)
KH	고속도공구강		

(3) 제3위 기호

재료의 종별과 최저인장강도 재료의 성질, 성분, 용도에 따르는 구별을 표시한다. 또 재질의 경, 연을 표시하거나 열처리에 관한 기호를 첨가한다.

표 10.3 재료의 특성을 표시하는 기호〈셋째 기호〉

기 호	기호의 뜻	보 기	기 호	기호의 뜻	보 기
1	1종	SHP 1	5A	5종 A	SPS 5A
2	2종	SHP 2	숫자 C	탄소함유량 중간 %	SM12C
A	A종	SWS 41 A	숫자	(0.10~0.15의 중간값)	
B	B종	SWS 41 B	(34, 26 등)	최저인장강도 또는 항복점	WMC 34, SG26

(4) 제4위 기호

제3위 기호 뒤에 붙여서 표시하는 기호로 제품의 열처리, 제조방법 및 제품의 형상을 나타낸다.

표 10.4 제조방법을 표시하는 기호〈넷째 기호〉

구 분	기 호	기호의 뜻	구 분	기 호	기호의 뜻
조질기호	A	풀림상태	열처리 기호	N	불림
	H	경질		Q	담금질, 뜨임
	1/2H	1/2 경질		SR	시험편에만 불림
	S	표준 조질상태		TN	시험편에 용접 후 열처리
표면마무리 기호	D	무광택마무리	기타	CF	원심력 주강관
	B	광택마무리		K	킬드강

(5) 제5위 기호

표 10.5 제품 형상기호〈다섯째 기호〉

제 품	기 호	제 품	기 호	제 품	기 호
P	강판	□	각재	◻	평강
●	둥근강	⑥	6각강	I	I 형강
◎	파이프	8	8각강	└	채널(channel)

보기1 SM 10 C ············ 기계구조용 탄소강 강재 제1종

제1위 SM ············ 강

제2위 10 ············ 탄소함유량(0.05~0.15%의 중간값 0.10%)

제3위 C ············ 화학성분의 탄소기호

보기2 SF 34 ············ ··· 탄소강 단강품 제1종

제1위 S ············ 강

제2위 F ············ 단조품

제3위 34 ············ 1종(최저인장강도 34 kg/ mm^2)

보기3 GC 10 ············ ··· 회주철 제1종

제1위 G ············ 회주철(Gray Cast Iron)

제2위 C ············ 주조품

제3위 10 ············ 최저인장강도 10 kg/ mm^2

[보기 4] PWR 3 ············ 피아노선재 3종

제1위 P ············ 피아노

제2위 WR ············ 선재

제3위 3 ············ 3종

[보기 5] CuR 1-0 ············ 구리막대 1종 연질

제1위 Cu ············ 구리

제2위 R ············ 막대

제3위 1-0 ············ 1종—연질

[보기 6] Bs BMAD □

제1위 Bs ············ 황동

제2위 BM ············ 비철금속 봉재(Maching Bar)

제3위 A ············ 연질

제4위 D ············ 인발

제5위 □ ············ 각재

표 10.6 철강재료의 기호

KSD	명칭	종별	기호	인장강도 kg/ mm²	적요		JISG
3501	열간압연 박강판	1종	SBH 1	28 이상	일반용		SPH
		2종	SBH 2		일반 아연도금용, 주석도금용		
		3종	SBH 3		디프드로잉용		
		4종	SBH 4		일반용 및 아연도금		
		5종	SBH 5		고성용		
3503	일반구조용 압연강재	1종	SB 34	34~41	강판 형강 평강	말미기호 { 강판은 P / 형강은 A / 평강은 F / 봉강은 B	SS
		2종	SB 41	41~50			
		3종	SB 50	50~55			
		4종	SB 55	55~60			
3507	배관용 탄소강관	일반배관용 탄소강관 (A관)	SPAA	30 이상	아연도금 안한 관 증기, 물, 기름 아연도금 한 관 가스배관용		SGP
		수도배관용 탄소강관 (B관)	SPPW	30 이상	아연도금을 한 관으로 최대정수 두 150 mm 이하의 수도배관용		

표 10.6 철강재료의 기호(계속)

KSD	명칭	종별		기호	인장강도 kg/ mm²	적요	JISG
3509	피아노선재	1종	A	PWR 1A		와이어로프	SWP
			B	PWR 1B		밸브	
		2종	A	PWR 2A		스프링	
			B	PWR 2B		PC 강선	
		3종	A	PWR 3A		강연선	
			B	PWR 3B		강연선	
3512	냉간압연 강판	1종		SBC 1	—	일반용	SPC
		2종		SBC 2	28 이상	가공용	
		3종		SBC 3	28 이상	디프드로잉용	
3515	용접구조용 압연강재	1종	A	SWS 41A	41~52	선박, 건축, 교량, 철도차량 등 기타구조물의 두께 3 mm 이상 인 구조용 압연강재	SM
			B	SWS 41B	41~52		
			C	SWS 41C	41~52		
		2종	A	SWS 50A	50~62		
			B	SWS 50B	50~62		
			C	SWS 50C	50~62		
3517	기계구조용 탄소강판	1종	A	STM 30	30 이상	기계, 항공기, 자동차, 자전거, 가구, 기구, 기타 기계부분품 등	STKM
			B	STM 40	40 이상		
		2종	A	STM 38	30 이상		
			B	STM 45	45 이상		
		3종	A	STM 44	44 이상		
			B	STM 51	51 이상		
		4종		STM 48	48 이상		
		5종		STM 55	55 이상		
		6종		STM 62	62 이상		
		6종		STM 50	50 이상		

표 10.6 철강재료의 기호(계속)

KSD	명칭	종별		기호	인장강도 kg/mm²	적요	JISG
3554	연강선재	1종~4종		MSWR1~4		철근, 리벳, 나사류, 외장선	SWRM
3556	피아노선	1종~3종		PW 1~3		스프링용, 밸브 스프링용	SWP
3557	리벳용 압연강재	1종		SBV 34	34~41	일반용 리벳 생산에사용되는 보일러 선재용 압연강재	SV
		2종	A	SBV 41A	41~50		
			B	SBV 41B	41~48		
		3종		SBV 39	39~40		
3559	경강 선재	1종		HSWR 1		나사류, 강경연선, 스포크 등 경강연선, 스프링, 스포크, 와이어로프, 양산살 등	SWRH
		2종		HSWR 2			
		3종		HSWR 3			
		4종	A	HSWR 4A			
			B	HSWR 4B			
		5종	A	HSWR 5A		와이어로프, 스프링, 타이어 심선 등 스프링, 반직바늘, 와이어로프, 침포 등	
			B	HSWR 5B			
		6종	A	HSWR 6A			
			B	HSWR 6B			
		7종	A	HSWR 7A			
			B	HSWR 7B			
3566	일반구조용 탄소강판	1종		SPS 34			STK
		2종		SPS 41			
		3종		SPS 50			
		4종		SPS 51			
3567	쾌삭강	1종	A	FCS 1A	35~50		SUM
			B	FCS 1B	35~50		
		2종		FCS 2	38 이상		
		3종		FCS 3	41 이상		
		4종		FCS 4	48 이상		
		5종		FCS 5	55 이상		

표 10.6 철강재료의 기호(계속)

KSD	명칭	종별	기호	인장강도 kg/ mm²	적요	JISG
3701	스프링강	1종	SPS 1	38 이상	코일 및 겹판스프링	SUS
		2종	SPS 2	125 이상		
		3종	SPS 3	125 이상		
		4종	SPS 4	130 이상		
		5종	SPS 5	130 이상		
		6종	SPS 6	130 이상		
		7종	SPS 7	130 이상		
3705	열간압연 스테인리스 강판	24종	STS 24HP	15 이상		
		~	~	~		
		51종	STS 51HP	45 이상		
3708	니켈크롬강 강재	1종	SNC 1	75 이상	크랭크, 볼트, 너트류	SNC
		2종	SNC 2	85 이상	크랭크축, 기어류	
		3종	SNC 3	95 이상	축류, 기어류 ⎫ 표면강화용	
		21종	SNC 21	80 이상		
		22종	SNC 22	100 이상	피스톤, 기어류 ⎭	
3710	탄소강 단강품	1종	SF 34	34~42	탄소강괴에서 직접 단조하는 제조품 또는 단강품용 강편을 사용하여 만들어지는 단조품	SF
		2종	SF 40	40~50		
		3종	SF 45	45~55		
		4종	SF 50	50~60		
		5종	SF 55	55~65		
		6종	SF 60	60~70		
3711	크롬 몰리브덴강 강재	1종	CMS 1	90 이상	볼트, 프로펠러 보스 등	SCM
		2종	CMS 2	85 이상	소형 축류	
		3종	CMS 3	95 이상	강력볼트 축류, 암류	
		4종	CMS 4	100 이상	기어, 축류, 암류	
		5종	CMS 5	105 이상	대형 축류	
		21종	CMS 21	85 이상	피스톤핀, 기어, 축류 등	
		22종	CMS 22	90 이상	기어, 축류 등	
		23종	CMS 23	100 이상	기어, 축류 등	
		24종	CMS 24	105 이상	기어, 축류 등	

표 10.6 철강재료의 기호(계속)

KSD	명칭	종별	기호	인장강도 kg/ mm²	적요	JISG
3751	탄소공구강	1종~5종	STC 1~5	36~65	경질, 바이트, 각종 줄, 드릴, 탭, 다이스, 톱류	SK
		6종, 7종	STC 6, 7	54~60		
3752	기계 구조용 탄소강	1종	SM 10C	32 이상	빌릿	S
		2종	SM 15C	38 이상	볼트, 너트, 리벳	
		3종	SM 20C	41 이상	볼트, 너트, 리벳	
		4종	SM 25C	45 이상	볼트, 너트, 모터축	
		5종	SM 30C	55 이상	볼트, 너트, 기타 기계부품	
		6종	SM 35C	58 이상	로드, 레버, 기계부품	
		7종	SM 40	62 이상	연접동, 이음쇠, 축	
		8종	SM 45	70 이상	크랭크축, 로드류	
		9종	SM 50C	75 이상	키, 핀, 축류	
		10종	SM 55C	80 이상	키, 핀류	
		21종	SM 9CK	40 이상	방직 롤러 }침탄용	
		22종	SM 15CK	50 이상	캠, 피스톤핀	
3753	합금 공구강	공구강 S5종~8종 S11종	STS 128 STS 11		절삭공구, 탭, 드릴커터, 줄, 톱류	SKS
		S21종	STS 1		냉간 드로잉용 다이스	
		S31종	STS 31		탭, 드릴, 커터, 핵소	
		S41종~44종	STS 41~44		게이지, 포밍, 다이스	
		S51종	STS 51		끌, 펀치, 칼, 다이스, 스냅줄	
		D1~6종	STD 1~6	—	다이스, 프레스형틀	SKD
		D11종	STD 11		게이지, 다이스 }전조 롤로, 다이캐스팅용 다이스	
		D12종	STD 12			
		D61종	STD 61			
		F 2종~6종	STR 2~6		프레스용 다이스, 다이형틀	SKS
4101	탄소강 주강품	1종	SC 37	37 이상	전동기부품용 일반구조용	SC
		2종	SC 42	42 이상		
		3종	SC 46	46 이상		
		4종	SC 49	49 이상		
		5종	SC 55	55 이상		

표 10.6 철강재료의 기호(계속)

KSD	명칭	종별	기호	인장강도 kg/ mm²	적요	JISG
4301	회주철품	1종	GC 10	10 이상	일반 기계부품, 상수도철판, 난방용품	FC
		2종	GC 15	15 이상		
		3종	GC 20	20 이상	약간의 강도를 필요로 하는 곳	
		4종	GC 25	25 이상		
		5종	GC 30	30 이상	실린더헤드, 피스톤, 공작기계부품	
		6종	GC 35	35 이상		
4302	구상흑연 주철품	1종	DC 40	40 이상		FCD
		2종	DC 45	45 이상		
		3종	DC 55	55 이상		
		4종	DC 170	170 이상		
4303	흑심가단 주절품	1종	BMC 28	28 이상		FCMB
		2종	BMC 32	32 이상		
		3종	BMC 35	35 이상		
4304	페라이트 가단주절품	1종	PMC 40	40 이상		FCMP
		2종	PMC 50	50 이상		
4305	백심가단 주절품	1종	WMC 32	32 이상		FCMW
		2종	WMC 34	34 이상		

표 10.7 비철금속재료의 기호

KSD	명칭	종별		기호	인장강도 kg/ mm²	적요	JISG
5501	이음매 없는 동판	1종	연질	CuP 1-0	20 이상	전기와 열의 전도성이 좋고 내식성이 있어야 할 부분품 단지, 보일러용 관, 급수관, 압력계관, 급유관 등의 화학공업용	CuT
			반경질	CuP 1-1/2H	25 이상		
			경질	CuP 1-H	26 이상		
		2종	연질	CuP 2-0	20 이상		
			반경질	CuP 2-1/2H	25 이상		
			경질	CuP 2-H	26 이상		

표 10.7 비철금속재료의 기호(계속)

KSD	명칭	종별		기호	인장강도 kg/ mm²	적요	JISG
5502	동봉	1종 연, 경질		CuR1(O, H)	26 이상	전구 베이스, 전구부품, 자동차 부품, 개스킷, 라디에이터	CuB
		2종 연, 경질		CuR2(O, H)	25 이상		
5503	쾌삭 황동봉	1종		MBsR1	—	볼트, 너트, 비스 등	BsBM
		2종		MBsR2			
5504	동판	1종	연질	CuS 1-0	26 이상	전기와 열전도성이 좋고 전열성, 내식성, 내후성이 요구된 곳, 전기부품, 증류기구, 건축용, 화학 공업용 개스킷 기물 등	CuP
			1/4 경질	CuS 1-1/4H	22 이상		
			1/2 경질	CuS 1-1/2H	25 이상		
			경질	CuS 1H	28 이상		
		2종	연질	CuS 2-0	26 이상		
			1/4 경질	CuS 2-1/4H	22 이상		
			1/2 경질	CuS 2-1/2H	25 이상		
			경질	CuS 2H	28 이상		
5505	황동판	1종	A급	BsS 1A	28~42 이상	7 : 3 황동판, 일반 디프드로 인공탄피 등, 특수 드로잉용	BsP
			B급	BsS 1B			
		2종	A급	BsS 2A	28~42 이상	65 : 35 황동판 일반 드로잉용	
			B급	BsS 2B			
			C급	BsS 2C			
		3종		BsS 3	32~48 이상	6 : 4 황동판, 판금가공용	
5516	인청동봉	1종		PBR 1	50 이상	탄성, 내마모성, 내식성 등을 필요로 하는 부품(기어, 베어링, 이음쇠나사)	PBB
		2종		PBR 2	52 이상		
		3종		PBR 3	55 이상		
5553	동선	1종		CuW 1	34 이상	바인드선, 못, 리벳 등	CuW
		2종		CuW 2	34 이상		
5554	황동선	1종		BsW 1	40 이하	7 : 3 황동선	BsW
		2종		BsW 3	40 이하	65 : 35 황동선	
		3종		BsW 3	45 이하	6 : 4 황동선	

표 10.7 비철금속재료의 기호(계속)

KSD	명칭	종별	기호	인장강도 kg/ mm²	적요	JISG
6001	황동주물	1종	BsC 1	17 이상	플렌지 등	BsC
		2종	BsC 2	14 이상	건축용, 장식품, 배수용 등	
		3종	BsC 3	18 이상	일반 기계부분품	
		4종	BsC 4	18 이상	보일러용 부품 및 내해수용 부품	
		5종	BsC 5	18 이상	일반 기계부품	
6002	청동주물	1종	BsC 1	25 이상	벨브, 콕 및 기계부품 등	BC
		2종	BsC 2	25 이상		
		3종	BsC 3	18 이상		
		4종	BsC 4	22 이상		
6002	화이트메탈	1종~10종	WM 1~10	—	고속 및 중속, 고하중 및 중하중용	

11장

기계요소의 제도

기계는 여러 부품이 조합되어 하나의 기능을 발휘하도록 구성되어 있다. 이들은 어느 기계에서나 동일한 역할을 하는 부품이 있는데, 이들 각각을 기계요소라고 한다.

① 나사

(1) 나사의 호칭

나사의 호칭은 나사의 종류를 나타내는 기호, 나사의 지름을 나타내는 숫자 및 또는 1″ 안에 들어 있는 나사산의 수로 표기한다.

① 피치를 mm로 나타내는 경우

| 나사의 종류를 나타내는 기호 | 나사의 호칭지름을 나타내는 숫자 | × | 피치 |

단, 미터보통나사와 같이 같은 지름에 대하여 피치가 단지 하나로 규정되어 있는 나사에서는 피치를 생략한다.

보기 M3×0.5 − 바깥지름이 3 mm이고 피치가 0.3 mm인 가는나사

M8 − 바깥지름이 8 mm인 보통나사

② 피치를 산의 수로 나타내는 나사(유니파이나사는 제외)의 경우

| 나사의 종류를 나타내는 기호 | 나사의 호칭지름을 나타내는 숫자 | − | 산의 수 |

보기 W$\frac{3}{4}$−16 − 바깥지름이 $\frac{3''}{4}$이고 1″당 산이 16개인 위드워드나사

③ 유니파이나사의 경우

| 나사의 지름을 나타내는 숫자 또는 번호 | − | 산의 수 | 나사의 종류를 나타내는 기호 |

보기 3/8−16UNC−바깥지름이 $\frac{3''}{8}$이고 1″당 산이 16개인 유니파이 보통나사

No8−36UNF−호칭번호가 8번이고 1″당 산이 36개인 유니파이 가는나사

표 11.1 나사의 종류를 표시하는 기호 및 나사의 호칭표시법

구분		나사의 종류	나사의 종류를 표시하는 기호	나사의 호칭에 대한 표시방법의 기호	관련규격
일반용	I S O 규 격 에 있 는 것	미터보통나사[1]	M	M8	KS B0201
		미터가는나사[2]		M8×1	KS B0204
		미니추어나사	S	S0.5	KS B0208
		유니파이 보통나사	UNC	3/8−16UNC	KS B0203
		유니파이 가는나사	UNF	No. 8−36UNF	KS B0206
		미터사다리꼴나사	Tr	Tr 10×2	KS B0229의 본문

(계속)

구분		나사의 종류		나사의 종류를 표시하는 기호	나사의 호칭에 대한 표시방법의 기호	관련규격
ISO 규격에 없는 것		관용테이퍼나사	테이퍼수나사	R	R 3/4	KS B0222의 본문
			테이퍼암나사	Rc	Rc 3/4	
			평행암나사[(3)]	Rp	Rp 3/4	
		관용평행나사		G	G 1/2	KS B0221의 본문
		30° 사다리꼴나사		TM	TM 18	KS B0227의 부속서
		29° 사다리꼴나사		TW	TW 20	KS B0226
		관용테이퍼나사	테이퍼나사	PT	PT 7	KS B0222의 부속서
			평행암나사[(4)]	PS	PS 7	
		관용평행나사		PF	PF 7	KS B0221
특수용		후강 전선관나사		CTG	CTG 16	KS B0223
		박강 전선관나사		CTC	CTC 19	
		자전거나사	일반용	BC	BC 3/4	KS B0224
			스포크용		BC 2.6	
		미싱나사		SM	SM 1/4 산 40	KS B0225
		전구나사		E	E 10	KS C7702
		자동차용 타이어밸브나사		TV	TV 8	KS R4007의 부속서
		자전거용 타이어밸브나사		CTV	CTV 8 산 30	KS R8044의 부속서

[주] (1) 미터보통나사 중 M 1.7, M 2.3 및 M 2.6은 ISO 규격에 규정되어 있지 않다.

(2) 가는나사임을 특별히 명확하게 나타낼 필요가 있을 때에는 피치 다음에 "가는눈"의 글자를 ( ) 안에 넣어서 기입할 수 있다.

[보기] M8×1(가는눈)

(3) 이 평행암나사 Rp는 테이퍼수나사 R에 대해서만 사용한다.

(4) 이 평행암나사 PS는 테이퍼수나사 PT에 대해서만 사용한다.

(2) 나사의 등급

① 나사의 등급은 나사의 정밀도를 표시하는 것으로서 나사의 등급을 표시하는 숫자와 문자의 조합 또는 문자로서 표시한다.

표 11.2 나사의 등급

구분	나사의 종류	암나사 · 수나사의 구별		나사의 등급을 표시하는 보기	관련규격
I S O 규격에 있는 등급	미터나사	암나사	유효지름과 안지름의 등급이 같은 경우	6H	KS B0235
		수나사	유효지름과 바깥지름의 등급이 같은 경우	6g	KS B0211의 본문
			유효지름과 바깥지름의 등급이 다른 경우	5g, 6g	KS B0214의 본문
		암나사와 수나사를 조합한 것[5]		6H/6g, 5H/5g, 6g	
	미터추어나사	암나사		3G 6	KS B0228
		수나사		5h 3	
		암나사와 수나사를 조합한 것		3G 6/5h 3	
	미터 사다리꼴 나사	암나사		7H	KS B0237
		수나사		7e	KS B0219
		암나사와 수나사를 조합한 것[6]		7H/7e	
	관용평행나사	수나사			KS B0211의 본문
I S O 규격에 없는 등급	미터나사	암나사, 수나사	암나사와 수나사의 등급표시가 같은 곳	2급, 혼동될 우려가 없을 경우에는 "급"의 문자를 생략해도 좋다.	KS B0211의 부속서 KS B0214의 부속서
		암나사와 수나사를 조합한 것[7]		3급/2급, 혼동될 우려가 없을 경우에는 3/2으로 해도 좋다.	—
	유니파이나사	암나사		2B	KS B0213
		수나사		2A	KS B0216
	관용평행나사	암나사		B	KS B0221의 부속서
		수나사		A	

주 (5) 이 조합에 대한 등급의 표시방법은 KB B0235에 따른다.
　　(6) 이 조합에 대한 등급의 표시방법은 KB B027에 따른다.
　　(7) 이 조합에 대한 등급의 표시방법은 KB B0235에 의거 "암나사의 등급/수나사의 등급"으로 한다.

② ISO 규격에 없는 나사의 등급

    ㉠ 미터나사에서는 1급, 2급, 3급의 3개 등급

    ㉡ 유니파이나사에서는 수나사는 3A급, 2A급, 1A급으로, 암나사에서는 3B급, 2B급, 1B급
       으로 각각 3개의 등급으로 구분한다.

    ㉢ 정밀 정도는 미터나사에서는 숫자가 작을수록 정밀급에 속하고, 유니파이나사는 반대 로
       숫자가 클수록 정밀급에 속한다.

    ㉣ 나사의 등급이 필요 없을 때에는 표기에서 생략한다.

    ㉤ 암나사와 수나사의 등급을 동시에 표기할 때에는 암나사 등급/수나사 등급으로 "/"를 넣
       어 표시한다.

    보기 M20-2/1 : 지름 20인 미터보통나사로 암나사 2급, 수나사 1급을 의미한다.

표 11.3 나사의 등급〈ISO에 없는 등급〉

나사 종류	미터나사			유니파이나사						관용나사	
				수나사			암나사				
등 급	1급	2급	3급	3A급	2급	1A급	3B급	2B급	1B급	A급	B급
표시법	1	2	3	3A	2A	1A	3B	2B	1B	A	B

㉜ 미터나사는 숫자가 작은 것이 정밀급에 속한다.
   유니파이나사는 숫자가 큰 것이 정밀급에 속한다.

(3) 도면에서 나사의 표시방법

나사는 도면에 간략도로 그리고 지시선상에 다음 사항을 기입한다. 이때 지시선의 화살표는
나사의 바깥지름 또는 골지름을 나타내는 선상에 위치한다.

| 나사산의 감긴 방향 | 나사산의 줄 수 | 나사산의 호칭 | – | 나사의 등급 |

① 나사의 감긴 방향은 오른나사는 표기하지 않고 왼나사의 경우에만 표기하는데 한글로 "좌"
   또는 영문 "L"을 사용한다.

② 나사의 줄 수는 한줄나사는 표시하지 않고 2줄 이상 여러줄나사는 그 줄 수를 "2줄", "3줄",
   또는 영문자를 사용 "2N", "3N" 등과 같이 표기한다.

③ **나사의 표기방식**

    (예 다음은 상기 표기방법에 따른 예이다.)

    ㉠ 좌 2줄 M50×2-6H : 외경 50, 피치 2인 왼쪽 감김 2줄미터가는나사 6H급

    ㉡ L 2N M50×2-6H : 위와 동일나사, 줄 수와 감긴 방향을 영문으로 표기

    ㉢ 좌 M10-6H/6g : 외경 10인 왼쪽 감김 1줄 미터보통나사 암나사 6H급과 수나사 6g급의
       조합

ⓔ No.4-40UNC-2A : 호칭 No4 산 수 40인 오른쪽 감김 한줄유니파이 보통나사 2A급

ⓜ G1/2-A : 외경 1/2″인 관용평행 수나사 A급

④ 사다리꼴나사는 일부 위의 방법과 달리 표시하고 있다.

　ⓖ 한줄미터 사다리꼴나사 – 위와 동일

　　보기 Tr40×7 : 호칭지름 40, 피치 7인 한줄사다리꼴나사

　　　　Tr40×7-7H : 호칭지름 40, 피치 7인 한줄사다리꼴나사 7H급

　ⓛ 여러줄나사 표기방식의 피치 표시부에 리드와 피치를 기입한다. 이때 피치는 P자를 붙여

　　( ) 속에 기입한다. 줄 수는 따로 기입하지 않고 리드를 피치로 나눈 값이 줄 수가 된다.

　　보기 Tr40×14(P7) : 호칭지름 40, 리드 14, 피치 7인 2줄사다리꼴나사

　　　　Tr40×14(P7)-7e : 호칭지름 40, 리드 14, 피치 7인 2줄사다리꼴 수나사 7e급

　ⓒ 왼나사

　　위 ⓖ, ⓛ항의 표기방법에 규정하는 호칭 다음에 "LH"의 기호를 붙여서 표기한다.

　　보기 Tr40×7LH : 호칭지름 40, 피치 7인 한줄사다리꼴 왼나사

　　　Tr40×7LH-7H : 호칭지름 40, 피치 7인 한줄사다리꼴 왼나사 7H급

　　　Tr40×14(P7)LH : 호칭지름 40, 리드 14, 피치 7인 2줄사다리꼴 왼나사

　　　Tr40×14(P7)LH-7e : 호칭지름 40, 리드 14, 피치 7인 2줄사다리꼴 왼나사 수나사 등

　　　급 7e급

ⓒ 29° 사다리꼴나사

　29° 사다리꼴 여러줄나사의 리드 표시는 호칭 다음 ( ) 속에 기입한다.

　　보기 2줄 TW32(리드12.7) : 호칭지름 32, 리드 12.7인 2줄 29° 사다리꼴나사

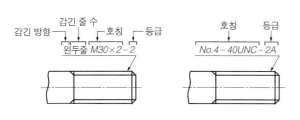
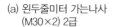
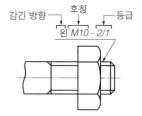

(a) 왼두줄미터 가는나사
(M30×2) 2급

(b) 오른한줄유니파이 보통
나사 (No.4-40 UNC) 2 A급

(c) 왼한줄미터 보통나사
(M/10), 너트 2급, 볼트 1급

그림 11.1 나사표시의 기입 예

(4) 나사의 도시법

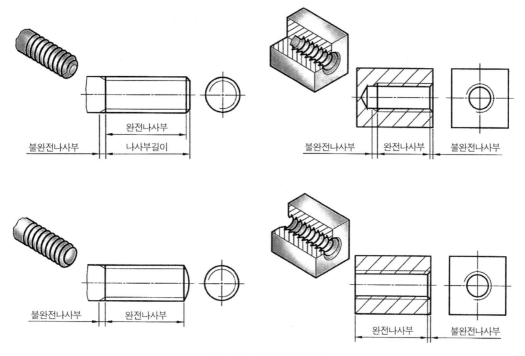

그림 11.2 나사의 도시법

(5) 나사표시의 기입방법

나사의 표기를 도면상에 기입할 때에는 그림 11.3과 같이 수나사의 바깥지름, 또는 암나사의 안지름(골밑)을 표시하는 선으로부터 지시선을 긋고 그 끝부분에 수평선을 그어 그 위에 기입한다.

① 나사의 유효부길이 및 드릴구멍의 지름과 깊이를 표시하는 경우 호칭 다음에 나사의 길 이, 드릴구멍 크기, 드릴구멍 깊이 순서로 기입한다. (m)

② 나사면의 표면거칠기를 표시할 때에는 거칠기기호 또는 다듬질기호를 사용하여 나사표시 맨 마지막에 이들을 기입한다. (h)

③ 여러줄나사의 리드를 나타낼 때에는 나사의 호칭 뒤 ( ) 안에 기입한다. (g)

④ 특별히 나사임을 명시할 필요가 있을 때에는 등급 다음에 "나사" 문자를 기입한다. (e)

⑤ 관용테이퍼나사의 기준지름의 위치를 나타낼 필요가 있을 때에는 기준지름의 위치에 그 명칭을 기입한다. (j)

⑥ 암나사가 관용평행나사로서 수나사가 관용테이퍼나사인 것을 조합하고 있을 때 필요에 따라 "암나사"나 "수나사"의 문자를 나사종류 표시기호 앞에 기입하여 구별 한다. (p)

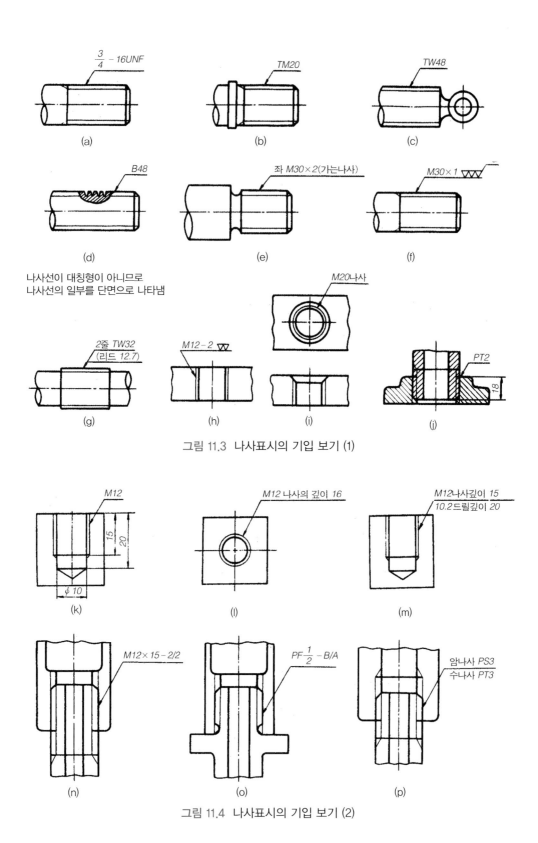

나사선이 대칭형이 아니므로
나사선의 일부를 단면으로 나타냄

그림 11.3 나사표시의 기입 보기 (1)

그림 11.4 나사표시의 기입 보기 (2)

② 볼트와 너트

볼트(bolt)와 너트(nut)는 체결과 해체가 용이하므로 넓은 범위에서 다량으로 쓰인다. 재료는 강이 주가 되며, 특수한 장소에는 합금강, 황동 등이 사용된다. 머리부분의 모양은 6각과 4각이 있다.

(1) 볼트, 너트의 호칭방법

① 볼트의 호칭은 다음에 따른다.

규격 번호	종류	가공 정도	나사의 호칭	×	길이	−	나사의 등급	강도 구분	재료	지정 사항

[보기] ㉠ M39 이하의 강볼트 : KS B1002 육각볼트 중 M8×40-6 : 4.8

㉡ M42 이상의 강볼트 : 육각볼트 보통 M42×150-6g S20C(B=70) 자리붙임

㉢ 스테인리스 볼트 : 작은 육각볼트 상 M12×1.25×30-6gSTS 304 자리붙임

㉣ 황동 볼트 : 육각볼트 상 M3×0.5×20-2BsW2

규격번호는 특히 필요하지 않으면 생략한다. 지정사항은 자리붙임(머리), 나사부의 길이 등을 필요에 따라 나타내며 ( )를 붙여 표시하기도 한다. 또 M39 이하의 강볼트인 경우에는 재료를 생략하고 그 이하의 것은 강도구분을 생략한다.

② 너트의 호칭방법은 다음에 따른다.

규격 번호	종류	모양의 구별	다듬질 정도	나사의 호칭	−	나사의 등급	강도 구분	재료	지정 사항

[보기] ㉠ M39 이하의 강너트

KS B1012 육각너트 2종 상 M8-6H 4.8 : 3종 이외의 경우

KS B1012 육각너트 3종 상 M8-6H S12C(MFZn2-C) : 3종의 경우

㉡ M42이상의 강너트 : 육각너트 4종 보통 M42-7H SB41(H=42)

㉢ 스테인리스너트 : 작은 육각너트 1종 상 M10×1.25-6H STS 305

㉣ 황동너트 : 육각너트 2종 상 M3×0.5-6H BsW2

　여기서 M39 이하인 강너트(3종 제외)는 재료를, 그 외는 기계적 성질을 생략한다.

③ **작은나사의 호칭방법** : 홈붙이 작은나사의 호칭방법은 다음에 따른다.

규격 번호	종류	나사의 호칭	×	길이	강도 구분	재료	지정 사항

[보기] ㉠ M1.6 이상의 강제 작은나사 : KS B1021 접시작은나사 M5×0.8×25 4.8

ⓛ 스테인리스강 작은나사 : KS B1022 냄비작은나사 M6×50(40)−6g STS 305

ⓒ 황동 작은나사 : 홈붙이 접시작은나사 M2×10 BsW2 납작끝

또 멈춤나사의 호칭은 다음과 같다.

| 규격명칭
또는 규격번호 | 나사 끝의
종류 | 등급 | 나사의
호칭 | × | 길이 | 재료 |

그리고 특히 지시사항이 있을 때에는 마지막에 기입한다.

[보기] ㉠ 홈붙이멈춤나사 납작끝 2급 M5×0.8×10 S45C

ⓛ 사각멈춤나사 막대끝 3급 M12×28 S20C 아연도금

④ 나사와 볼트의 도시법

ㄱ 작은나사와 나사못의 도시법

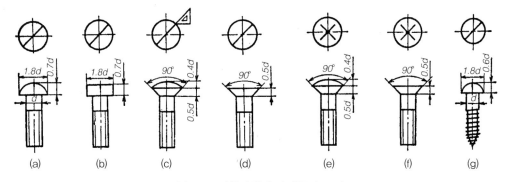

그림 11.5 작은나사와 나사못의 도시

ⓛ 관용나사의 도시법

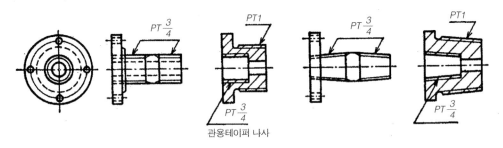

관용테이퍼 나사

그림 11.6 관용나사의 도시

⑤ 볼트, 너트의 간략도로 (a)는 제작도에서 사용하고, (b)는 이보다 더 간략하게 그린 것이다.

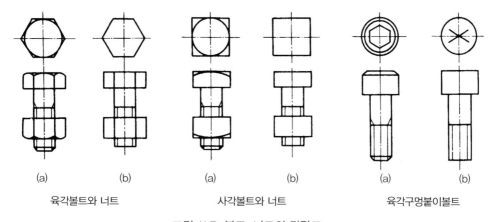

(a)	(b)	(a)	(b)	(a)	(b)
육각볼트와 너트		사각볼트와 너트		육각구멍붙이볼트	

그림 11.7 볼트, 너트의 간략도

③ 키, 핀 및 코터

(1) 키, 핀, 코터 제도

① 표준치수로 만들어진 키, 핀의 부품도는 도시할 필요가 없으며, 부품의 명시란에 호칭만 적으면 된다. 그러나 표준치수 이외의 것은 도시하고 필요한 치수를 적어야 한다.

② 키, 핀 및 코터 등은 길이방향으로 절단하여 도시하지 않는다.

③ 기울기의 표시는 일반적인 기울기에는 경사면에 평행하게 분수로 기입한다. 그러나 큰 기울기는 각도 또는 길이로 표시한다.

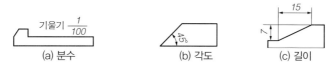

(a) 분수   (b) 각도   (c) 길이

그림 11.8 기울기의 표시법

④ 테이퍼의 표시는 일반적인 테이퍼에는 중심선 위에 분수로 기입한다. 그러나 큰 테이퍼는 길이 또는 각도를 표시한다.

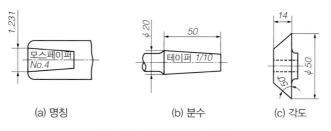

(a) 명칭   (b) 분수   (c) 각도

그림 11.9 테이퍼의 표시방법

⑤ 키홈의 치수 기입한다.

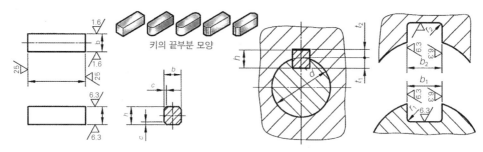

그림 11.10 키홈의 치수기입

④ 리벳이음

리벳이음(rivet joint)은 보일러, 물탱크, 교량 등과 같이 철판과 형강을 영구적으로 접합하는 데 사용한다.

리벳은 상온에서 결합하는 냉간 성형리벳(호칭 1~10 mm 이상)으로 대별한다. 또한 리벳은 용도에 따라 일반용, 보일러용, 선박용의 3종류로 분류하고, 머리의 모양에 따라 둥근 머리, 접시머리, 둥근 접시머리, 얇은 납작머리, 냄비머리, 납작머리의 6종류로 분류된다.

표 11.4 리벳의 종류

종류 · 형상		종별	재료	종류 · 형상		종별	재료
둥근머리		열간	SAV 34 SAV 41A	둥근접시머리		열간	SAV 34 SAV 41A
		보일러용	SBV 41B			보일러용	SBV 41B
		냉간	NSWR 12 : 15, 17			박용	SBV 39
		소형 열간	B₅W				
납작머리		열간	SBV 34 SBV 41A	접시머리		열간	SBV 34
						냉간	SBV 41A

종류 · 형상	종별	재료	종류 · 형상	종별	재료
냄비머리 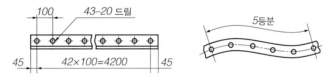	냉간	MSWR 12, 15, 17 B_sW 1~3 C_uW	옅은납작머리	냉간	MSWR 12, 15, 17 $_sW$ 1~3 C_uW

(1) 리벳의 호칭방법

리벳의 호칭은 | 리벳 종류 | 지름 | × | 길이 | 재료 | 로 나타낸다.

보기 열간 둥근머리리벳 25×36 SBV34

보일러용 둥근머리리벳 20×40 SBV 41 B

(2) 리벳이음의 제도

① 리벳을 나타낼 때에는 약도로 표시한다.

② 같은 피치로 연속되는 같은 크기의 리벳구멍 표시는 같은 구멍 개수, 구멍 크기, 피치, 처음 구멍과 마지막 구멍 사이의 총길이를 기입한다. 처음 구멍과 마지막 구멍 간의 거리치수는 피치의 수×피치=전체치수로 기입한다.

보기 42×100=4200 … 4200 mm 사이에 피치(구멍 간 거리) 100 mm로 43개의 리벳 배치

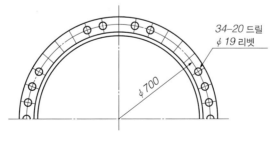

그림 11.11 같은 간격의 구멍의 배치

③ 리벳의 위치만을 표시할 때에는 중심선만을 그으면 된다.

그림 11.12 리벳의 위치

④ 리벳은 절단하여 표시하지 않는다.

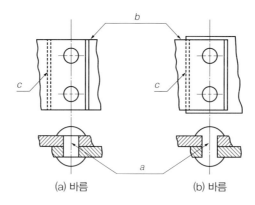

(a) 바름   (b) 바름

그림 11.13 리벳이음의 단면

⑤ 용 접

용접은 금속재료를 영구적으로 접합하는 데 쓰이고 있으며, 종래의 리벳이음 대신 용접이음이 많이 사용된다.

(1) 용접홈의 형상

홈의 형태는 I형, V형, X형(양면 V형), U형, H형(양면 U형),V형, K형(양면 V형), J형, 플레어 V형, 플레어 X형, 플레어 V형, 플레어 K형, 양쪽 플랜지형, 한쪽 플랜지형 등이 있다.

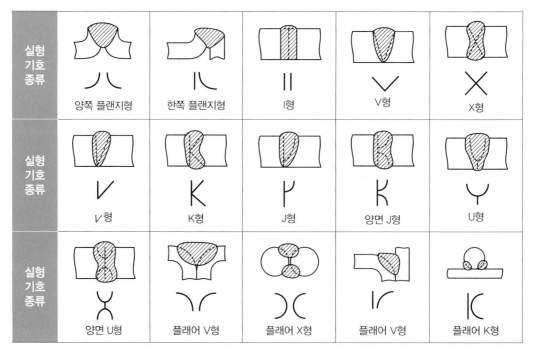

그림 11.14 용접홈의 형상

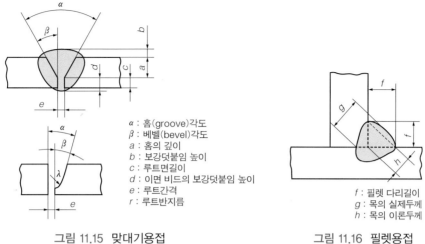

α : 홈(groove)각도
β : 베벨(bevel)각도
a : 홈의 깊이
b : 보강덧붙임 높이
c : 루트면길이
d : 이면 비드의 보강덧붙임 높이
e : 루트간격
r : 루트반지름

그림 11.15 맞대기용접

f : 필렛 다리길이
g : 목의 실제두께
h : 목의 이론두께

그림 11.16 필렛용접

(2) 용접기호와 그 표시방법

① 도면상에 용접부위를 나타낼 때에는 간략하게 도시하고 설명선을 이용하여 용접부에 필요한 각종 사항을 기입한다. 설명선은 화살표, 기선꼬리부가 있으며 기선은 보통 수평으로 하고 한쪽 끝에 화살표를 붙인다. 꼬리부는 필요 없으면 생략해도 좋다.

② 화살표는 용접부를 지시하는 것으로서 기선에 대해 되도록 60°의 직선으로 한다. 다만, V형, K형, J형 및 양면 J형에서 그루브를 취하는 부재의 면을, 또 플레어 V형 및 플레어 K형에서 플레어가 있는 부재의 면을 지시할 필요가 있는 경우에는 화살표를 선으로 하고 그루브를 취하는 면 또는 플레어가 있는 면에 화살표의 앞끝이 향하도록 한다. 화살표는 필요하면 기선의 한끝에서 2개 이상 붙일 수 있다. 다만 기선의 양끝에 화살표를 붙일 수 없다.

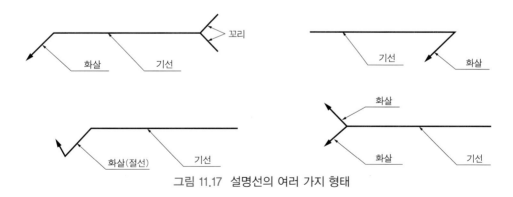

그림 11.17 설명선의 여러 가지 형태

③ 용접의 종류나 용접부의 기본기호, 보조기호, 필요한 치수 등을 기입하는 표준위치

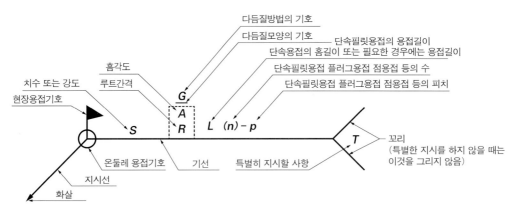

그림 11.18 용접기호 및 치수기입의 표준위치

(3) 기본기호, 보조기호 등의 기재방법

기본기호의 기재방법은 용접하는 쪽이 화살표 쪽(앞쪽)일 때는 기선 아래쪽에, 화살표의 반대쪽(맞은 편 쪽)일 때는 기선 위쪽에 밀착하여 기재한다. 기선을 수평으로 할 수 없을 경우에는 아래 그림에 따른다.

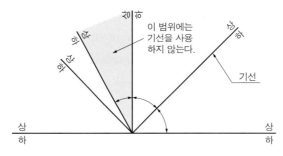

그림 11.19 기선의 위치와 기선의 위쪽 아래쪽의 관계

④ 용접의 기본기호표 및 보조기호표

표 11.4 용접의 기본기호

용접부의 모양	기본기호	비고
양쪽 플랜지형	八	—
한쪽 플랜지형	𝖑𝖈	—
I형	‖	업셋용접, 플랜지용접, 마찰용접 등을 포함한다.
V형, X형(양면 V형)	∨	X형은 설명선의 기선(이하 기선이라 한다)에 대칭으로 이 기호를 기재한다. 업셋용접, 플랜지용접, 마찰용접 등을 포함한다.

L형, K형(양면 L형)	$\lor$	K형은 기선에 대칭으로 이 기호를 기재한다. 기호의 세로선은 왼쪽에 그린다. 업셋용접, 플랜지용접, 마찰용접 등을 포함한다.
J형, 양면 J형	$\upharpoonright$	양면 J형은 기선에 대칭으로 이 기호를 기재한다. 기호의 세로선은 왼쪽에 그린다.
U형, H형(양면 U형)	$\curlyvee$	H형은 기선에 대칭으로 이 기호를 기재한다.
플레어 V형 플레어 X형	$\curvearrowright$	플레어 X형은 기선에 대칭으로 이 기호를 기재한다.
플레어 L형 플레어 K형	$\lvert\curvearrowright$	플레어 K형은 기선에 대칭으로 이 기호를 기재한다. 기호의 세로선은 왼쪽에 그린다.
필릿	$\triangleright$	기호의 세로선은 왼쪽에 그린다. 병렬접속 필릿용접일 경우는 기선에 대칭으로 이 기호를 기재한다. 다만, 지그재그 계속 필릿용접일 경우는 오른쪽의 기호를 사용할 수 있다.
플러그, 슬롯	$\sqcap$	—
비드 살돋음	$\frown$	살돋음용접일 경우는 이 기호 2개를 나열하여 기재한다.
점, 프로젝션, 심	$*$	겹치기이음의 저항용접, 아크용접, 전자빔용접 등에 의한 용접부를 나타낸다. 다만, 필릿용접은 제외한다. 심용접일 경우는 이 기호를 2개 나열하여 기재한다.

표 11.5 보조기호

구분		보조기호	
용접부의 표면모양	평탄 블록 오목	⎯ ⌒ ⌣	기선 밖으로 향하여 볼록하게 한다. 기선 밖으로 향하여 오목하게 한다.
용접부의 다듬질 방법	치핑 연삭 절삭 지정없음	C G M F	그라인더다듬질일 경우 기계다듬질일 경우 다듬질방법을 지정하지 않을 경우

(계속)

구분		보조기호	
현장용접 온둘레용접 온둘레현장용접			온둘레용접이 분명할 때 생략해도 좋다.
비 파 괴 시 험 방 법	방사선 투과시험	일반	RT
		2중벽촬영	RT-W
	초음파 탐상 시험	일반	UT
		수직탐사	UT-N
		경사각탐상	UT-A
	자기분만 탐 상시험	일반	MT
		형광탐상	MT-F
	침투 탐상시험	일반	PT
		형광탐상	PT-F
		비형광탐상	PT-D
전체선시험		○	각 시험의 기호 뒤에 붙인다.
부분시험(샘플링 시험)		△	

일반적으로는 용접부에 방사선 투과시험 등 각 시험방법을 표시할 뿐 내용을 표시하지 않을 경우,
각 기호 이외의 시험에 대하여는 필요 따라 적당한 표시를 할 수 있다.

보기
누설시험 LT
변형측정시험 ST
육안시험 ST
어코스틱 에미션 시험 AET
와류탐상시험 ET

⑤ 보조기호, 치수, 강도 등의 용접시공 내용기재도 기본기호와 같은 쪽에 같은 위치에 기재한다.

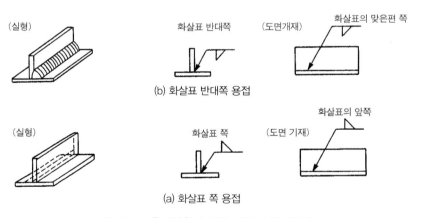

그림 11.20 용접방향과 각종 기호의 위치관계

6 축 및 축이음

축은 회전운동에 의하여 동력을 전달하는 기계부품이다. 단면은 원형이 대부분이며, 길이방향의 구멍 유무에 따라 중공축(Hollow Shaft)과 실체축(Solid Shaft)으로 나누어지고, 축 전체의 모양은 일직선인 직선축이 많으나 크랭크축(Crank Shaft)과 같이 구부러진 곡선축도 있다.

축은 베어링(Bearing)으로 지지되고, 축과 축의 연결에는 각종 축이음이 사용된다.

축의 제도

① 긴축은 줄여서 나타낸다. 다만 치수는 실제길이를 나타내야만 한다.

② 축은 길이방향으로 절단하지 않는다.

③ 모따기 및 평면표시는 치수기입법에 따른다.

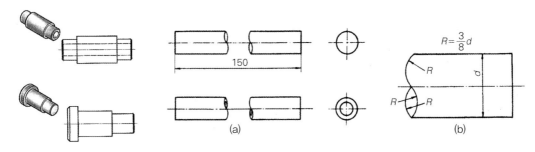

그림 11.21 긴축의 도시법

7 베어링

회전 또는 왕복운동을 하는 축을 지지하여 하중을 받는 기계요소를 베어링(Bearing)이라 한다.

(1) 구름베어링 호칭

① 구름베어링의 주요치수는 베어링 안지름(d), 베어링 바깥지름(D), 폭(B), 또는 높이(H), 모따기(r) 등의 윤곽을 표시하는 치수로서, 베어링의 치수는 포함되지 않는다. 주요치수인 지름, 폭 또는 높이 등은 다음과 같이 계통으로 정하고 있다.

　㉠ 지름계열(Diameter Series) : 베어링의 안지름에 대하여 베어링 바깥지름의 계열을 나타내는 것으로, 같은 베어링 안지름에 대하여 단계적으로 몇 종의 베어링 바깥지름을 정하고 한 자리의 숫자를 써서 나타낸다.

　㉡ 폭 또는 높이계열(Width Series) : 폭 또는 높이계열은 같은 베어링 안지름과 바깥지름에 대하여 폭(높이)을 단계적으로 한 자리 숫자를 써서 나타낸다.

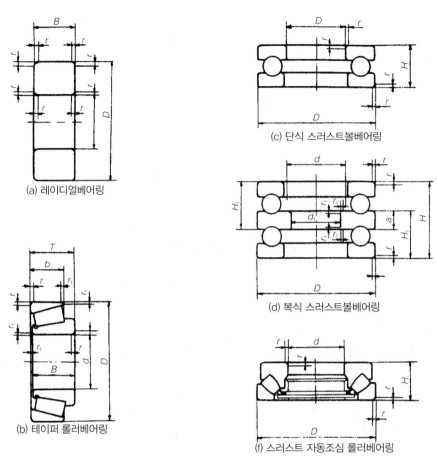

(a) 레이디얼베어링

(b) 테이퍼 롤러베어링

(c) 단식 스러스트볼베어링

(d) 복식 스러스트볼베어링

(f) 스러스트 자동조심 롤러베어링

그림 11.22 각종 구름베어링의 주요치수

ⓒ 치수계열 : 안지름을 기준으로 하여 바깥지름 및 폭(높이)을 단계적으로 정한 치수의 계열로서 폭(높이)과 지름을 표시하는 숫자를 이 순서로 조합한 두 자리 숫자로 표시한다.

ⓓ 구름베어링에서 볼베어링과 롤러베어링의 특성

표 11.6 구름베어링의 일반적 특성

항 목 \ 종 별	볼베어링	롤러베어링
하 중	비교적 소하중용	대하중용
회전수	고속회전에 사용	비교적 저속에 사용
마찰	적다	비교적 크다
내충격성	약하다	약하다(볼베어링보다 크다)

표 11.7 구름베어링의 특징

형식	특　　징
깊은홈형	궤도가 깊은 홈을 가지며, 레이디얼, 스러스트의 합성하중을 받는다. 고속회전용
마그네트형	외륜은 한쪽에만 턱이 있어 분해하기 편리하나 레이디얼과 한 방향의 스러스트의 합성하중을 받는다. 소형 고속회전용
앵귤러형	분리형과 비분리형이 있으며, 레이디얼과 한 방향의 스러스트 하중을 받으며 2개를 조합하여 사용한다.
자동조심형	외륜의 궤도는 구면이며, 볼, 내륜, 리테이너는 어느 정도 자유롭게 회전된다. 전동장치용
단식스러스트형	내륜의 자리는 평면, 외륜의 자리는 평면과 구면이 있다. 한 방향의 스러스트 하중에 사용, 고속회전에는 부적당
복식스러스트형	중앙륜과 2개의 외륜에서 스러스트 하중을 받는다. 고속회전에는 부적당
원통롤러형	부하용량 대, 중하중 혹은 고속회전에 적합하다. 내륜 또는 외륜에 컬러가 있는 것은 어느 정도 축방향으로 이동 가능
니들롤러형	외형이 작고 부하가 큰 경우, 충격하중, 요동하는 하중에 적합하다.
원뿔 롤러형	레이디얼과 한 방향의 스러스트 하중을 받는다. 보통 2개 상대하여 사용한다. 분리형
자동조심롤러형	외륜은 구면, 내륜에 2열의 궤도가 있으며, 자동조심성이 있다. 중하중, 충격에 견딘다.

② 구름베어링의 호칭번호

구름베어링의 호칭번호는 베어링의 형식, 주요치수와 그 밖의 사항을 표시하며 기본번호 (베어링 계열기호, 안지름번호 및 접촉각기호)와 보조기호(리테이너 기호, 밀봉기호 또는 실드기호, 레이스 모양 기호, 복합표시기호, 틈새 기호 및 등급기호)로 구성하고 그 배열은 호칭번호표에 따른다.

표 11.8 호칭번호의 배열

기본기호			보조기호					
베어링 계열번호	안지름 번호	접촉각 기호	리테이너 기호	밀봉 기호	궤도륜 형상기호	복합 기호	틈 기호	등급 기호

㉠ 베어링의 계열기호 : 베어링의 계열기호는 베어링의 형식과 치수계열을 나타내며, 베어링의 형식과 치수계열마다 베어링의 계열기호는 표에 따른다. 계열기호의 첫 번째 숫자는 베어링의 분류인 형식번호이고 둘째 자릿수는 하중상태의 구분을 나타내는 번호이다.

ⓐ **첫 번째 숫자(형식번호)** : 1 · 복렬 자동조심형, 2, 3 · 복렬 동조심형(큰 나비), 6 · 단열 홈형, 7 · 단열앵귤러 컨택트형, N · 원통롤러형

ⓑ **두 번째 숫자(지름번호)** : 0,1 · 특별 경하중, 2 · 경하중, 3 · 중(中)하중, 4 · 고하중용 (예를 들면 가장 일반적으로 사용되고 있는 단열 깊은 홈레이디얼 보통 베어링 호칭에서 60××은 특별 경하중용, 62××은 경하중용, 63××은 중(中)하중용, 64××은 고하중용이다.)

㉡ 안지름번호 : 안지름번호는 베어링의 안지름치수를 나타내는 것으로서 안지름번호가 04 이상인 것은 5×번호숫자가 안지름이 되고 "/" 표시의 번호는 그 수치가 안지름치수이다.

㉢ 접촉각기호 : 접촉각은 내외륜과 볼의 접촉점을 연결하는 직선이 레이디얼 방향과 이루는 각도이다.

㉣ 보조기호 : 보조기호는 리테이너 1호, 밀봉기호 또는 실드기호, 궤도륜 모양기호, 조합표시기호, 틈새기호, 등급기호로 구성되어 있으며 형식과 주요치수 이외의 베어링의 규격을 나타낸다.

보기 ① 608 C2 P6

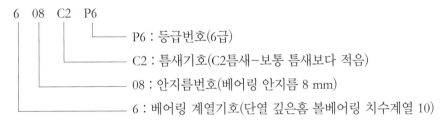

P6 : 등급번호(6급)
C2 : 틈새기호(C2틈새−보통 틈새보다 적음)
08 : 안지름번호(베어링 안지름 8 mm)
6 : 베어링 계열기호(단열 깊은홈 볼베어링 치수계열 10)

보기 ② 7206 CDBP5

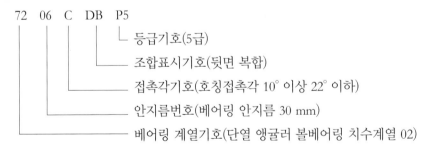

등급기호(5급)
조합표시기호(뒷면 복합)
접촉각기호(호칭접촉각 10° 이상 22° 이하)
안지름번호(베어링 안지름 30 mm)
베어링 계열기호(단열 앵귤러 볼베어링 치수계열 02)

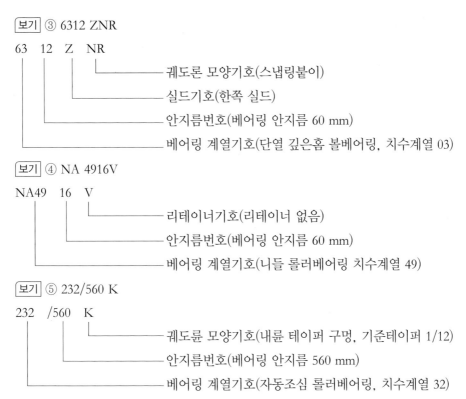

보기 ③ 6312 ZNR

63　12　Z　NR

└─── 궤도론 모양기호(스냅링붙이)

실드기호(한쪽 실드)

안지름번호(베어링 안지름 60 mm)

베어링 계열기호(단열 깊은홈 볼베어링, 치수계열 03)

보기 ④ NA 4916V

NA49　16　V

└─── 리테이너기호(리테이너 없음)

안지름번호(베어링 안지름 60 mm)

베어링 계열기호(니들 롤러베어링 치수계열 49)

보기 ⑤ 232/560 K

232　/560　K

└─── 궤도륜 모양기호(내륜 테이퍼 구멍, 기준테이퍼 1/12)

안지름번호(베어링 안지름 560 mm)

베어링 계열기호(자동조심 롤러베어링, 치수계열 32)

③ 안지름번호

표 11.9 안지름번호

안지름 번호	안지름 치수 (mm)	안지름 번호	안지름 치수 (mm)	안지름 번호	안지름 치수 (mm)	안지름 번호	안지름 치수 (mm)	안지름 번호	안지름 치수 (mm)
1	1	06	30	22	110	72	360	/900	/900
2	2	/32	32	24	120	76	380	/950	/950
3	3	07	35	26	130	80	400	/1000	/1000
4	4	08	40	28	140	84	420	/1060	/1060
5	5	09	45	30	150	88	440	/1120	/1120
6	6	10	50	32	160	92	460	/1180	/1180
7	7	11	55	34	170	96	480	/1250	/1250
8	8	12	60	36	180	/500	500	/1320	/1320
9	9	13	65	38	190	/530	530	/1400	/1400
00	10	14	70	40	200	/560	560	/1500	/1500
01	12	15	75	44	220	/600	600	/1600	/1600
02	15	16	80	48	240	/630	630	/1700	/1700

(계속)

안지름 번호	안지름 치수 (mm)	안지름 번호	안지름 치수 (mm)	안지름 번호	안지름 치수 (mm)	안지름 번호	안지름 치수 (mm)	안지름 번호	안지름 치수 (mm)
03	17	17	85	52	260	/670	670	/1800	/1800
04	20	18	90	56	280	/740	710	/1900	/1900
/22	22	19	95	60	300	/750	750	/2000	/2000
05	25	20	100	64	320	/800	800	—	—
/28	28	21	105	68	340	/850	850	—	—

(2) 구름베어링의 제도

구름베어링은 일반적으로 전문 메이커의 제품을 그대로 사용하므로 이 경우에 도면에는 그 형식이 이해될 수 있는 정도의 간략도 또는 호칭기호로 표시한다.

이 제도법은 베어링의 사용자가 기계의 조립도 등을 그릴 때 베어링이 차지하는 범위나 인접 부위와의 관계 등을 나타내는 데 사용되는 간략도이다.

간략한 도시방법은 다음과 같다.

① **약도** : 베어링의 윤곽과 내부구조의 개략을 도시한다.

② **간략도** : 베어링의 윤곽과 도시기호를 병기한다.

③ **기호도** : 베어링인 것을 도시기호만으로 표시한다.

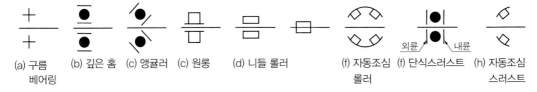

(a) 구름 베어링　(b) 깊은 홈　(c) 앵귤러　(c) 원롱　(d) 니들 롤러　(f) 자동조심 롤러　(f) 단식스러스트 외륜 내륜　(h) 자동조심 스러스트

그림 11.23 구름베어링의 기호도

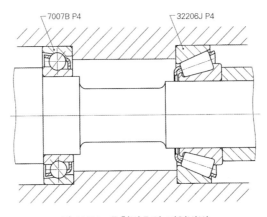

그림 11.24 호칭번호와 기입방법

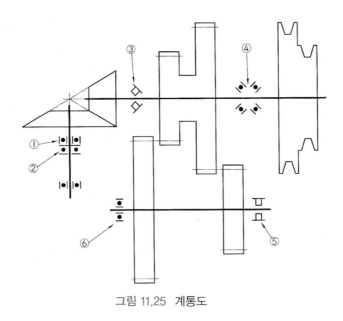

그림 11.25 계통도

표 11.10 각종 구름베어링의 약도와 간략도 및 기호도

	레이디얼 볼베어링				스러스트 볼베어링			
	단열 깊은 홈형	단열 깊은 홈형 링	단열 앵귤러 접촉형	복렬 자동 조심형	단식 평면 자리형	복식 평면 자리형	단식 구면 자리형	복식 구면 자리형
	1.1	1.2	1.3	1.4	1.5	1.6	1.7	1.8
① 약 도								
	2.1	2.2	2.3	2.4	2.5	2.6	2.7	2.8
② 간 략 도								
	3.1	3.2	3.3	3.4	3.5	3.6	3.7	3.8
③ 기 호 도								

(계속)

	원형 롤러베어링				원뿔 롤러 베어링	구면 롤러 베어링	구름베어링	레이디얼 볼베어링
	NN형	NU형	NJ형	N형				단열 깊은홈형
① 약 도	1.9	1.10	1.11	1.12	1.13	1.14		1.21
② 간 략 도	2.9	2.10	2.11	2.12	2.13	2.14	2.15	2.21
③ 기 호 도	3.9	3.10	3.11	3.12	3.13	3.14	3.15	

⑧ 기 어

한 축에서 다른 축에 동력을 전달하는 데는 두 축 간의 거리, 축의 상대위치, 회전방향 및 동력의 크기에 따라 여러 가지 방법이 선택되어 적용되고 있다.

두 축 간의 거리가 비교적 짧고, 일정한 속도비로 확실한 동력전달이 요구되는 곳에 기어가 사용되고 있다. 또 기어전동은 잇수를 바꾸면 여러 가지 회전속도비를 얻을 수 있어 변속장치에 널리 사용 된다.

(1) 기어의 각부 명칭
① **이끝원**(Addendum Circle) : 이끝을 지나는 원이며 그 지름을 외경이라 한다.
② **피치원**(Pitch Circle) : 축에 수직인 평면과 피치면이 만나는 원으로 맞물린 기어가 구름접촉을 하는 기어의 기준이 되는 원이다.
③ **이뿌리원**(Dedendum Circle Root Circle) : 이의 맨 끝을 지나는 원
④ **기초원**(Basic Circle) : 치형곡선의 근본이 되는 원
⑤ **원주피치**(Circular Pitch) : 피치원 위에서 인접한 이의 대응점에 대한 원호길이, 즉 피치원의 원둘레를 잇수로 나눈 것

⑥ **이끝높이**(Addendum) : 피치원에서 이 끝까지의 수직거리

⑦ **이뿌리 높이**(Dedendum) : 피치원에서 이뿌리까지의 수직거리

⑧ **총이높이**(Whole Depth) : 이끝원과 이뿌리원 사이의 수직거리, 이끝높이와 이뿌리높이의 합이 된다.

⑨ **유효높이**(Working) : 서로 물리고 있는 한 쌍의 기어의 이끝높이의 합

⑩ **클리어런스**(Clearance) : 한 쌍의 기어가 완전히 물려 이뿌리원과 상대기어의 이끝원상 이의 틈

⑪ **뒤틈**(Back Lash) : 한 쌍의 기어가 완전히 물려 있을 때 이의 홈과 이두께 사이의 차

⑫ **잇면**(Tooth Surface) : 기어의 이가 물려서 닿는 면

⑬ **이끝면**(Toothface) : 이끝의 잇면

⑭ **이뿌리면**(Tooth Flank) : 이뿌리의 잇면

⑮ **이나비**(Face Width) : 이의 축단면에 있어서의 길이

⑯ **입력각**(Pressure Angle) : 잇면의 한 점에서 그 반지름과 치형의 접선과 이루는 각

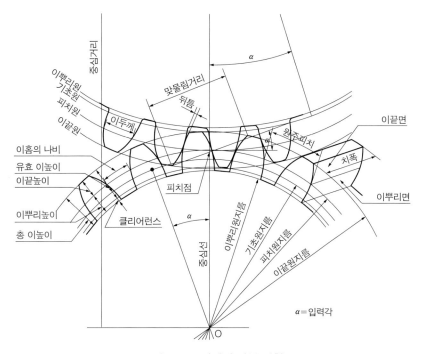

그림 11.26 기어의 각부 명칭

(2) 이의 크기

① **원주피치** : 피치원의 원둘레를 이의 수로 나눈 값으로서 같은 기어에서 원주피치가 클수록 잇수는 적어지고 이는 커진다.

$$p = \frac{\text{피치원의 원둘레}}{\text{잇수}} = \frac{\pi D}{Z} (\text{mm 또는 in})$$

② **모듈**(Module) : 피치원의 지름을 이의 수로 나눈 값으로서 같은 기어에서 모듈이 클수록 잇수는 적어지고 이는 커진다.

$$m = \frac{\text{피치원의 지름}}{\text{잇수}} = \frac{D}{Z} (\text{mm})$$

③ **지름피치**(Diameter Pitch) : 잇수를 피치원의 지름(원칙)으로 나눈 값으로서 같은 기어에서 지름피치가 클수록 잇수는 많아지고 이는 적어진다.

$$DP = \frac{\text{잇수}}{\text{피치원의 지름(in)}} = \frac{Z}{D} (\text{in})$$

원주피치, 모듈, 지름피치 사이에는 다음과 같이 식이 성립된다.

$$m = \frac{p(mm)}{\pi} = \frac{25.4Z}{D}$$

$$DP = \frac{25.4Z}{D} = \frac{25.4}{m} = \frac{25.4\pi}{p}$$

표 11.10 모듈과 원주피치, 지름피치에 대한 표준치수

모듈 m(mm)	원주피치 p(mm)	지름피치 DP(in)	모듈 m(mm)	원주피치 p(mm)	지름피치 DP(in)	모듈 m(mm)	원주피치 p(mm)	지름피치 DP(in)
0.2	0.628	127.000	1.25	3.297	20.320	6	18.850	4.233
0.25	0.785	101.000	1.5	4.712	16.933	7	21.991	3.629
0.3	0.942	84.667	1.75	5.498	14.514	8	25.133	3.175
(0.35)	0.100	72.571	2	6.283	12.700	9	28.274	2.822
0.4	1.257	63.500	2.25	7.069	11.289	10	31.416	2.540
(0.45)	1.414	56.444	2.5	7.854	10.160	11	34.558	2.009
0.5	1.571	50.800	2.75	3.639	9.236	12	37.699	2.117
(0.55)	1.728	46.182	3	9.425	8.467	13	40.841	1.954
0.6	1.885	42.333	3.25	10.210	7.815	14	43.982	1.81
(0.65)	2.042	39.077	3.5	10.996	7.257	15	47.124	1.693
(0.7)	2.199	36.286	3.75	11.781	6.773	16	50.269	1.588
(0.75)	2.356	33.867	4	12.566	6.350	18	56.549	1.411
0.8	2.513	31.750	4.5	14.137	5.644	20	62.832	1.270
0.9	2.827	28.222	5	15.708	5.080	22	69.115	1.155
1.0	3.142	25.400	5.5	17.279	4.618	25	78.510	1.061

㈜ ( ) 안의 것은 되도록 사용하지 말것

(3) 스퍼기어의 제도

① 스퍼기어 각부 치수

스퍼기어는 이(Tooth), 림(Rim), 암(Arm), 보스(Boss)의 4개 부분으로 구성되어 있고, 치에 대하여 지름이 아주 작은 기어는 통쇠(Solid) 혹은 원판(Plate)으로 제작하고 큰 기어는 암을 만들어 기어의 중량을 감소시킨다.

  ㉠ 이(Tooth) : 이의 강도는 루이스(Wilfred Lewis) 공식으로 계산하고 이의 나비 $b = \phi p$로 나타낸다. (ϕ는 이 나비계수, p는 원주피치이다.)

  ㉡ 림(Rim) : 림의 두께 $a = (0.5 - 0.6)p$, 리브의 두께 $c = 0.6p$

  ㉢ 암(Arm) : 지름이 작은 기어에서는 진체 이 나비와 같은 두께로 만들고, 지름이 200 mm 정도까지의 것은 웨브(web)를 붙이고, 200 mm 이상의 것은 4~8개의 암을 붙이며 암의

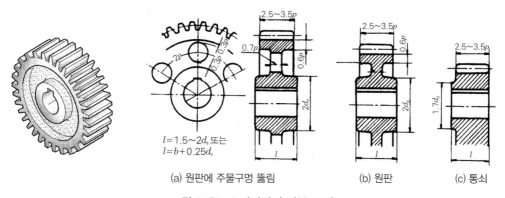

(a) 원판에 주물구멍 뚫림   (b) 원판   (c) 통쇠

그림 11.27 스퍼기어의 각부 크기

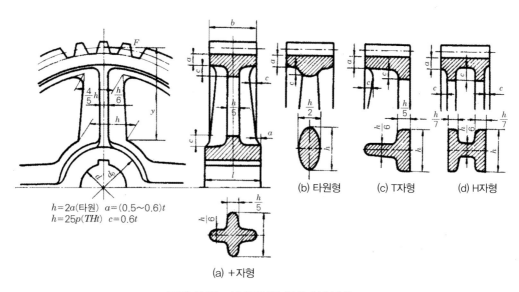

$h = 2a(타원)$ $a = (0.5 \sim 0.6)t$
$h = 25p(THt)$ $c = 0.6t$

(a) +자형

(b) 타원형   (c) T자형   (d) H자형

그림 11.28 스퍼기어의 암의 치수비율

수 n은 다음과 같이 구한다.

$n=\dfrac{1}{7}\sqrt{10D}$ (일체로 된 기어) 또는 $n=\dfrac{1}{8}\sqrt{10D}$ (분할된 기어) 위 식에서 n은 암의 수, D는 피치원의 지름(cm)이고, 암의 단면모양에는 타원형, T자형, ＋자형, H자형 등이 있다.

　ⓔ 보스(Boss) : 보스의 바깥지름 $d_0=1.5d_s+5$(강, 주강) $d_0=2d_s$(추철) 보스의 길이

　　$C=(1.2\sim2.2)d_s$ 또는 $C=b+0.025D$ 여기서, d_s는 축의 지름이고, b는 이 나비이다.

② **스퍼기어의 계산식 및 스퍼기어 제작도**

표 11.11 스퍼기어의 계산식

명칭	기호	계산식	명칭	기호	계산식
모듈	m	$\dfrac{D}{Z}$	이뿌리높이	h_f	$m+C_k=1.25m$
압력각	a	$20°$	클리어런스	C_k	$\geqq 0.25m$
피치원지름	D	Zm	총 이높이	h	$\geqq 2.25m$
이끝높이	h_k	m	이두께	S	$\dfrac{\pi m}{2}$
바깥지름	D_0	$(Z+2)m$	속도비	i	$\dfrac{N_2}{N_1}=\dfrac{D_1}{D_2}=\dfrac{Z_1}{Z_2}$
중심거리	a	$\dfrac{(D_1+D_2)}{2}, \dfrac{(Z_1+Z_2)m}{2}$	회전수	N	$\dfrac{60\times1000v}{\pi d}$

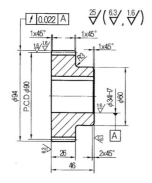
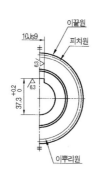

스퍼기어(단위 mm)			
기어치형	전위	정밀도	KS B 1405 5급
공구 치형	보통	비고	전위계수 +0.56 상대기어 전위계수 20 상대기어 잇수 50 상대기어와의 중심거리 207.00 물림압력각 22°10' 물림피치원지름 109.59 표준절삭깊이 13.34
공구 모듈	6		
공구 압력각	20°		
공구 잇수	18		
기준피치원지름	108		
이두께 걸치기이두께	걸치기치수		
이두께 현이두께	캘리퍼 이두께		
이두께 오버핀	$122.68^{-0.21}_{-0.88}$		
이두께 핀(볼)치수	핀지름=8856		
다듬질방법	호브 절삭		

그림 11.29 스퍼기어의 제작도

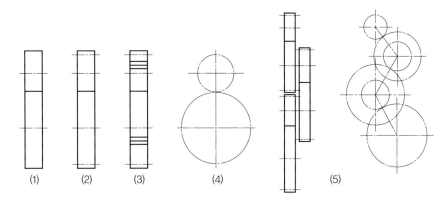

그림 11.30 스퍼기어의 간략도

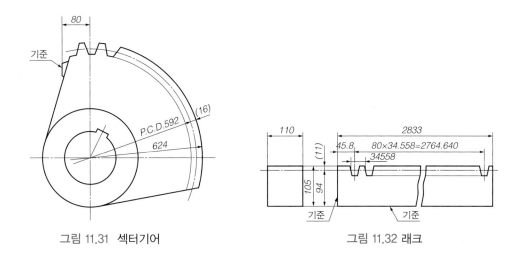

그림 11.31 섹터기어

그림 11.32 래크

(4) 헬리컬기어의 제도

① 요목표에 치형이 이직각방식인가 축직각방식인가를 기입한다.

② 이직각방식의 헬리컬기어에서의 피치원지름은 $\dfrac{\text{잇수} \times \text{모듈}}{\cos \beta}$ 의 치수를 기입한다.

③ 헬리컬리어는 스퍼기어와 같은 형식으로 그리나 이가 비틀려 있기 때문에 비틀림방향을 3개 의 가는실선으로 그림 3.33과 같이 그려 넣는다.

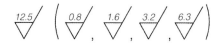

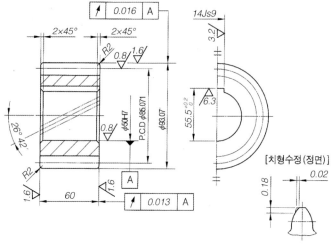

헬리컬기어	
기어치형	표준
치형기준평면	치직각
치형	보통 이
모듈	4
압력각	20°
잇수	19
비틀림각	26° 42'
비틀림방향	왼쪽
피치원지름	ϕ 85.071

그림 11.33 헬리컬기어

④ 헬리컬기어와 더블 헬리컬기어의 각부 치수계산식

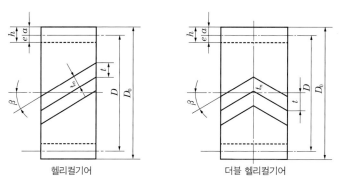

그림 11.34 헬리컬기어와 더블 헬리컬기어

표 11.12 헬리컬기어와 더블 헬리컬기어의 각부 치수계산식

(단위 : mm)

명칭	기호	헬리컬기어 (이직각방식 m_n)	더블 헬리켈기어 축직각방식 m	
			사이크식 ($\beta = 23°$ 또는 $30°$)	샌더랜드식 ($\beta = 22.5°$ 또는 $30°$)
이끝높이	a	$1m_n$	$0.89m$	$0.8796m$
이뿌리높이	e	$1.157m_n$	$1.10m$	$1.0053m$
이높이	h	$2.157m_n$	$1.9m$	$1.8849m$
이직각 원주피치	P_n	πm_n	$\pi m \cos \beta$	$\pi m \cos \beta$

명칭	기호	헬리켈기어 (이직각방식 m_n)	더블 헬리켈기어 축직각방식 m	
			사이크식 ($\beta=23°$ 또는 $30°$)	샌더랜드식 ($\beta=22.5°$ 또는 $30°$)
축직각 원주피치	p	$p_n / \cos\beta$	πm	πm
이직각모듈	m_n	p_n / π	$m\cos\beta$	$m\cos\beta$
축직각모듈	m	$m_n / \cos\beta$	p/π	p/π
피치원의 지름	D	$Zm_n / \cos\beta$	Zm	Zm
바깥지름	D_0	$D+2a$	$D+2a$	$D+2a$
잇수	Z	$D\cos\beta / m_n$	D/m	D/m
상당잇수	Z_e	$Z / \cos^3\beta$	$Z / \cos^3\beta$	$Z / \cos^3\beta$
리드	l	$\pi D / \tan\beta$	$\pi D / \tan\beta$	$\pi D / \tan\beta$

㊟ 사이크스(Sykes) 및 샌더랜드(Sanderland)는 기어 제작회사의 명칭이다.

⑤ 더블 헬리컬기어

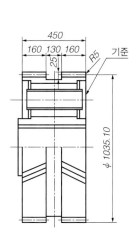
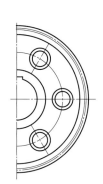

더블 헬리컬기어				
치형	표준	이 두 께	걸치기이두께 (이직각)	(걸치기잇수)
치형 기준 단면	축직각		치형 캘리퍼 (이직각)	$15.71^{-0.06}_{-0.62}$ (갤리퍼 이높이=11 : 05)
공 구	치형	보통 이		오버핀 (볼) 치수	핀지름=볼지름
	모듈	10	다듬질방법	호브 절삭
	압력각	20°	정밀도	KS B1405 4급
잇수	92	비 고		
비틀림각	25°			
비틀림방향	도시			
리드				

그림 11.35 더블 헬리컬기어

㉠ 이높이 $h=2.157m_n=2.157\times3.5=7.5495$ mm

㉡ 피치원의 지름 $D_1=\dfrac{Z_2m_n}{\cos\beta}=\dfrac{20\times3.5}{\cos20}=74.49$ mm

㉢ 바깥지름 $D_{01}=D_1+2a=111.74+2\times3.5=118.74$ mm

$\qquad D_{02}=D_2+2a=74.49+2\times3.5=81.49$ mm

㉣ 원주피치(이직각) $P_n=\pi m_n=\pi\times3.5=11$ mm

㉤ 리드 $l_1=\dfrac{\pi D_1}{\tan\beta}=\dfrac{\pi\times111.74}{\tan20}=964.48$ mm

$\qquad l_2=\dfrac{\pi D_2}{\tan\beta}=\dfrac{\pi\times74.49}{\tan20}=642.96$ mm

(5) 베벨기어의 제도

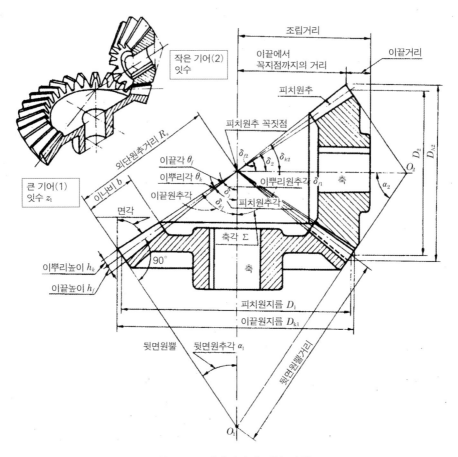

그림 11.36 베벨기어의 각부 명칭

① 스퍼기어와 같은 방법으로 이끝원은 굵은실선, 피치원은 1점쇄선으로 그리고, 측면도에서의 이뿌리원은 생략한다.

② 이끝원과 이뿌리원뿔선은 꼭짓점에서 끝마무리한다.

③ 스파이럴 베벨기어에서 비틀림을 표시하는 선은 1개의 굵은실선으로 나타낸다.

④ 베벨기어의 약도 및 간략도에서 한 쌍의 맞물리는 기어는 맞물리는 부분의 이끝원을 은선으로 그린다.

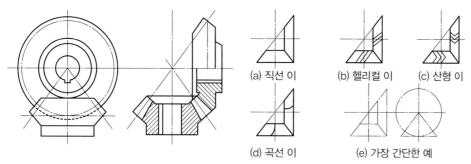

(a) 직선 이	(b) 헬리컬 이	(c) 산형 이	
(d) 곡선 이	(e) 가장 간단한 예		

그림 11.37 베벨기어 약도   그림 11.38 베벨기어 간략도

직선베벨기어			(단위 : mm)		
구별	기어	피니어	구별	기어	피니어
치형	글리슨식		피치원뿔각	60° 39′	(29° 21′)
모듈	6		이뿌리원뿔각	57° 32′	
입력각	20°		이끝원뿔각	62° 28′	
잇수	48	27	측정위치	이끝원 끝	
이나비	50		현 이두께 8.05		
축각	90°		(이직각)(캘리퍼 이높이 = 4.14)		
총이높이	13.13		다듬질방법	래핑	
피치원지름	288	162	정밀도	KB B1412 4급	
총이높이	13.13				
이끝높이	4.11		비고		
이뿌리높이	9.02				
원뿔거리	165.22				

그림 11.39 직선베벨기어

⑨ 전동장치

두 축이 떨어져 있는 경우 동력을 전달할 때에는 거는 매개물을 사용하여 구동축에서 종동축에 동력을 전달하는데, 이 장치를 전동장치라 하며 매개물의 종류에 따라 다음과 같이 구분한다.

(1) 벨트의 호칭방법

명 칭	등급 또는 종류	치수(폭×층수)

등급은 가죽벨트인 경우 재료의 품질에 따라서 1급, 2급, 고무벨트에서는 베(布)의 품종에 따라 1~3종으로 구분한다. (예 평가죽벨트 1급 76×2, 평고무벨트 1종 50×3)

(2) 평벨트풀리의 구조 및 각부 치수

① 풀리는 보스(Boss), 림(Rim), 암(Arm)으로 구성되어 있고 재료는 일반적으로 주철로 된 것이 사용되며 고속(대략 원주속도 30 m/s 이상)일 때에는 주강으로 하고, 특수한 경우에 경합

금이나 목재가 쓰인다.

② 대형 풀리는 2개로 분할하여 제작하기도 한다. 풀리는 림의 모양에 따라, Ⅰ형, Ⅱ형, Ⅲ형, Ⅳ형이 있다.

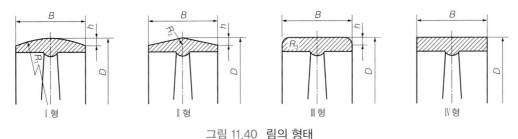

그림 11.40 림의 형태

③ **풀리의 치수**

림의 두께 $S = \dfrac{D(\text{mm})}{200} + 3$ mm(평림)

$S = \dfrac{D}{300} + 2$ mm(중고림)

중고의 높이 $W' = \left(\dfrac{1}{8} \sim \dfrac{1}{8}\right)\sqrt{B}$

림의 나비 $B = 1.1b + 10$ mm

보스의 지름 $d_0 = (1.5 \sim 2)$

보스의 두께 $t = a35d + 5$ mm

보스의 길이 $l = B \sim (1.5 \sim 1.8)d$

암의 나비 $L = \sqrt{\dfrac{PY}{3.75N}}$

P : 회전력, Y : 암의 길이

N : 암의 개수, L' : $0.8h$

e : $0.5h$, e' : $0.5h$

L_1 : $0.5d$, l : $0.5d$

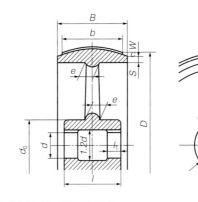

그림 11.41 풀리의 치수

③ 평벨트풀리의 호칭방법

명 칭	종 류	호칭지름×호칭폭	재 질

(예 평벨트풀리 단체형 Ⅰ형 125×25 주철, 평벨트풀리 분할형 Ⅳ형 125×25 주강)

④ 벨트풀리의 제도

　㉠ 벨트풀리의 제도

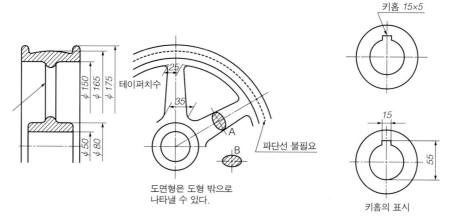

그림 11.42 벨트풀리의 제도

　㉡ 주철제 풀리의 치수

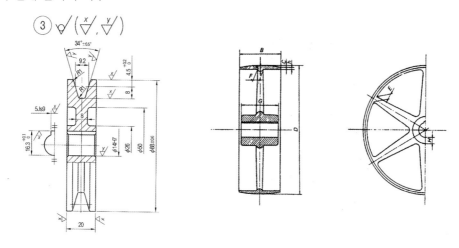

그림 11.43 벨트풀리 및 제도

표 11.13 주철제 풀리의 치수

지름 D	나비 B	C	A	E	F	G	H	h	지름 D	나비 B	C	A	E	F	G	H	h
150	100	3	5	19	11	79	10	1.5	700	200	6	12	44	19	178	22	2
150	200	3	5	19	11	89	13	2	700	300	6	10	54	21	203	25	3
200	100	3	5	21	14	76	10	1.5	700	400	6	10	54	21	254	25	4
200	200	4	6	27	14	114	13	2	750	200	6	9	48	21	159	22	2
250	100	3	5	24	14	76	13	1.5	750	300	7	11	57	25	203	25	3

(계속)

지름 D	나비 B	C	A	E	F	G	H	h	지름 D	나비 B	C	A	E	F	G	H	h
250	200	4	6	27	14	114	114	13	750	400	7	11	57	25	216	25	4
300	100	4	6	25	11	83	83	13	800	200	6	10	54	24	165	25	2
300	200	4	6	34	13	127	127	16	800	300	8	12	62	27	203	29	3
350	100	4	6	29	13	89	89	13	800	400	8	12	62	27	241	29	4
350	200	5	8	33	14	127	127	16	900	200	6	10	56	24	171	22	2
400	100	4	6	35	14	89	89	13	900	300	8	12	56	24	197	29	3
400	300	6	9	37	16	165	165	19	900	400	8	12	65	29	260	32	4
450	100	5	8	33	14	102	102	16	1000	200	8	12	59	25	171	25	2
450	300	6	9	38	17	184	184	22	1000	300	8	12	59	25	197	29	4
500	100	5	8	35	16	102	102	16	1000	400	9	13	70	32	254	32	4
500	300	6	9	38	19	178	178	19	1100	400	9	13	76	32	171	29	2
550	100	5	8	38	16	102	102	16	1100	500	9	13	76	33	254	32	4
550	300	6	9	44	21	165	165	22	1100	600	9	13	89	44	381	38	4
600	200	6	9	40	17	140	140	19	1200	200	7	11	70	44	191	29	2
600	300	6	10	48	17	178	178	22	1200	400	10	14	70	37	254	35	4
600	400	6	10	48	17	241	241	25	1200	600	10	14	83	37	381	38	4
650	200	6	9	34	19	152	152	22	1500	300	9	13	84	37	254	35	3
650	300	6	10	51	22	191	191	22	1500	400	9	13	84	37	286	38	4
650	400	6	10	51	22	254	254	29	1500	600	11	16	97	44	381	44	4

(3) V벨트의 크기

V벨트의 크기는 단면의 치수와 벨트 전체길이로 나타내며 단면의 크기에 따라 M, A, B, C, D, E의 6가지 형이 있으며 M에서 E쪽으로 갈수록 단면이 크다.

또 길이는 단면의 중앙을 지나는 유효둘레를 호칭번호로 나타낸다. 호칭번호는 유효둘레를 인치로 나타낸다.

① **V벨트풀리의 호칭법**

규격번호 또는 명칭	호칭지름	종 류	풀리 모양

특히 보스구멍의 가공을 지정할 때에는 구멍의 기준치수, 종류 및 등급을 덧붙인다.

(예) KS B1403 250 A1 II, I주철제 V벨트풀리 250 B3 III 40 H8)

② **롤러체인 및 스프로킷**

　㉠ 롤러체인은 핀링크(Pin Link)와 롤러링크(Roller Link)가 한 쌍으로 연결되어 만들어지고, 그 접합부는 조인트 링크(Joint Link)를 사용하는 것도 있다.

규격번호 또는 명칭	호칭번호	형 식	1열의 링크총수	기 사

     ⓛ 롤러체인용 스프로킷(KS B1408)은 주강 또는 고급주철로 만들어진다. 스프로킷휠의 잇수는 보통 10~70개의 범위가 사용되나 잇수가 적으면 원활한 운전을 할 수 없고 진동 등이 발생하여 수명이 단축된다. 보통 17개 이상이 바람직하다.

명 칭	체인의 호칭번호	잇 수	치 형

    ⓒ 스프로킷의 제도법

       스프로킷의 도시는 스퍼기어와 같이 바깥지름은 굵은실선으로, 피치원은 1점쇄선, 이뿌리원은 가는실선으로 표시한다. 요목표를 사용하여 이(齒)의 특성을 기입한다.

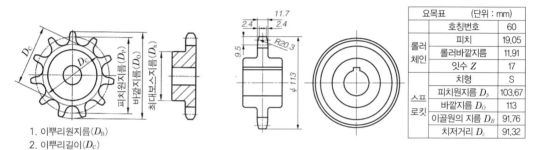

요목표	(단위 : mm)	
롤러체인	호칭번호	60
	피치	19.05
	롤러바깥지름	11.91
	잇수 Z	17
	치형	S
스프로킷	피치원지름 D_p	103.67
	바깥지름 D_O	113
	이골원의 지름 D_B	91.76
	치저거리 D_c	91.32

1. 이뿌리원지름(D_B)
2. 이뿌리길이(D_C)

그림 11.44 스프로킷의 제도

⑩ 캠

    특수한 모양을 가진 원동절에 회전운동 또는 직선운동을 주어서 이것과 짝을 이루고 있는 종동절에 직선운동이나 요동운동을 주기적으로 할 수 있게 한 기구를 캠 장치라고 한다. 자동차의 밸브, 미싱, 인쇄기. 직조기. 자동선반, 자동기계 등에 널리 사용되고 있다.

캠의 각부 명칭

① **피치곡선(Pitch Curve)** : 종동절에 필요한 운동을 주는 곡선을 말한다.

② **작동 캠 곡선(Working Cam Curve)** : 캠이 롤러나 평면종동절과 접촉할 때에 종동절에 필요한 운동을 주는 곡선을 말한다.

③ **기초원** : 캠을 중심으로 피치곡선의 최소거리를 반지름으로 하는 원이다.

④ **압력각** : 피치곡선과 종동절의 교점 O에 있어서 접선과 중심선에 수직된 선과 이루는 각은 ∮ 이다. 이 각은 원동절의 압력 F가 종동절의 축선과 이루는 각과 같다.

⑤ **행정(Stroke)** : 종동절이 왕복하는 최대거리이다.

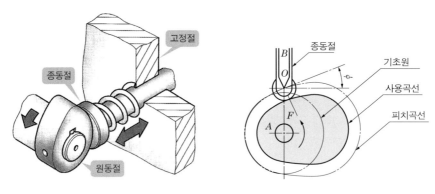

그림 11.45 캠의 각부 명칭

⑪ 스프링

스프링은 진동, 충격 등을 완화시키거나 시계의 태엽과 같이 동력원이 되든가 또는 탄력성을 이용하여 하중의 대용으로 많은 기계에 이용되고 있다.

(1) 코일스프링 용어

① **지름** : 스프링에서 지름은 다음과 같은 종류가 있다.

  ㉠ 재료의 지름(d)

  ㉡ 코일의 안지름(D_1)

  ㉢ 코일의 바깥지름(D_2)

  ㉣ 코일의 평균지름(D)

② **피치**(p) : 서로 이웃하는 코일과 코일의 중심간 거리

③ **자유높이** : 무부하상태에서의 스프링높이

④ **밀착높이** : 압축코일스프링에서 코일이 밀착되었을 때의 높이

⑤ 코일의 감긴 수

  ㉠ 총 감긴 수(n_t) : 코일 끝에서 끝까지 감긴 수

  ㉡ 자유 감긴 수(n_f) : 총 감긴 수에서 양쪽의 접하는 부분(자리 감긴 수)을 뺀 감긴 수

  ㉢ 유효 감긴 수(n_a) : 스프링상수 계산에 쓰이는 감긴 수

  ㉣ 자리 감긴 수 : 코일스프링 끝부분으로 스프링 작용을 하지 않는 부분의 감긴 수. 총 감김 수와 유효 감긴 수와의 사이에는 다음 관계가 있다. 압축스프링으로 선단만이 다음 코일에 접하고 정수 감김의 경우에는 또 코일의 선단이 다음 코일에 접하지 않고 연마부분의 길이가 양단 각각 감김의 경우 $n_a = n_i - 2x$ 인장코일스프링의 경우에는 $n_a = n_i$임

⑥ **스프링상수**(Spring Constant) : 접촉단위 변형량에 대한 하중의 크기를 말한다.

$$K=\frac{하중(\mathrm{kg})}{휨(\mathrm{mm})}=\frac{W}{\delta}$$

⑦ **스프링지수(O)** : 코일의 평균지름과 재료의 평균지름과의 비

$$C=\frac{코일의\ 평균지름}{재료의\ 평균지름}=\frac{D}{d}$$

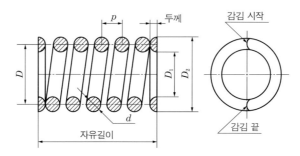

그림 11.46 코일스프링의 각부 명칭

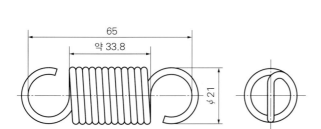

그림 11.47 인장코일스프링의 제도

요목표		
요 목		PWR
재료의 지름(mm)		2.6
코일의 평균지름(mm)		18.4
코일의 바깥지름(mm)		21±0.3
총 감긴 수		12
감긴 방향		우(右)
자유길이(mm)		60±1.6
최초장력(kg$_f$)		약 4
스프링 특성지정	지정길이(mm)	87
	길이 75와 87 사이의 스프링정수(kg$_f$/ mm)	0.61
지정길이때 응력(kg$_f$/ mm^2)		57
시험하중(kg$_f$)		22.5
시험하중 시의 응력(kg$_f$/ mm^2)		72.6
최대 허용인장길이(mm)		95
훅의 형상		둥근 훅
녹방지처리		녹방지 기름도포

요점정리

1. 나사의 표시법 / 볼트, 너트 그리는 법

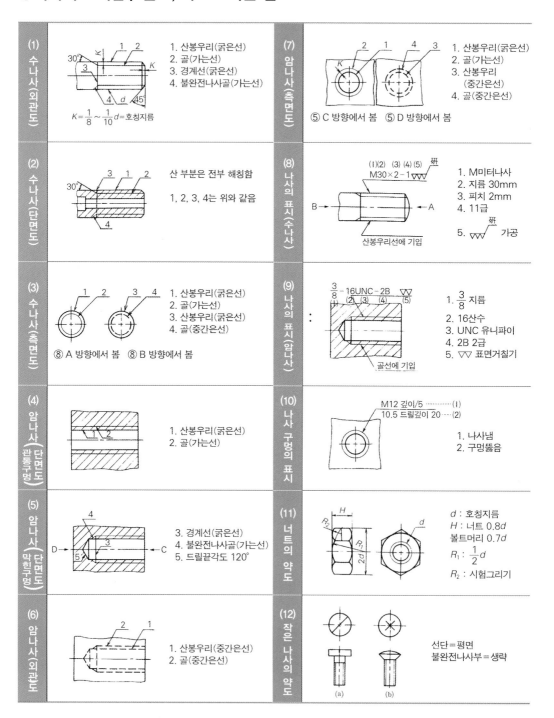

(1) 수나사(외관도)	$K = \frac{1}{8} \sim \frac{1}{10} d =$ 호칭지름	1. 산봉우리(굵은선) 2. 골(가는선) 3. 경계선(굵은선) 4. 불완전나사골(가는선)	**(7) 암나사(측면도)**	⑤ C 방향에서 봄 ⑤ D 방향에서 봄	1. 산봉우리(굵은선) 2. 골(가는선) 3. 산봉우리 　(중간은선) 4. 골(중간은선)
(2) 수나사(단면도)		산 부분은 전부 해칭함 1, 2, 3, 4는 위와 같음	**(8) 나사의 표시(수나사)**	M30×2−1研 (1)(2) (3) (4) (5) 산봉우리선에 기입	1. M미터나사 2. 지름 30mm 3. 피치 2mm 4. 11급 5. 研 가공
(3) 수나사(축면도)	⑧ A 방향에서 봄 ⑧ B 방향에서 봄	1. 산봉우리(굵은선) 2. 골(가는선) 3. 산봉우리(굵은선) 4. 골(중간은선)	**(9) 나사의 표시(암나사)**	$\frac{3}{8}$−16UNC−2B (1) (2)(3) (4) (5) 골선에 기입	1. $\frac{3}{8}$ 지름 2. 16산수 3. UNC 유니파이 4. 2B 2급 5. ▽▽ 표면거칠기
(4) 암나사(관통구멍)(단면도)		1. 산봉우리(굵은선) 2. 골(가는선)	**(10) 나사 구멍의 표시**	M12 깊이/5 ……(1) 10.5 드릴깊이 20 …(2)	1. 나사냄 2. 구멍뚫음
(5) 암나사(막힌구멍)(단면도)		3. 경계선(굵은선) 4. 불완전나사골(가는선) 5. 드릴끝각도 120°	**(11) 너트의 약도**		d : 호칭지름 H : 너트 0.8d 볼트머리 0.7d $R_1 : \frac{1}{2}d$ R_2 : 시험그리기
(6) 암나사(외관도)		1. 산봉우리(중간은선) 2. 골(중간은선)	**(12) 작은 나사의 약도**	(a)　(b)	선단=평면 불완전나사부=생략

2. 볼트, 너트의 도시법

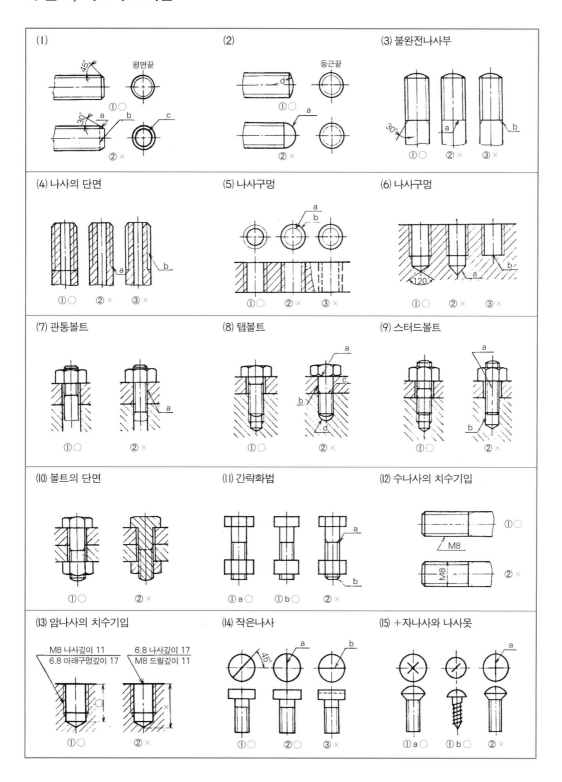

3. 베어링의 도시법

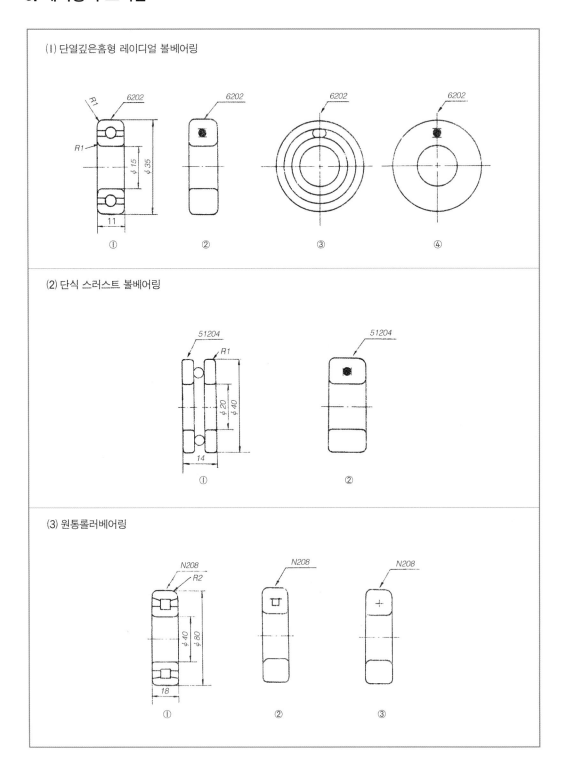

(1) 단열깊은홈형 레이디얼 볼베어링

(2) 단식 스러스트 볼베어링

(3) 원통롤러베어링

4. 각종 기어의 도시법(1)

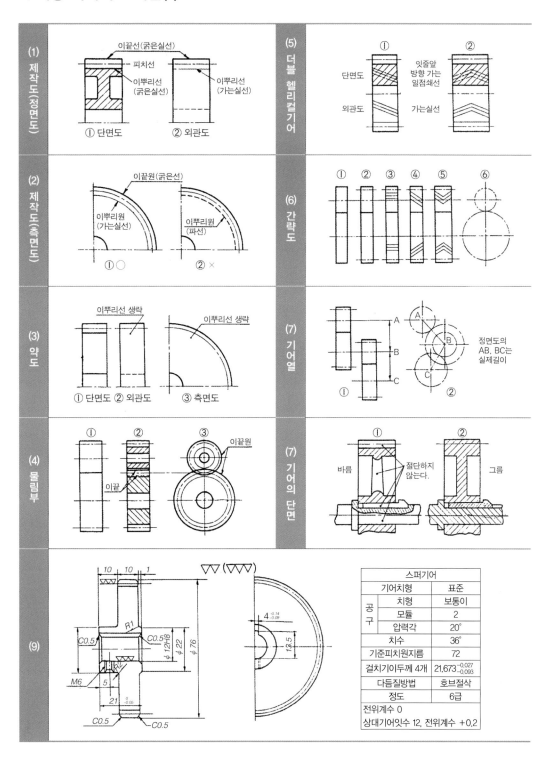

(1) 제작도(정면도)	① 단면도 ② 외관도 이끝선(굵은실선) 피치선 이뿌리선(굵은실선) 이뿌리선(가는실선)	(5) 더블 헬리컬 기어	① 단면도 외관도 ② 잇줄앞 방향 가는 일점쇄선 가는실선
(2) 제작도(측면도)	①○ ②× 이끝원(굵은선) 이뿌리원(가는실선) 이뿌리원(파선)	(6) 간략도	① ② ③ ④ ⑤ ⑥
(3) 약도	① 단면도 ② 외관도 ③ 측면도 이뿌리선 생략	(7) 기어열	① ② A B C 정면도의 AB, BC는 실제길이
(4) 물림부	① ② ③ 이끝 이끝원	(7) 기어의 단면	① ② 바름 절단하지 않는다. 그름

(9)	![도면] 10 10 1 R1 C0.5 C0.5 M6 5 21 C0.5 C0.5 φ12H8 φ22 φ76 4 12.5	스퍼기어		
		기어치형	표준	
		공구	치형	보통이
			모듈	2
			압력각	20°
		치수	36°	
		기준피치원지름	72	
		걸치기이두께 4개	$21.673^{-0.027}_{-0.093}$	
		다듬질방법	호브절삭	
		정도	6급	
		전위계수 0		
		상대기어잇수 12, 전위계수 +0.2		

5. 각종 기어의 도시법(2)

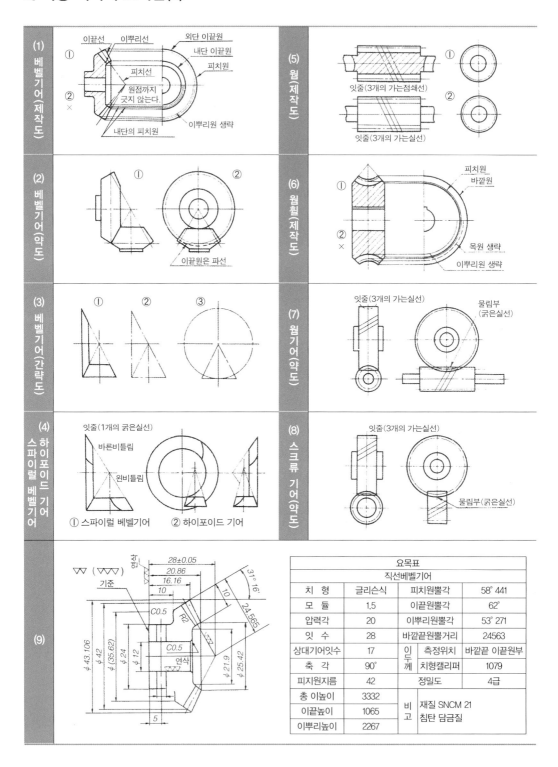

(1) 베벨기어(제작도)

이끝선 / 이뿌리선 / 외단 이끝원 / 내단 이끝원 / 피치원
피치선 / 원점까지 긋지 않는다. / 내단의 피치원 / 이뿌리원 생략

(2) 베벨기어(약도)

이끝원은 파선

(3) 베벨기어(간략도)

(4) 하이포이드기어 스파이럴 베벨기어

잇줄(1개의 굵은실선) / 바른비틀림 / 왼비틀림
① 스파이럴 베벨기어   ② 하이포이드 기어

(5) 웜(제작도)

잇줄(3개의 가는점쇄선) / 잇줄(3개의 가는실선)

(6) 웜휠(제작도)

피치원 / 바깥원 / 목원 생략 / 이뿌리원 생략

(7) 웜기어(약도)

잇줄(3개의 가는실선) / 물림부(굵은실선)

(8) 스크류기어(약도)

잇줄(3개의 가는실선) / 물림부(굵은실선)

(9)

요목표			
직선베벨기어			
치 형	글리슨식	피치원뿔각	58° 441
모 듈	1.5	이끝원뿔각	62°
압력각	20	이뿌리원뿔각	53° 271
잇 수	28	바깥끝원뿔거리	24563
상대기어잇수	17	이두께 측정위치	바깥끝 이끝원부
축 각	90°	이두께 치형캘리퍼	1079
피지원지름	42	정밀도	4급
총 이높이	3332	비고	재질 SNCM 21
이끝높이	1065		침탄 담금질
이뿌리높이	2267		

6. 각종 스프링의 도시법

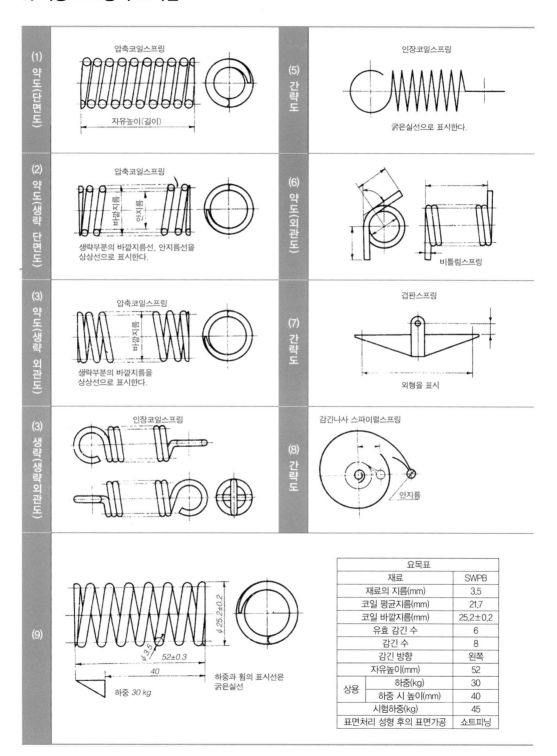

요목표		
재료		SWPB
재료의 지름(mm)		3.5
코일 평균지름(mm)		21.7
코일 바깥지름(mm)		25.2±0.2
유효 감긴 수		6
감긴 수		8
감긴 방향		왼쪽
자유높이(mm)		52
상용	하중(kg)	30
	하중 시 높이(mm)	40
시험하중(kg)		45
표면처리 성형 후의 표면가공		쇼트피닝

(1) 약도(단면도) 압축코일스프링 — 자유높이(길이)

(2) 약도(생략 단면도) 압축코일스프링 — 바깥지름, 안지름 — 생략부분의 바깥지름선, 안지름선을 상상선으로 표시한다.

(3) 약도(생략 외관도) 압축코일스프링 — 바깥지름 — 생략부분의 바깥지름을 상상선으로 표시한다.

(3) 생략(생략외관도) 인장코일스프링

(5) 간략도 인장코일스프링 — 굵은실선으로 표시한다.

(6) 약도(외관도) 비틀림스프링

(7) 간략도 겹판스프링 — 외형을 표시

(8) 간략도 감긴나사 스파이럴스프링 — 안지름

(9) ø 25.2±0.2 — ø 3.5 — 52±0.3 — 40 — 하중 30 kg — 하중과 휨의 표시선은 굵은실선

 **연습문제**

1 다음의 볼트, 너트를 제도하시오.

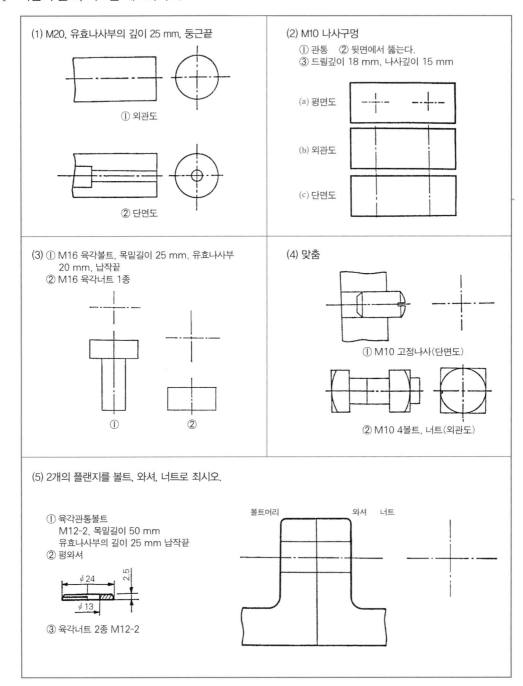

(1) M20, 유효나사부의 깊이 25 mm, 둥근끝

① 외관도

② 단면도

(2) M10 나사구멍

① 관통   ② 뒷면에서 뚫는다.
③ 드릴깊이 18 mm, 나사깊이 15 mm

(a) 평면도

(b) 외관도

(c) 단면도

(3) ① M16 육각볼트, 목밑길이 25 mm, 유효나사부
20 mm, 납작끝
② M16 육각너트 1종

①   ②

(4) 맞춤

① M10 고정나사(단면도)

② M10 4볼트, 너트(외관도)

(5) 2개의 플랜지를 볼트, 와셔, 너트로 죄시오.

① 육각관통볼트
M12-2, 목밑길이 50 mm
유효나사부의 길이 25 mm 납작끝
② 평와셔

③ 육각너트 2종 M12-2

볼트머리   와셔   너트

12장

스케치

기계나 기계부품 등을 도면화할 때 자, 컴퍼스 등 제도기를 사용하지 않고 그 형상을 모눈종이, 일반용지 등 각종 용지에 프리핸드(Free Hand)로 그리고 여기에 각부 치수, 재질, 가공방법, 개수 등 필요사항을 조사하여 기입하는 것을 스케치(Sketch)라 하며, 스케치에 의해 작성된 도면을 스케치도(Sketch Drawing)라고 한다. 도법은 투상법칙에 따르고 치수는 실제치수를 기입하나 척도는 무시된다.

스케치도는 주로 다음과 같은 경우 사용되고 있다.

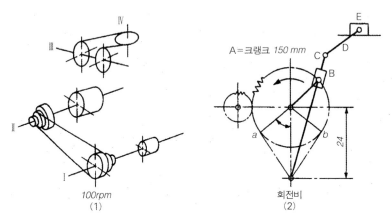

그림 12.1 계획 스케치

① 부품, 또는 기계를 모방제작할 때
② 파손 및 마모부를 수리할 때
③ 기계의 일부를 개조할 때
④ 실물을 모델로 하여 신제품을 제작할 때
⑤ 복잡한 기계나 특수한 형상의 설명 또는 계획과 고안을 명시할 때
위의 ①~⑤까지는 제작용 스케치 도면이 되고 ⑤는 설명용 스케치 도면이 된다.

① 스케치에 필요한 용구

스케치를 할 때 다음과 같은 용구들이 필요하다.

① 기계분해공구

각종 해머(강, 동, 연, 나무, 고무 등), 스페너, 드라이버, 플라이어, 베어링풀리 등

② 측정공구

자(접는자, 강철자), 직각자, 캘리퍼스(안지름, 바깥지름), 버니어캘리퍼스(내경, 외경, 깊이), 하이트게이지, 마이크로미터(내경, 외경), 각종 게이지(피치, 틈새, 반지름)

③ 스케치용구

스케치 도판, 연필(B, HB, H, 색연필), 용지(모눈종이, 모조지, 갱지), 칼, 지우개, 납선, 광명단

④ 기타

걸레, 비누, 기름, 풀, 꼬리표

표 12.1 주요 스케치용구 일람표

분 류	품 명		비 고
스케치용구	연필		B, HB, H 정도의 것, 색연필
	용지	방안지	그림을 그리고 본을 뜬다.
		모조지, 갱지	
	스케치 도판		밑받침
	광명단		본을 뜰 때에 사용
	납줄 또는 동선		불규칙한 형상의 윤곽 본뜨기에 사용
	기타 : 칼, 지우개, 샌드페이퍼, 종이집게, 압침 등		
측정용구	자		강제자, 접는자(긴 물건을 잴 때 사용), 직각자, 마는자
	캘리퍼스		바깥지름측정용, 안지름측정용
	버니어캘리퍼		바깥지름, 안지름, 깊이 등의 정밀측정
	마이크로미터		바깥지름, 안지름, 깊이 등의 정밀측정
	깊이게이지		구멍, 홈 등의 깊이 정밀측정
	하이트 게이지		높이, 길이측정
	콤비네이션 세트		각도측정
	틈새게이지		부품과 부품 사이 틈의 정도 측정
	피치게이지		나사의 피치측정
	치형게이지		치형의 측정
	정반		각도, 평면, 높이 측정보조용
분해용구	해머(강해머 외에 기계손상 방지를 위해 동·연합성수지, 목재해머 사용), 스패터, 플라이어, 드라이버, 펜치		

❷ 스케치 방법 및 순서

(1) 스케치 방법

스케치 도형은 스케치할 기계부품의 형상에 따라 다음 방법 중 어느 한 가지 또는 여러 방법을 병용하여 그린다.

① **프리핸드법** : 용지에 자나 컴퍼스를 쓰지 않고 도형을 그리는 방법이다. 척도는 무시하고 그리나 각부의 형상이나 크기의 비율을 너무 무시하고 그리지 않도록 한다.

② **본뜨기법** : 물체를 종이 위에 놓고 그 윤곽을 그리거나 불규칙한 곡선부분에 납선 또는 구리선 등으로 부품의 윤곽에 따라 굽혀서 그 선의 커브를 종이 위에 본뜨는 방법이다. [그림 12.2]

③ **프린트법** : 표면에 광명단 또는 흑연을 발라 종이에 도장을 찍어 원형의 윤곽을 얻는 방법으로 실척 그대로를 얻을 수 있다. 이때 얻어진 윤곽은 실물과 반대로 되므로 주의를 해야 한다. 면이 평편하고 복잡한 유곽 위에 많이 적용하고 있다.　　　　　　　　　　　　　　[그림 12.3]

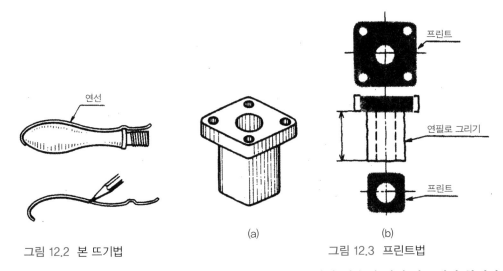

그림 12.2 본 뜨기법　　　　　　　　　　　　　　그림 12.3 프린트법

④ **사진촬영에 의한 법** : 물체가 복잡하여 스케치하기가 곤란한 경우에 여러 각도에서 촬영하여 이것에 치수를 기입하거나 또는 스케일을 곁들여서 촬영하여 실제도를 얻어내는 방법으로, 조립된 상태나 부품의 상호관계 등을 나타내도록 하여 촬영하면 조립하기 편리하다.

그림 12.4 사진촬영에 의한 방법

(2) 스케치 순서

① 스케치할 부품의 구조기능을 먼저 관찰하여 정확한 형상과 치수를 필요로 하는 부분과 그렇게 정확성을 필요로 하지 않는 부분으로 구분한다. 다른 부품과 접하거나 관계가 있는 부분은 정확한 형상과 치수를 필요로 하는 부분이 되고, 그렇지 않은 부분은 정확성이 떨어지는 부분이 된다.

② 복잡한 기계는 분해 전 조립도면을 그린다.

③ 기계를 분해할 때에는 분해하는 부분을 차례로 꼬리표를 달아 부분번호를 기입한다.

④ 각 부분을 스케치한다.

⑤ 각 부분의 치수를 측정하여 스케치도에 기입한다. 치수를 측정할 때의 기준면은 그 물체의 가공면 또는 구멍중심을 이용하여 그 물체의 기능과 어울리는 측정이 되어야 한다. 스케치의 대상품은 모두가 정확한 것이라고는 볼 수 없기 때문에 부품의 정확성 등을 잘 고려해서 측정한다.

⑥ 가공방법, 재질, 수량, 다듬질기호, 끼워맞춤공차 등을 기입한다.

⑦ 도면검사를 한다.

⑧ 스케치가 끝나면 분해된 부품을 바로 조립하도록 한다. 시간이 지나면 부품의 손실 또는 조립순서를 잊어버릴 염려가 있다.

③ 치수측정요령

치수측정은 스케치 작업 중에서 가장 중요하지만 실질적으로 측정이 매우 곤란할 때가 있다. 치수를 잴 때에는 부품의 다듬질면이나 중심을 기준으로 해서 그때그때 알맞은 측정 방법을 연구하지 않으면 안 된다.

① **길이의 측정** : 될 수 있는 대로 버니어캐리퍼스를 사용해서 정확하게 측정한다.

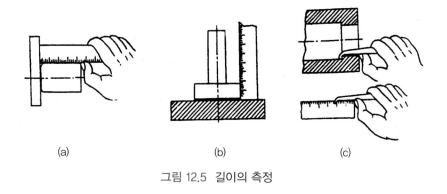

(a) (b) (c)

그림 12.5 길이의 측정

② **깊이 및 홈의 측정** : 깊이게이지를 사용하면 간단하고 정확하게 측정이 된다.

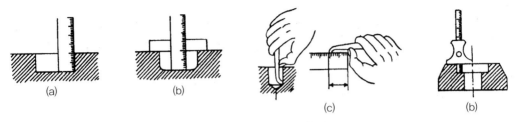

그림 12.6 길이 및 홈의 측정

③ **두께의 측정** : 부위에 따라 적당한 방법으로 측정한다. 그림 12.7 (a)와 같이 캘리퍼스를 다리를 벌려 끄집어내야 할 때에는 측정당시 캘리퍼의 벌림폭을 확실히 알 수 있도록 표시해 두었다가 끄집어낸 후 표시한 곳에 맞추어 캘리퍼스의 벌어진 폭을 측정한다.

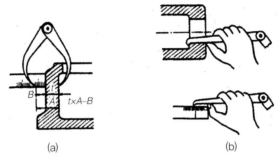

그림 12.7 두께의 측정

④ **구멍의 중심간 거리측정** : 그림 12.8 (a)와 같이 한쪽 구멍벽에서 다른 쪽 구멍의 같은 방향의 벽까지를 잰다.

(b)와 같이 D_1, D_2, C'를 측정한 후 $C' = \dfrac{D_1 \times D_2}{2}$로 구멍간 중심거리를 구할 수 있다. 또 L_1을 알면 $L = L_1 + \dfrac{D_1}{2}$이 된다.

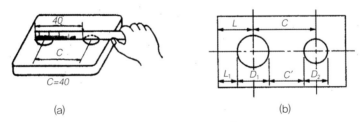

그림 12.8 구멍 간 거리측정

⑤ **축의 중심간 가리측정** : 축간거리가 짧을 때에는 버니어캘리퍼스를 이용하고 축간거리가 길

때에는 그림 12.9와 같이 추를 매달고 줄자 등으로 C'를 측정하여 $C = C' + \dfrac{D_1 + D_2}{2}$로 계산하여 구한다.

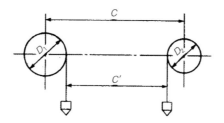

그림 12.9 축간거리의 측정방법

⑥ **지름의 측정** : 버니어캘리퍼스, 자 등을 사용하여 측정한다.

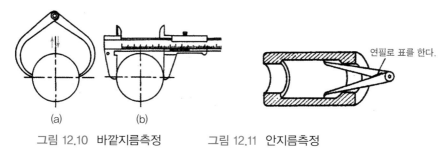

그림 12.10 바깥지름측정   그림 12.11 안지름측정

⑦ **원호의 측정** : 작은 원호는 반지름게이지를 이용하고, 큰 지름의 원호는 2개의 자를 이용하여 측정한다.

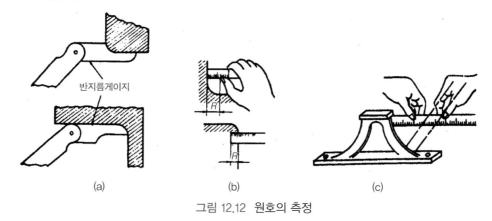

그림 12.12 원호의 측정

⑧ **주조품의 치수측정** : 주조품의 살 두께는 일반적으로 고르지 못하므로 여러 개소를 측정하여 평균값을 취한다.

⑨ **나사의 피치측정** : 자를 이용하는 측정과 피치게이지를 이용하는 두 가지 방법이 있다. 나사산의 수 10개 길이가 0.5의 배수로 되어 있을 때에는 미터나사이고, 1인치당 나사산의 수가

정수로 되면 인치나사가 된다. 암나사는 이에 맞는 수나사의 크기로 측정한다.

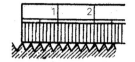
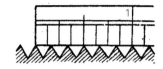
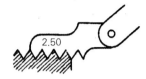

(a) 10개의 산에 대하여 0.5 mm의 배수   (b) 1인치에 대하여 정수의 산수   (c) 피치게이지에 의함

그림 12.13 나사산의 측정

⑩ **기어 피치원지름의 계산** : 기어의 피치원지름은 직접 잴 수 없으므로 바깥지름만을 기입하고 스케치가 끝난 후 이의 크기와 피치원의 지름을 계산한다.

다음은 스케치할 때 모듈 및 피치원지름을 구하는 보기이다.

① **스퍼기어** : 바깥지름이 108 mm이고 잇수가 15개인 기어의 계산

모듈 $m = \dfrac{D_0}{Z+2} = \dfrac{108}{15+2} = 6.35$

지름피치 $DP = \dfrac{Z+2}{D_0} = \dfrac{15+2}{\dfrac{108}{25.4}} = 3.99 = 4$

피치원지름 $D = \dfrac{Z}{DP} = \dfrac{15}{4} = 3.750$

바깥지름 $D_0 = \dfrac{Z+2}{DP} = \dfrac{15+2}{4} = 4.250'' = 362.69$ mm

② **헬리컬기어** : 바깥지름이 372 mm이고 잇수가 70개인 기어의 계산(비틀림각 15°)

이직각 모듈 $m_n = \dfrac{D_0}{\dfrac{Z}{\cos \beta}+2} = \dfrac{372}{\dfrac{70}{\cos 15°}+2} = 4.99 ≒ 5$

피치원지름 $D = \dfrac{Zm_0}{\cos \beta} = \dfrac{70 \times 5}{\cos 15°} = 362.69$ mm

$D_1 = Z_1 m = 17 \times 5 = 85$ mm

바깥지름 $D_0 = D + 2m_n = 362.69 + 2 \times 5 = 372.69$ mm

즉 372.69 mm가 옳은 바깥지름이 된다.

헤리컬기어의 비틀림각은 3개 정도 이를 눌러 본을 떠 분도기를 사용하여 측정한다.

③ **베벨기어** : 바깥지름이 93 mm이고 $Z_1 = 17$, $Z_2 = 30$인 베벨기어의 계산

피치원뿔각 $\tan \alpha_1 = \dfrac{Z_1}{Z_2} = \dfrac{17}{30} = 0.566$, $\alpha_1 = 29° 32'$

모듈 $m = \dfrac{D_1}{Z_1 + 2\cos \alpha} = \dfrac{93}{17 + 2\cos 29° 32'} = 4.96 ≒ 5$

피치원지름 $D_1 = Z_1 m = 17 \times 5 = 85$ mm

바깥지름 $D_{01} = D_1 + 2m \cos \alpha_1 = 85 + 2 \times 5 \cos 29° \, 32' = 93.702$ mm

즉, 93.702 mm가 바깥지름이 된다.

④ 재질의 식별방법

각종 재료의 재질을 정확하게 판정하기는 매우 어렵다. 재질은 색이나 광택으로 어느 정도 구별이 된다. 도금된 부품은 그 일부에 흠을 조금 내어 칼이나 줄로 깎아내어 재질의 내부경도, 열처리 등을 판정한다.

부품의 외관 다듬질면의 상태, 경도 등으로 어느 정도 재질이 판별되며, 그 부품의 용도에 따라 사전에 대략 예측할 수도 있다. 다음에 몇 가지 재질의 식별방법을 설명해 둔다.

(1) 색깔이나 광택에 의한 식별

① **주철** : 가공하지 않은 표면은 흑색으로 모래가 묻은 흔적이 있으며 거칠다.

② **주강** : 가공하지 않은 표면은 주철보다 더욱 거치나 다듬질면은 은회색이며 탄소강에 가까운 매끄러운 면이다.

③ **강** : 가공하지 않은 표면은 흑피가 붙어 있고, 청흑의 광택이 있다. 연강과 경강의 구별은 어려우며, 경도계를 이용한다.

④ **구리, 청동 및 황동** : 구리는 팥빛이 나고, 청동은 주황색이며 주석이 많아짐에 따라 풀색이 짙어진다. 황동은 청동보다 누른빛이 많다.

⑤ **백색합금과 경합금** : 양자 모두 백색이지만 경합금은 은백색이고 대단히 가볍다. 백색합금은 주석이 많아짐에 따라 회색이 짙어진다.

(2) 불꽃검사에 의한 판별

그라인더에 부품을 갈아서 튀는 불꽃의 상태를 보고 재질을 판단한다.

⑤ 끼워맞춤의 식별

축과 베어링, 기어와 축, 축과 풀리 등은 마이크로미터를 사용해서 $\frac{1}{100}$ mm까지의 치수를 재 끼워맞춤 정도 및 종류를 판정한다. 마모된 부품을 수리 제작할 때 그 부품의 끼워맞춤 부분은 헐겁게 되어 있는 수가 많다.

따라서 측정한 치수대로 측정하면 부품의 원형이 되지 않을 때가 많다. 이때에는 측정한 치수에 마모된 부분을 더한 치수를 기입해야 한다.

6 스케치도 그리는 순서

① 필요도를 선택하여 도시법을 생각한다.

② 물체의 최대크기(가로×세로×높이)를 정한다. 어떤 것이나 하나의 크기를 기준으로 하여 다른 것은 대체로 이것의 몇 배인가를 눈대중으로 결정한다.

③ 각도의 위치를 결정하고, 외각의 직사각을 그린다.

④ 주요부의 중심선과 기준선을 가볍게 그린다.

⑤ 세부를 그린다.

⑥ 가늘고 가볍게 그린 도면이 틀림없이 그려졌나 확인하고, 굵고 진한 선으로 다듬질한다.

⑦ 치수보조선, 치수선, 화살표를 그린다.

⑧ 치수주기 등을 기입한다.

⑨ 검토를 한다(투상법, 치수 등의 오차, 누락 등).

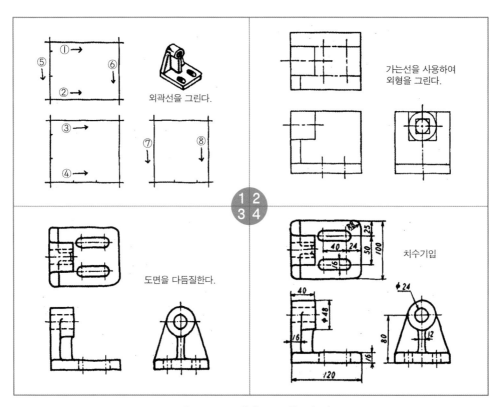

그림 12.14 스케치도 그리는 순서

(1) 투상 스케치할 때 비례위치 찾는 방법

스케치도는 원래 눈금자를 사용하지 않고 그려 정확한 치수로 맞출 필요는 없지만 형체를 나타내는 윤곽은 각 치수에 비례하여 그려야 제대로 된 물체의 형체를 나타낼 수 있다.

예로 폭이 40이고 높이가 30인 물체의 정면에 나타나는 직사각형의 가로와 세로의 비가 4 : 3이다. 그런데 눈금자를 사용하지 않으므로 치수들 사이의 비례관계를 눈대중으로 그리는 것이 쉽지 않다.

그림 12.15와 같이 직사각형법을 사용하면 특정부위의 비례관계를 정확하게 나타낼 수 있다. (a)는 직선의 1/2, 1/4, 1/8의 위치를, (b)는 1/3의 위치를, (c)는 1/6의 위치를 알 수 있는 방법이다.

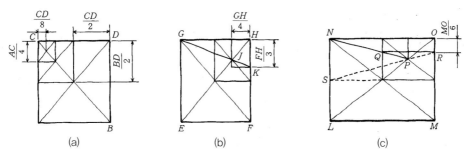

그림 12.15 직사각형법을 이용한 비례위치 찾기

그림 12.16은 직사각형법을 활용하여 투상도를 스케치한 것이다.

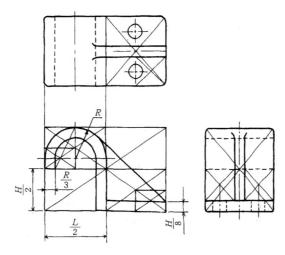

그림 12.16 비례위치 찾기 방법을 활용한 투상도 스케치

(2) 입체도 스케치

입체인 물체를 평면에 입체감 있게 그리는 도형을 입체도라고 한다. 물체의 형상을 평면에

표시하는 방법으로 투시도법(Perspective Projection), 사투상도법(Oblique Projection), 정투상도법(Orthographic Projection)이 있는데 이들 중 입체감 있게 표시하는 방법은 투시도법과 사투상도법이다. 투시도법은 물체를 원근감 있게 나타내어 토목, 건축에서 많이 쓰이고 기계도면에서는 사투상도법이 많이 쓰인다.

　사투상도법은 물체의 정면, 윗면, 측면을 투상면에 대하여 동일한 각도로 경사지게 투상하는 등각투상법, 이들 3면이 다른 각으로 경사지게 투상하는 부등각투상법, 정면도는 정투상으로 그리고 측면도를 경사지게 그리는 사향도가 있다.

　그림 12.17은 등각투상으로 입체도를 스케치하는 순서이다. 먼저 등각선으로 이루어진 직육면체의 등각투상 입체도를 그리고 각 투상도를 직육면체 등각투상 입체도의 면에 그린 후, 물체의 등각투상 입체도를 완성한다. 치수의 비례관계를 유지하기 위하여 그림 7.18과 같이 직사각형법을 이용한다.

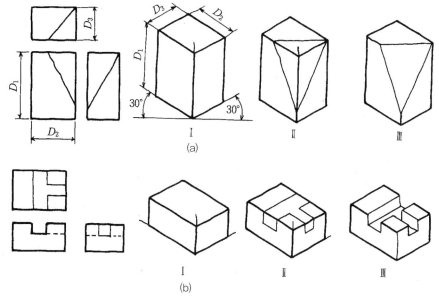

그림 12.17 등각투상 입체도를 스케치하는 순서

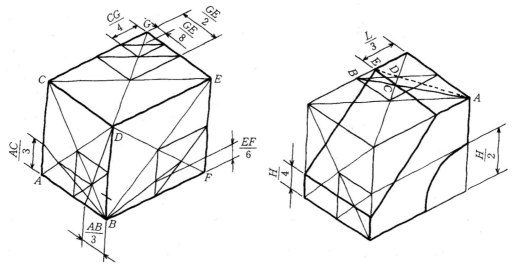

그림 12.18 직사각형법을 이용한 치수의 비례관계 설정

좀더 복잡한 등각투상 입체도는 그림 12.19와 같이 직육면체와 평행사변형을 이용하여 밑그림을 그린 후 밑그림을 이용하여 세부사항을 그리는 것이 좋다. 특히 물체에 원기둥 형체를 가지고 있는 경우 그림 12.20에서와 같이 등각투상 입체도에서는 원기둥의 원이 타원으로 그려진다.

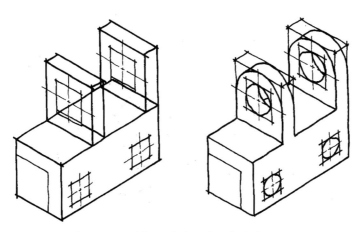

그림 12.19 복잡한 물체의 등각투상 입체도 스케치

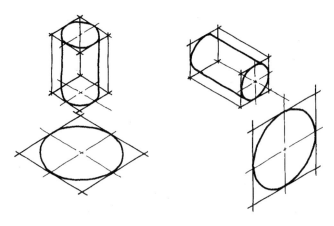

그림 12.20 원기둥의 등각투상 입체도 스케치

그림 12.21은 등각투상으로 그린 입체도이다.

복잡한 등각투상 입체도를 완성하다 보면 밑그림과 최종 입체 투상선이 섞여 구분하기가 어렵게 된다. 이러한 경우 밑그림은 연필을 사용하고, 실입체 투상선은 볼펜 같은 것으로 그린 후 연필로 그린 밑그림은 지우개로 지우면 편리하다.

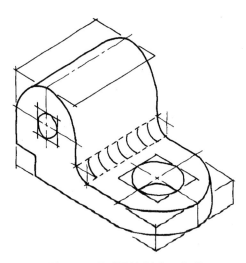

그림 12.21 등각투상 입체도의 예

사향도에 의한 입체도는 그림 12.22와 같이 정면도를 이용하여 쉽게 그릴 수 있다. 정면도를 형성하는 2개의 축은 서로 수직이고 나머지 한 축은 그림에서와 같이 수평축에 대하여 임의의 각을 형성한다.

사향입체도는 폭과 높이에 비하여 두께가 비교적 얇은 물체를 그리기에 적합하다.

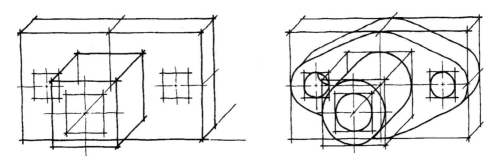

그림 12.22 사투상 입체도의 스케치

⑦ 스케치도의 보기

그림 12.23, 그림 12.24는 바이스의 스케치도이다. 그림 중 정정치수가 있는데 정정 전의 치수는 실제 측정치수이고, 정정 후의 치수는 실용에 맞도록 변경한 치수이다. 이에 따라 제작도를 그린다.

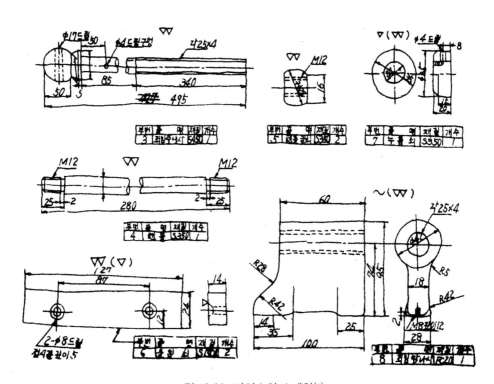

그림 12.23 바이스의 스케치(1)

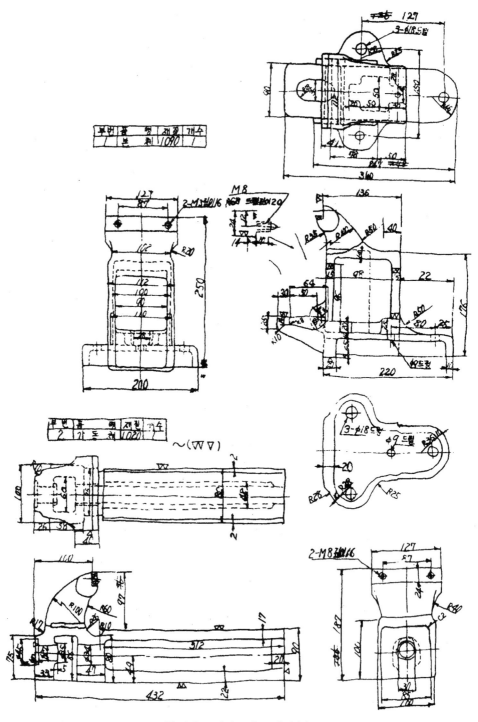

그림 12.24 바이스의 스케치 (2)

연습문제

1　다음 바이스를 도면치수로 스케치하시오.

품번	명칭	재료	개수	공정	중량	비고
1	몸 체	GC20	1		7.20kg	
2	가 동 체	GC20	1		1.93	
3	죔 나 사	MS45 C	1		0.55	
4	핸 들	SM35 C	1		0.27	
5	죔 나 사	STC 5	2		0.17	
6	누 름 쇠	SB41	4		0.12	KSB1021
7	조 임 판	MSWR3	1			
8	핸들 마 개	SM30CD	2			KSB1021
9	죔 나 사	MSWR3	2			KSB1021
10	링	SM20C	1			KSB1324
11	나 사		2			

가동체의 최대이동거리 150mm

機械바이스組立圖

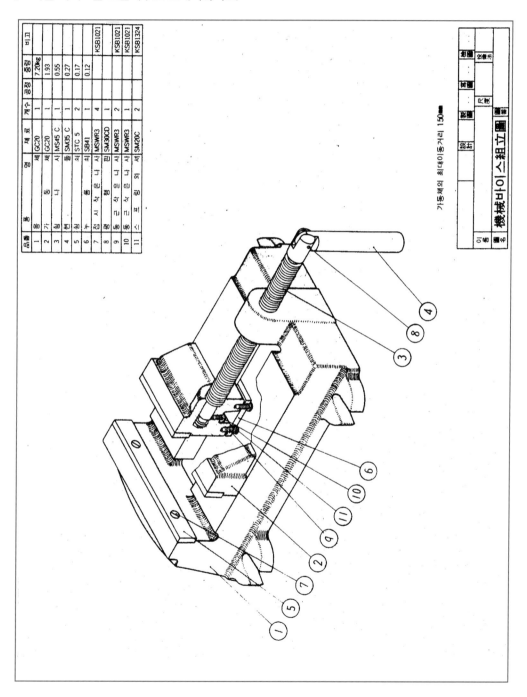

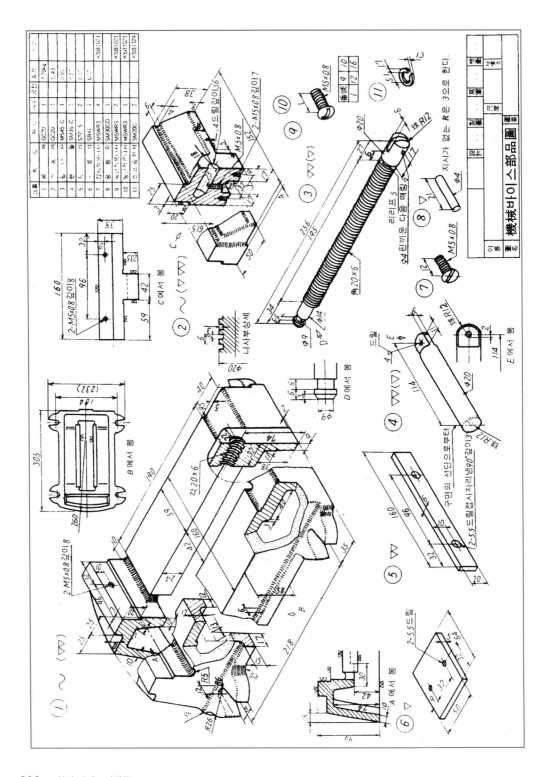

13장

도면해독의 사례

본 장에서는 앞서 학습한 도면해독의 기초내용을 바탕으로 실도면에 대한 도면해독 방법을 기술하였다.

 # 도면의 해독순서

(1) 도면의 해독순서

도면해독은 도면에 실려 있는 다음의 도면구성 요소를 중심으로 하여 설계자의 의도를 파악해 나간다.

○ 표제란

　회사명, 도면번호, 명칭, 작성년월일, 설계자, 검도자, 승인자, 척도 등의 표시

○ 부품란

　도면요소에 대한 부품번호, 사양(Specification), 명칭, 재질, 수량, 공정, 비고 등의 표시

○ 개정란 (Revision History)

　도면의 개정번호, 개정일자, 개정사유, 개정년월일, 개정기안자, 검도자, 승인자 등의 표시

○ 도면부 (Drawing area)

　실제제품의 형상, 치수, 허용공차, 등의 표시

○ 주서란

　도면부의 보충설명의 내용표시

○ 요목표

　도면부에서는 형상만 기입하고, 치수, 절삭, 조립 등 필요사항 기재

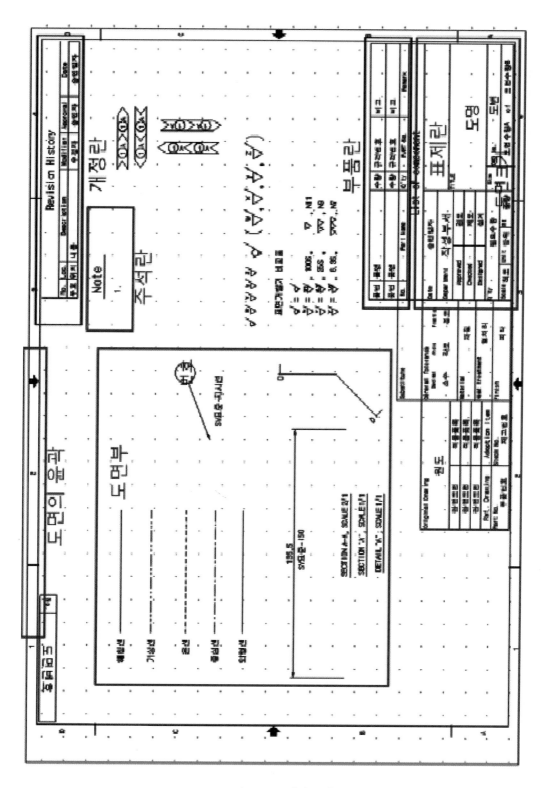

그림 13.1 도면의 구성

(1) 표제란

표제란은 도면번호, 회사명, 명칭 등을 쓰는 난이다. 형식은 회사 또는 학교마다 일정하지 않으며, 도면의 우측하단부에 존재한다. 표제란에는 도면번호, 명칭, 척도, 투상법, 소속명, 작성년월일, 설계자, 검토자 및 승인란, 개정번호 등의 정보가 있다. 별도의 가공도나 부품표 등 추가 첨부사항이 있을 경우 관련도면 정보를 표시하기도 한다.

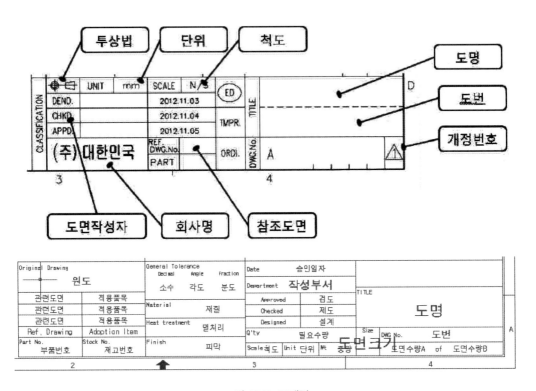

그림 13.2 표제란

(2) 부품란

부품란에는 도면에 그려진 전 부품의 번호, 이름, 사양(Specification), 재질, 수량, 공정, 비고 등을 기입한다. 부품란의 위치는 일반적으로 우측하단의 표제란 위에 연결하여 그리지만, 도면 내의 공간이 부족할 경우 우측상단의 윤곽선에 연결하여 그린다. 부품란은 회사의 특색에 따라 다르게 사용될 수 있으며 별도의 부품표를 사용하기도 한다.

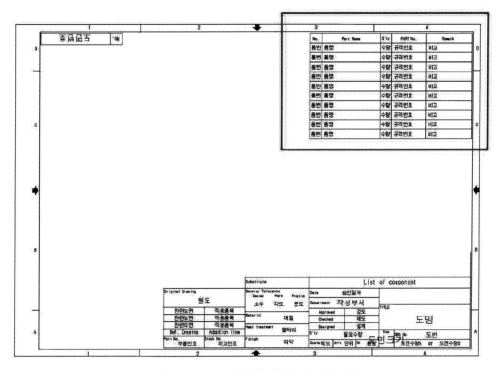

그림 13.3 부품표가 우측상단에 위치한 경우

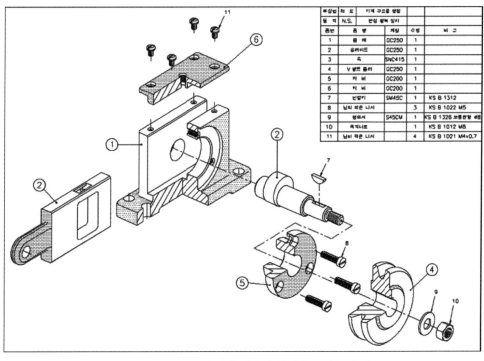

그림 13.4 부품표가 우측상단에 위치한 도면(조립도)

(3) 개정란 (Revision History)

개정란은 도면의 History 정보를 표기하는 난으로 과거의 부품의 치수변경, 소재의 변경, 가공방법의 변경 등 개선과정을 보여준다. 회사의 도면양식에 따라 좌측하단 또는 우측하단에 위치하는 경우가 대부분이며, 별도의 도면 또는 문서에 의해 관리되어 도면에 표기되지 않는 경우도 있다.

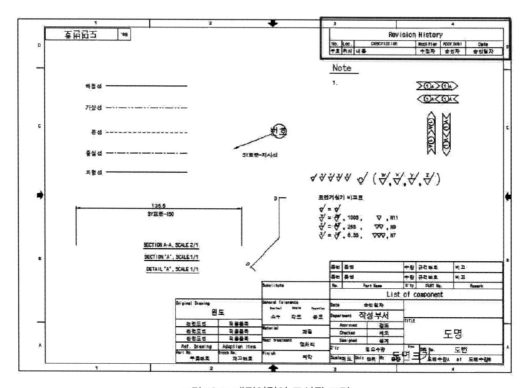

그림 13.5 개정이력이 표시된 도면

(4) 도면부(Drawing Area)

도면부는 실제제품의 형상정보, 치수정보, 허용공차 등을 제도하는 공간을 말한다. 한국산업규격(KS)에서 정하는 기준으로 작성이 되어, 정보전달자가 쉽게 이해할 수 있다.

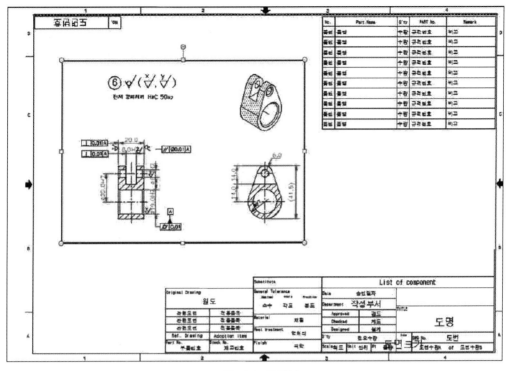

그림 13.6 도면부

(5) 주서란

도면부는 실제제품의 정보를 표현하지만, 기호나 숫자만으로 정확한 정보의 전달이 되지 않는 경우가 있다. 이때, 별도의 주서란을 만들어 도면부에서 전달되지 못한 부분의 내용을 입력하여 정확한 내용이 전달되도록 한다.

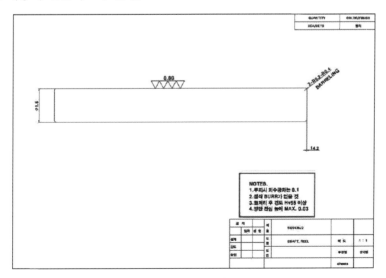

그림 13.7 주서란

(6) 요목표

요목표는 도면부에서 정확하게 표현되지 못하는 정보를, 표를 통하여 정확한 내용을 전달하는 부분이다. 예를 들어, 기어 부품의 경우 도면부에서는 형상과 기본적인 치수만으로 도면을 작성하고, 기어치형, 기준래크, 잇수, 모듈 등은 도면부에서 일일이 기입하지 못하므로 별도표로 작성하여 도면에 첨부한다.

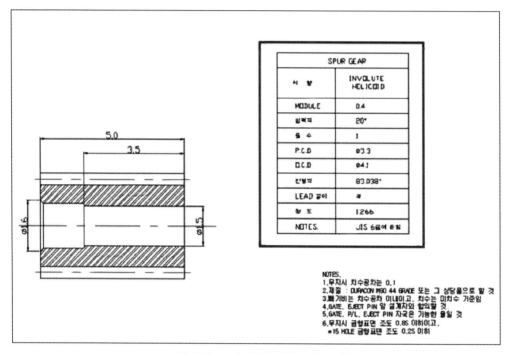

그림 13.8 스퍼기어의 요목표와 주서

(1) 축도면의 해독

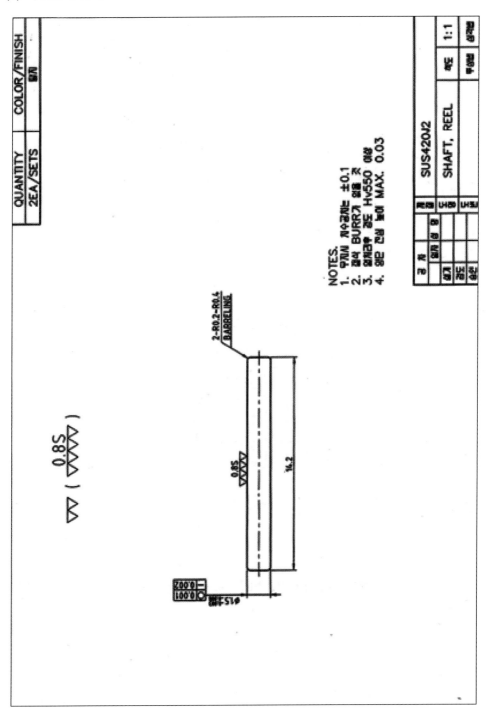

○ 표제란

공차			재질	SUS420J2		
	일자	성명				
설계			도명	SHAFT, REEL	척도	1:1
검토			도번		투상법	삼각법
승인						

– 도명 : Reel용 축

– 재질 : 스프링용 스테인리스강

– 척도 : 실척

○ 도면부

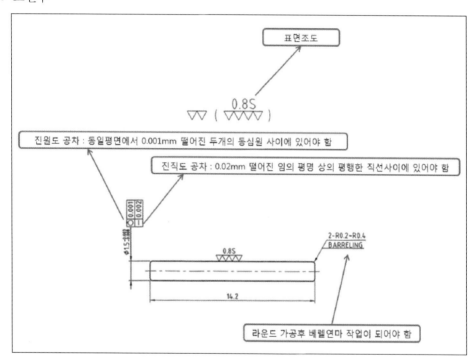

○ 주서부

NOTES.
1. 무지시 치수공차는 ±0.1   3. 열처리 후 경도 Hv 550 이상
2. 절삭 Burr가 없을 것   4. 양단 잔심높이 MAX. 0.03

– 공차 표시가 없는 치수의 치수공차는 ±0.1 mm

– 절삭가공 후 버(Burr) 제거할 것

– 제품의 경도는 비커스 경도로 550 이상일 것

(2) 축이음도면의 해독

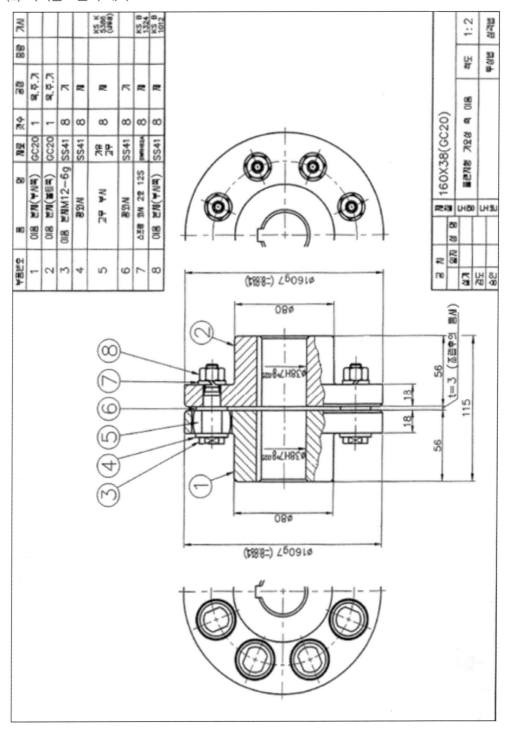

○ 도면부

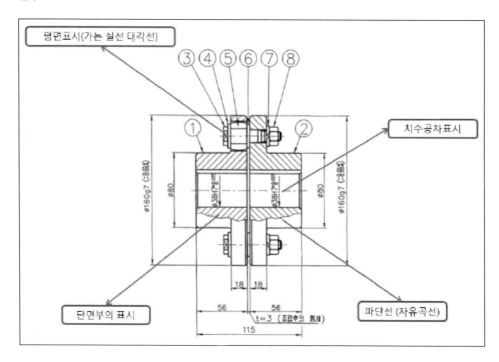

○ 부품란

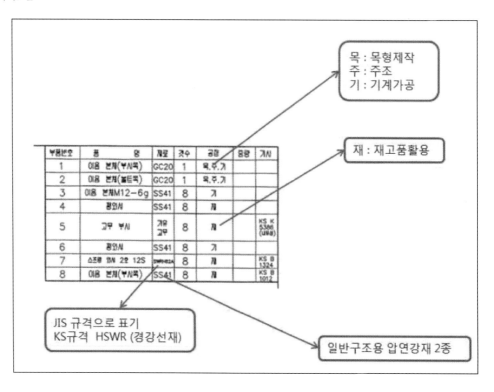

(3) 기어도면의 해독

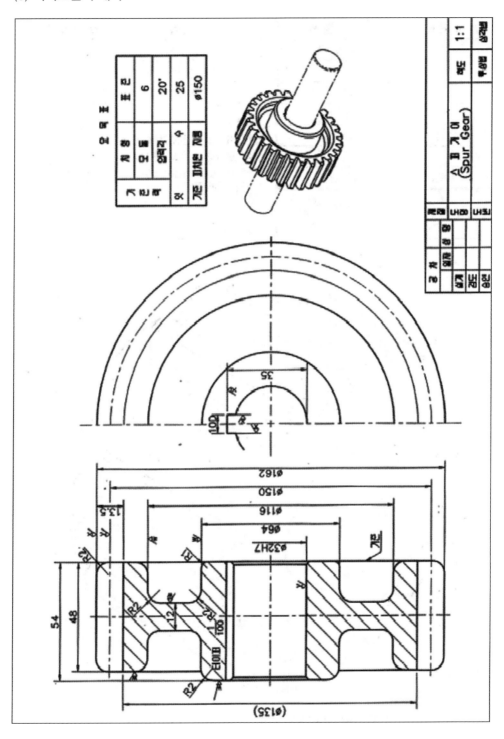

기 어 표			
치 형	표 준	
모 듈	6	
압력각	20°	
잇 수	25	
피치원 지름	φ150	

요목표

스 퍼 기 어
(Spur Gear)

| 척도 | 1:1 |
| 투상법 | 제3각법 |

○ 표제란

공차			재질			
	일자	성명				
설계			도명	스퍼기어(Spur Gear)	척도	1 : 1
검토			도번		투상법	삼각법
승인						

– 도명 : 스퍼기어

– 척도 : 실측 (1:1)

– 삼각법으로 제도

○ 도면부

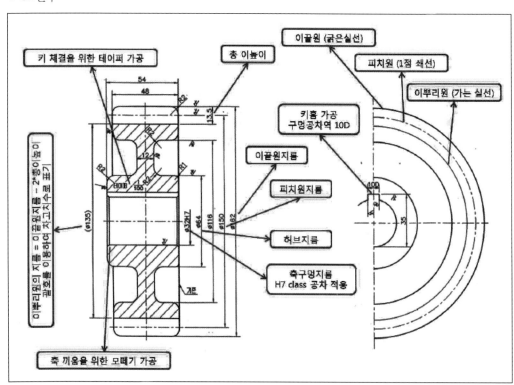

○ 요목표

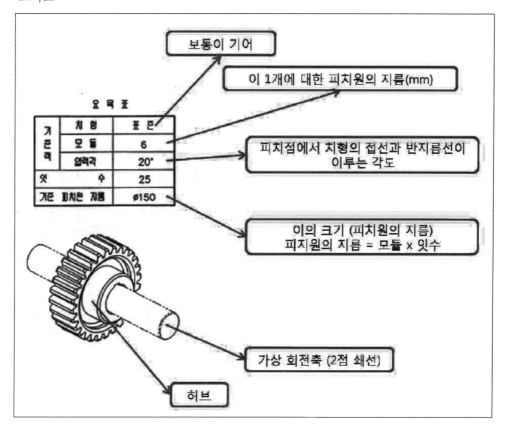

○ 스퍼기어 입체도

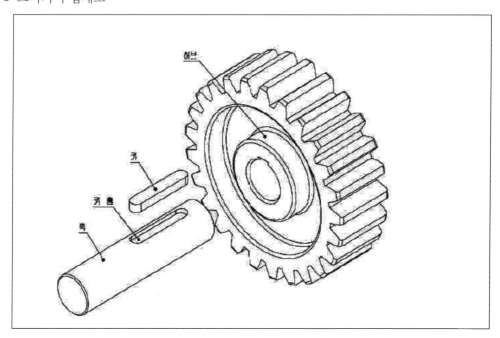

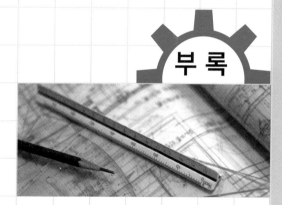

부 록

투상연습 도면
및 기계부품 도면

1 투상연습

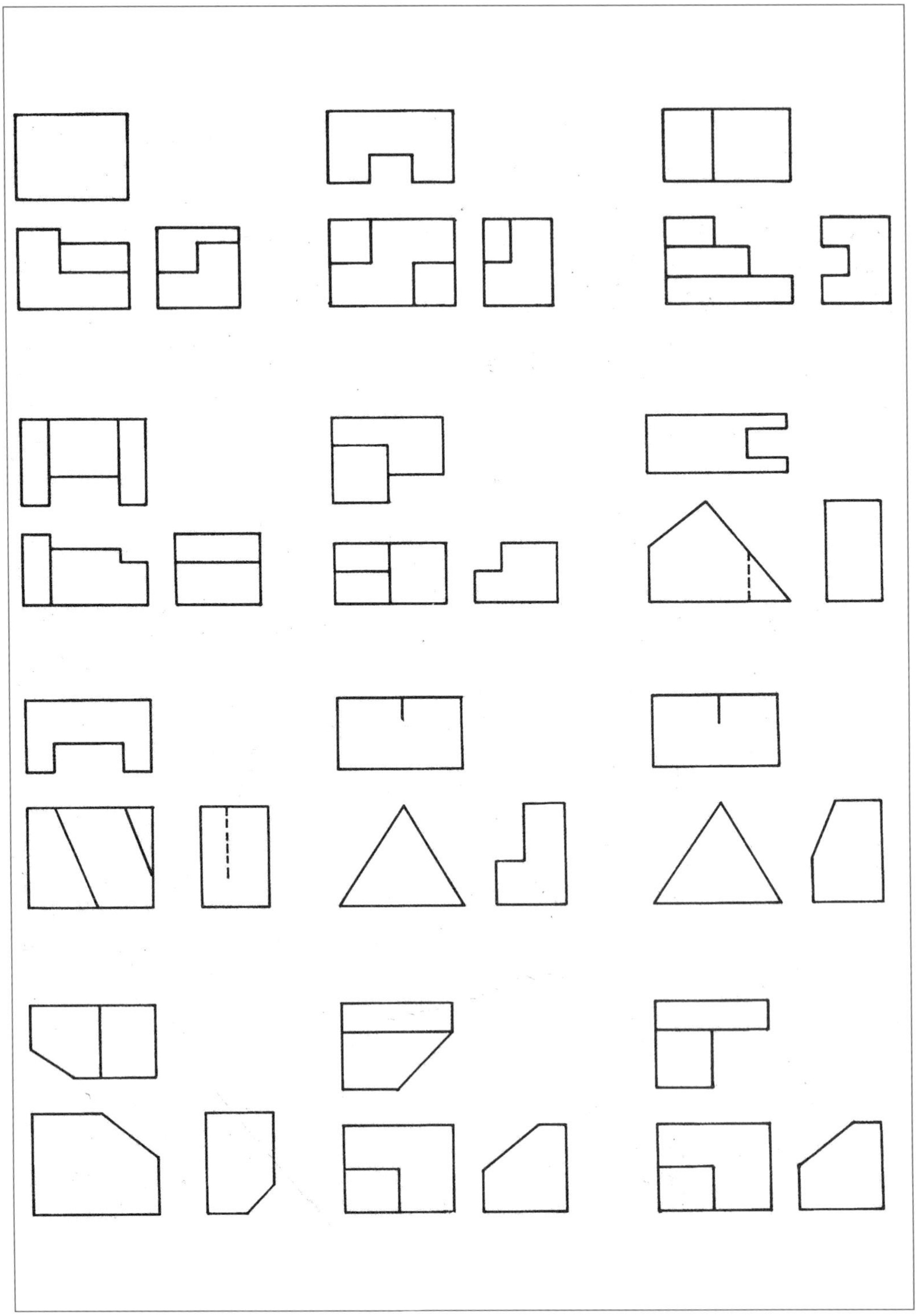

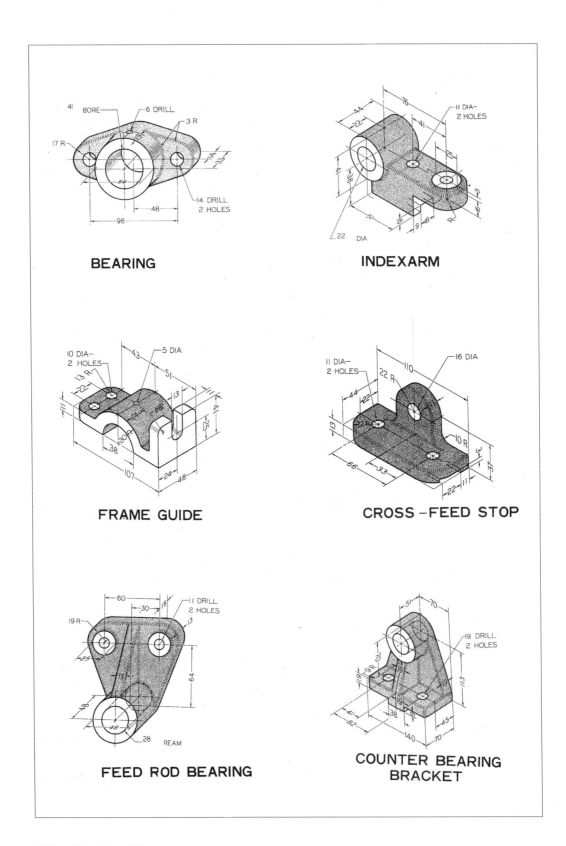

BEARING

INDEXARM

FRAME GUIDE

CROSS-FEED STOP

FEED ROD BEARING

**COUNTER BEARING
BRACKET**

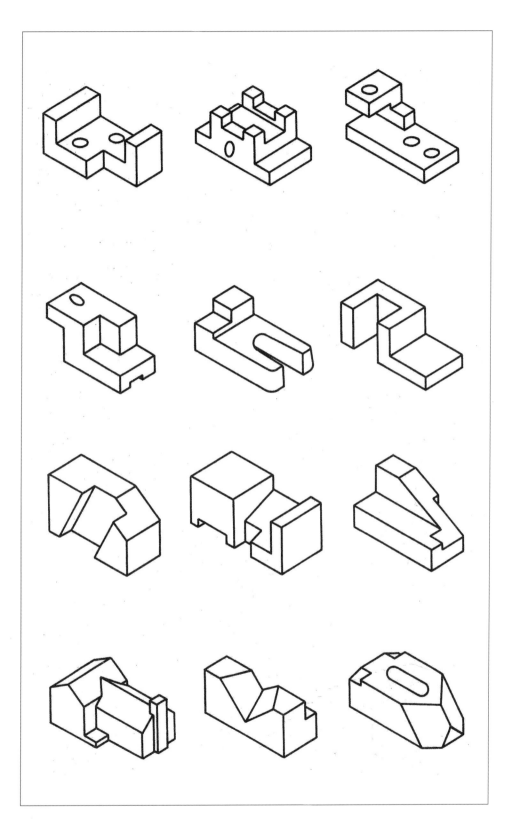

(1) 중공축

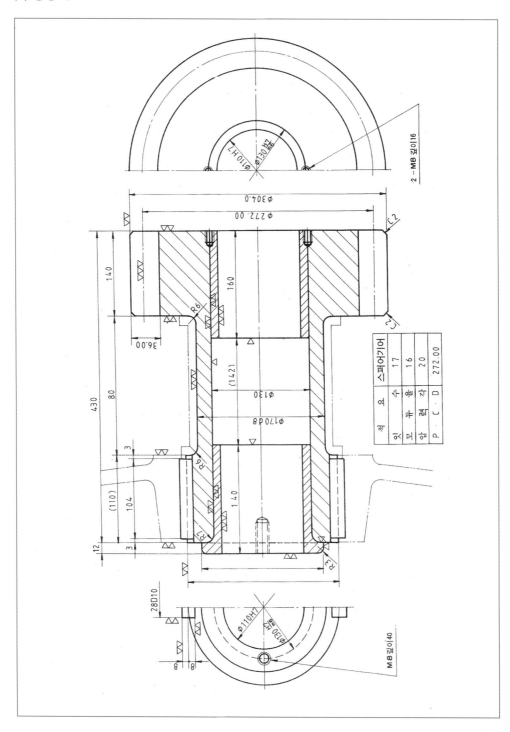

적요		스퍼어기어	
잇 수		17	
모 듈		16	
압 력 각		20	
P · C · D			272.00

(2) 베이링 케이싱

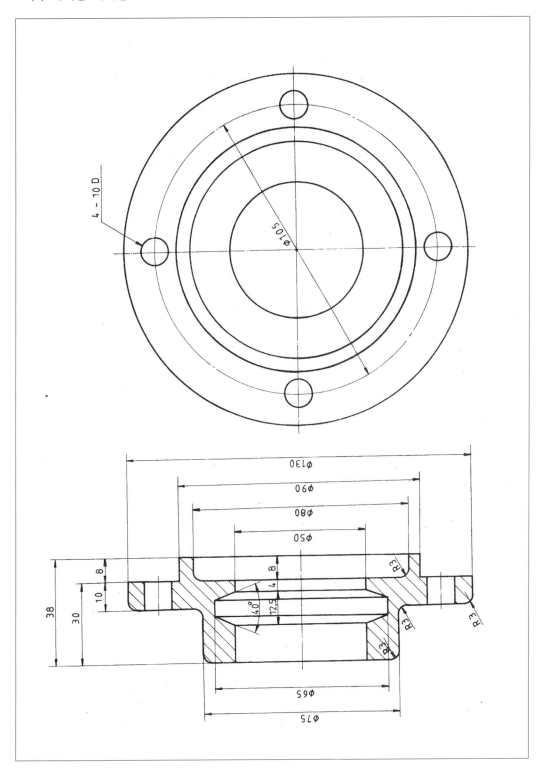

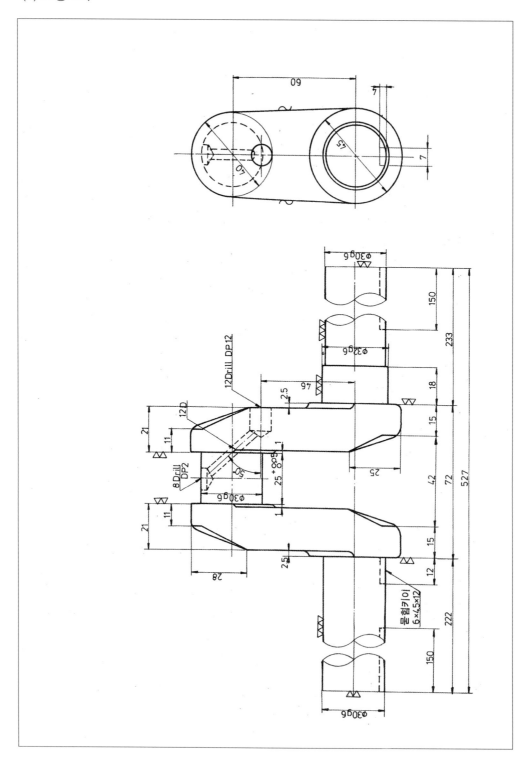

(4) 웜과 웜휠

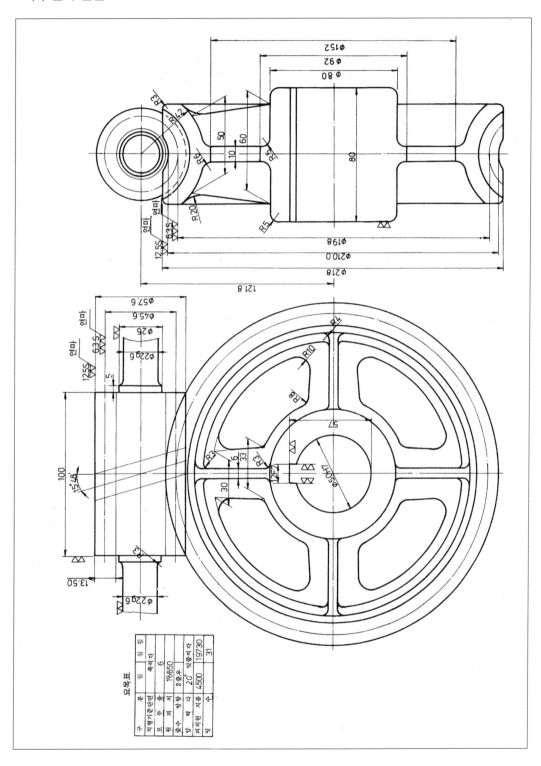

(5) 베벨기어

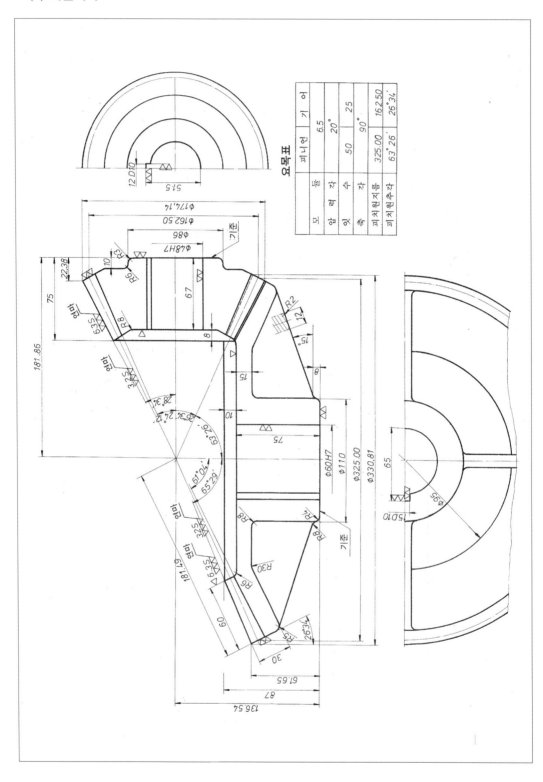

요목표

모 형	피니언	기 어
모 듈	6.5	6.5
압 력 각	20°	20°
잇 수	50	25
축 각	90°	90°
피치원지름	325.00	162.50
피치원추각	63° 26'	26° 34'

(6) 밀링잭

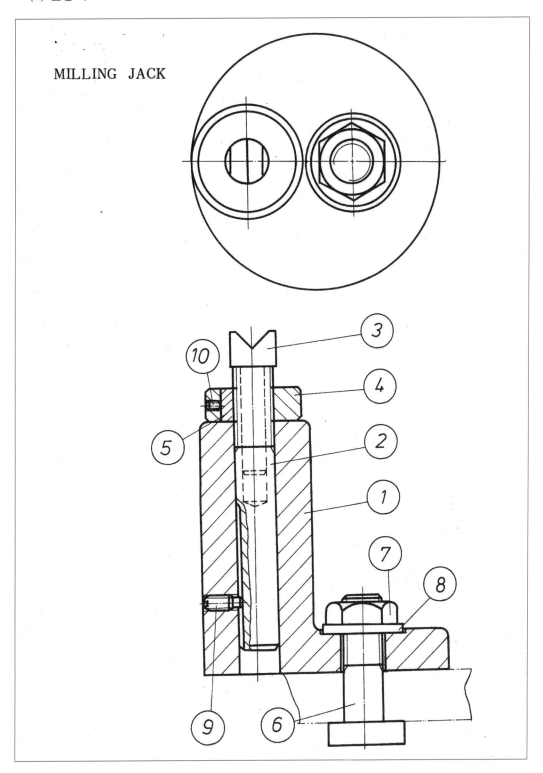

MILLING JACK

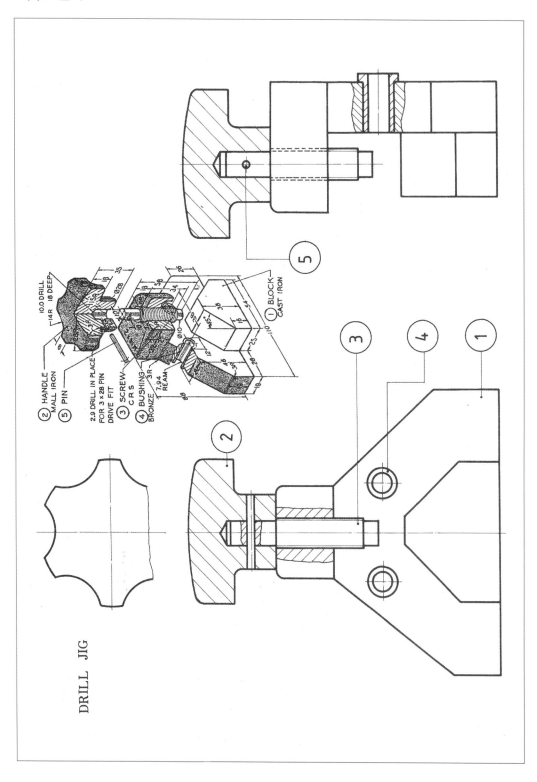

DRILL JIG

(8) 핸드레일 컬럼

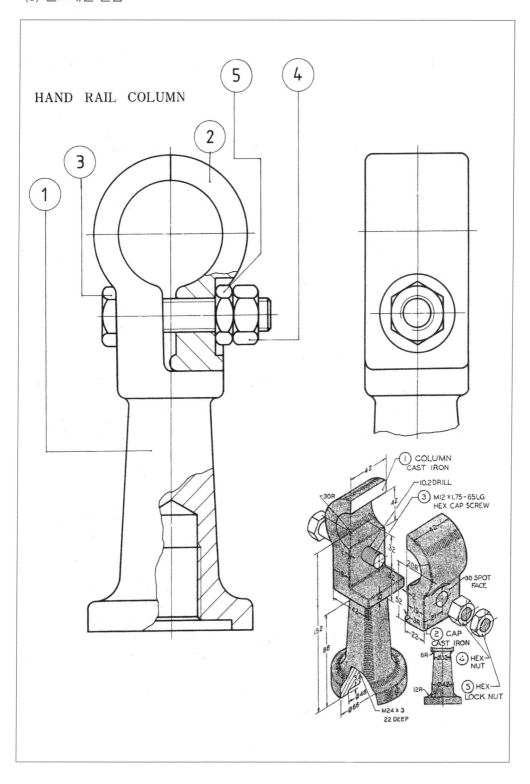

HAND RAIL COLUMN

① COLUMN
CAST IRON

10.2 DRILL

③ M12 ×1.75 - 65LG
HEX CAP SCREW

30R

42

42

32

30 SPOT
FACE

② CAP
CAST IRON

④ HEX
NUT

⑤ HEX
LOCK NUT

152

88

Ø48

Ø66

M24 × 3
22 DEEP

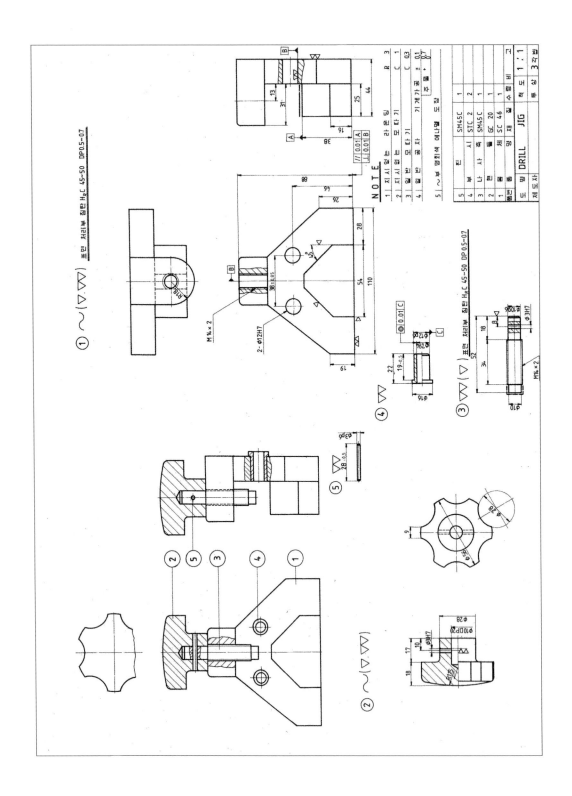

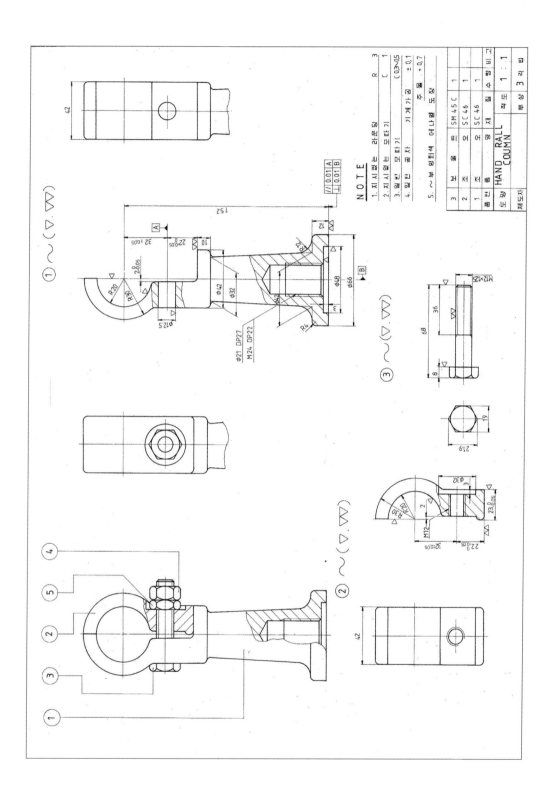

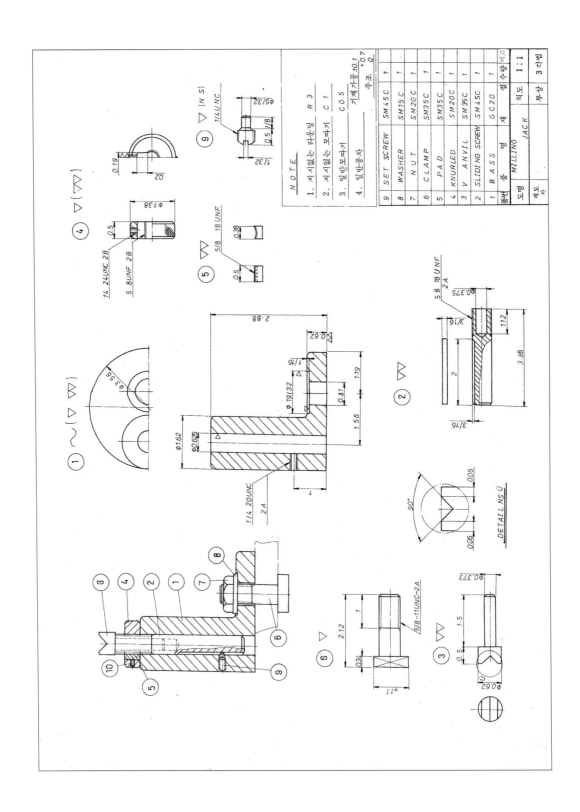

품번	품 명	재 질	절 수량	비고
9	SET SCREW	SM45C	1	
8	WASHER	SM15C	1	
7	NUT	SM20C	1	
6	CLAMP	SM35C	1	
5	PAD	SM35C	1	
4	KNURLED	SM20C	1	
3	V ANVIL	SM35C	1	
2	SLIDING SCREW	SM45C	1	
1	BASS	GC20	1	

| 도명 | MILLING JACK | | 척도 1:1 |
| | | | 투상 3각법 |

N O T E

1. 지시없는 라운딩 R 3
2. 지시없는 모따기 C 1
3. 일반모따기 C 0.5
4. 일반공차 기계가공 ±0.1 주조 +0.7, +0

DETAIL NS Ü

(9) 클램프

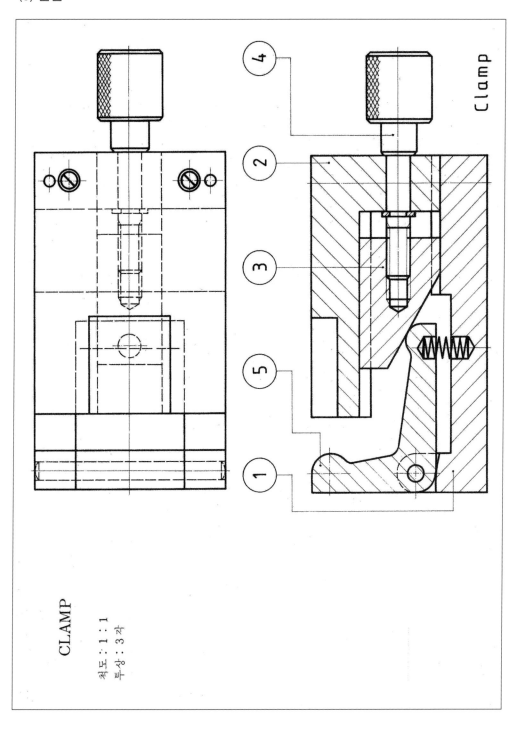

CLAMP

척도 : 1 : 1
투상 : 3각

Clamp

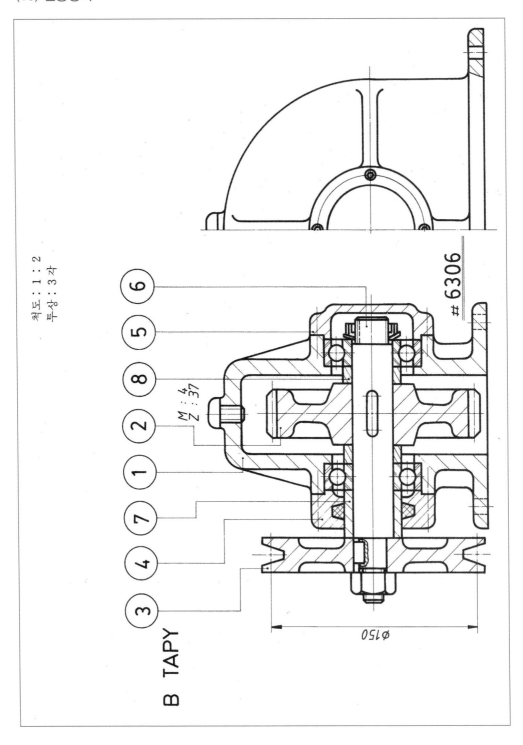

B TAPY

척도 : 1 : 2
투상 : 3각

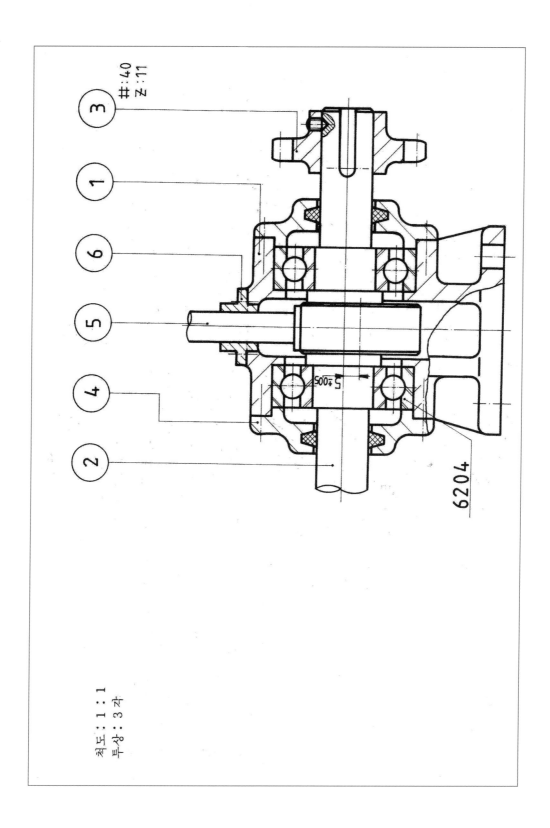

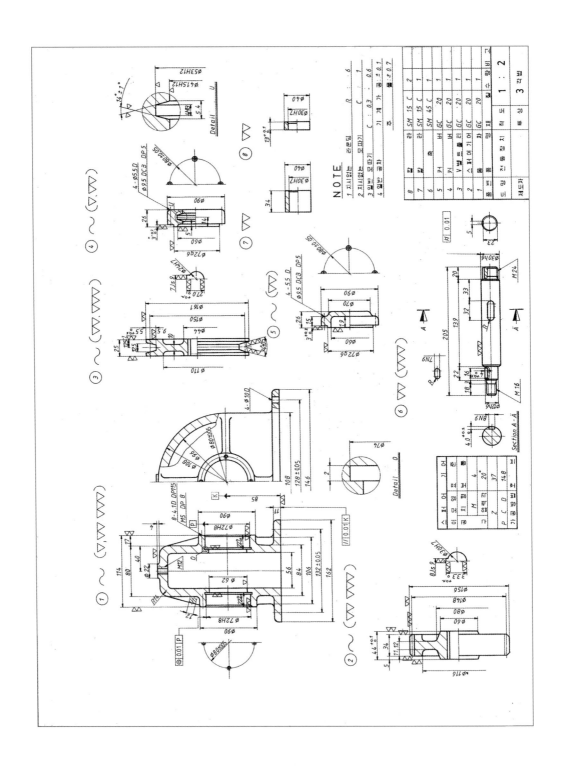

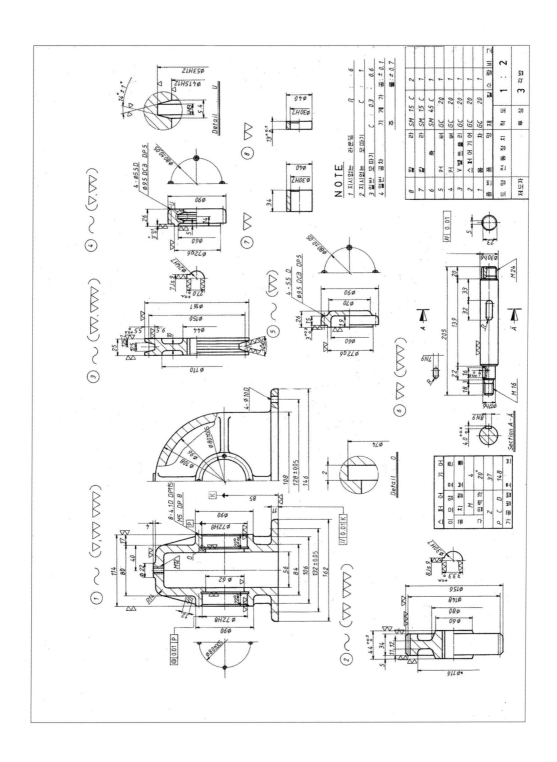

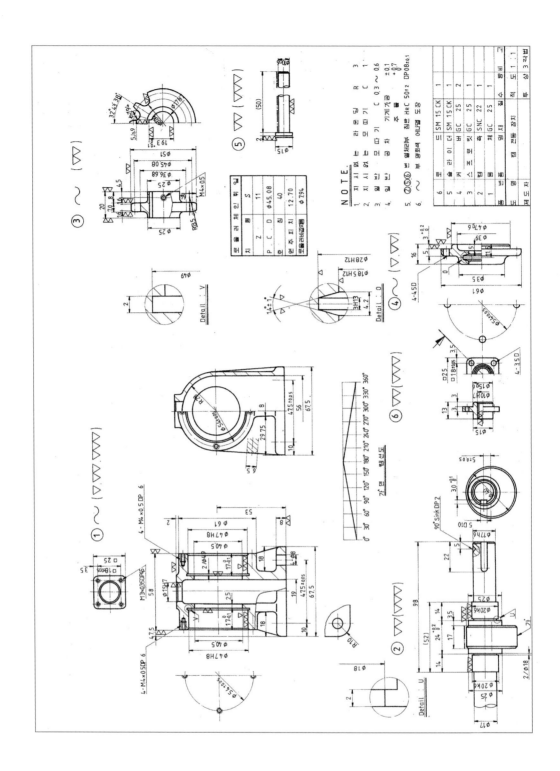

참고문헌

1. 김양수 외 3인, 표준기계설계제도, 태창출판사.
2. 김영상, 지그와 기계장치, 캐드나라 닷컴.
3. 김영상, KS 핸드북, 도서출판 황하.
4. 이민주 외 5인, 기계도면 보는 법, 캐드나라 닷컴.
5. 정영효, 실무로 배우는 Auto Cad 2008, 성안당

찾아보기

ㅊ

ㅋ

최신 기계도면해독

2015년 8월 25일 1쇄 인쇄
2015년 8월 30일 1쇄 발행
지은이 김범준 · 이창호
펴낸이 류원식
펴낸곳 **청문각 출판**

주소 413-120 경기도 파주시 교하읍 문발로 116
전화 1644-0965(대표) | 팩스 070-8650-0965 | 홈페이지 www.cmgpg.co.kr
등록 2015. 01. 08. 제406-2015-000005호
E-mail cmg@cmgpg.co.kr
ISBN 978-89-6364-240-6 (93550)

값 21,000원